Bernhard Schelenz (Hrsg.)
Personalkommunikation: Recruiting!

Personalkommunikation: Recruiting!

Mitarbeiterinnen und Mitarbeiter
gewinnen und halten

PUBLICIS

Bibliografische Information Der Deutschen Nationalbibliothek
Die Deutsche Nationalbibliothek verzeichnet diese Publikation in
der Deutsche Nationalbibliografie; detaillierte bibliografische Daten
sind im Internet über http://dnb.d-nb.de abrufbar.

Die Gleichbehandlung beschäftigt uns nicht erst seit den gesetzlichen
Regelungen, die uns das „AGG" beschert hat. Wir haben unseren Auto-
rinnen und Autoren jedoch freigestellt, der besseren Lesbarkeit halber
auf die ansonsten notwendigen Doppelnennungen zu verzichten und
beispielsweise von Mitarbeitern anstatt von Mitarbeiterinnen und Mitarbeitern zu sprechen. Einige Autoren haben von dieser Möglichkeit
Gebrauch gemacht.

www.publicis-erlangen.de/books

Lektorat: Dr. Gerhard Seitfudem, Publicis Corporate Publishing, Erlangen

ISBN 978-3-89578-303-6

Verlag: Publicis Corporate Publishing, Erlangen
© 2007 by Publicis KommunikationsAgentur GmbH, GWA, Erlangen

Printed in Germany

Personalkommunikation: Arbeitsauftrag für die Zukunft des Unternehmens

Das weite Feld der Personalkommunikation umfasst sämtliche Kommunikations-Strategien, -Maßnahmen und -Methoden, die der Gewinnung, Bindung, Entwicklung, Motivation und Information von Mitarbeiterinnen und Mitarbeitern dienen. Mit ihrem umfangreichen Medien- und Maßnahmenmix ist sie die wichtigste Umsetzungskomponente des strategischen Personalmarketings.

Die Aktualität der externen Dimension von Personalkommunikation liegt auf der Hand: Der „War for Talents" ist zurück, viel schneller und heftiger als gedacht. Anders als zu Zeiten der New Economy handelt es sich dabei diesmal nicht einfach um eine kurzlebige, vom Zeitgeist aufgepumpte Blase. Der aktuelle Wettbewerb um die Talente beruht auf massiven, strukturellen Veränderungen. Dazu gehören der demografische Wandel, die niedrigen Absolventenzahlen in technischen Fächern und der Brain Drain durch qualifizierte Akademiker, die ins Ausland abwandern, weil sie dort attraktivere Arbeitsmöglichkeiten vorfinden. Zu diesen strukturellen Faktoren gesellt sich das konjunkturelle Umfeld, das nach immer mehr und immer besseren Fach- und Führungskräften verlangt. Die Folge: Schon heute leidet das wirtschaftliche Wachstum unter dem Mangel an Fachkräften. Rund 100.000 Stellen können Unternehmen in Deutschland derzeit nicht besetzen, weil passende Bewerber fehlen. In den meisten Fällen handelt es sich derzeit noch um Ingenieurpositionen, in wenigen Jahren allerdings droht sich der Fachkräftemangel hierzulande zu generalisieren. Dann fehlen auch massiv Absolventen und Professionals anderer Fachrichtungen. Die sich abzeichnende Entwicklung des Arbeitsmarkts nimmt volkswirtschaftlich bedrohliche Züge an. Denn gerade die Unternehmen in Deutschland sind auf qualifizierte Manpower besonders angewiesen. Im Rahmen der Globalisierung können Unternehmen hierzulande fast nur noch mit einem einzigen Faktor punkten: mit ihrer Innovationsfähigkeit. Und dafür benötigen sie hervorragend ausgebildete und motivierte Experten.

Und die Bewerber? Die verstärkte Nachfrage nach qualifizierten Kräften hat bei vielen Bewerbergruppen zu einem in den vergangenen Jahren ungewohnten Selbstbewusstsein geführt. Sie sind heute sehr gut informiert, kennen ihren Marktwert und wissen um die aktuelle Nachfrage. So haben sich die (verzweifelten) Jobsucher des beginnenden Jahrtausends zunehmend in „kritische Bewerber" im Sinne „kritischer Verbraucher" verwandelt. Mit austauschbaren Arbeitgeber-Statements, den immer gleichen Texten und ähnlichen Bildern in der Personalwerbung lassen sich diese Bewerber nicht mehr gewinnen. Denn die Transparenz und damit auch die Vergleichbarkeit in den Arbeitgeber-Angeboten haben sich in den vergangenen Jahren deutlich erhöht. Der Grund dafür: Bewerbungen finden heute überwiegend per Internet statt, das per Mausklick einen schnellen Vergleich der Anbieter erlaubt. Nicht zuletzt mit dem Web 2.0, also zum Beispiel dank der boomenden Blogs und verschiedener Online-Netzwerke, hat sich die Transparenz und Vergleichbarkeit im Angebot der Arbeitgeber noch erhöht. Damit deutet sich ein ähnlicher Prozess an wie zum Beispiel im Verkauf von Versicherungs- und Finanzprodukten: Bewerber können sich einen Überblick über die verschiedenen Arbeitgeber-Angebote verschaffen und sie miteinander vergleichen. Schon gibt es im Internet erste Ansätze zum direkten Arbeitgeber-Vergleich – mit einem dazugehörigen Bewertungssystem, das an die Amazon-Systematik erinnert. Solche Angebote dürften in Zukunft immer komfortabler und umfangreicher werden.

Auch die Erwartungen vieler Bewerber und Berufstätiger an Jobs und Arbeitgeber haben sich verändert: Die wenigsten rechnen heute noch damit, ihr gesamtes Berufsleben in ein- und demselben Unternehmen zu verbringen. Stattdessen erwarten sie von ihrem Arbeitgeber, dass er ihre eigene „Employability" fördert, sie marktkompatibel qualifiziert. Für den Fall, dass ihr Job wegfällt, sind sie dann bestens gerüstet für den Wiedereintritt in den freien Markt. Hinzu kommen weitere Erwartungen, die in dieser Generation ausgeprägter sind als in den Generationen davor. Gefragt sind Work-Life-Balance, spannende und „sinnvolle" Jobs, ethisches und nachhaltiges Verhalten des Unternehmens. Bewerbern und Beschäftigten ist wichtig, welches Image „ihre" Firma in der Öffentlichkeit hat.

Für die Unternehmen bedeutet das einen dramatischen Wandel: Aus den – bisweilen verzweifelt – Umworbenen der vergangenen Jahre sind sie zu selbst Werbenden geworden. Sie müssen im aktuellen bewerberorientierten Markt strukturiert, langfristig und aktiv vorgehen. Dafür brauchen sie zunächst eine starke Marke als Arbeitgeber, einen Employer Brand. Die dazugehörigen Strategien, Methoden und Techniken werden neudeutsch als Employer Branding bezeichnet. Nicht zufällig ist dies einer der von der HR-Community derzeit am häufigsten geschriebenen und ausgesprochenen Begriffe. Was verbirgt sich dahinter? So wie Unternehmen ihren Produkten ein unverwechselbares Image geben, müssen sie sich auch als Arbeitgeber ein solches Image zulegen. Die Schlüssel dafür sind Differenzierung und Kommunikation. Im Hinblick auf ein wiedererkennbares und trennscharfes Profil braucht ein Arbeitgeber heute eine Unique Selling Proposition (USP): Wofür steht unser Unternehmen als Arbeitgeber? Was zeichnet es gegenüber anderen Arbeitgebern im Wettbewerb um die besten Köpfe aus? Ist ein solches Profil definiert, so muss sich die USP in der gesamten Kommunikation zu Arbeitgeberfragen wiederfinden.

Im Kampf um die Köpfe hilft es natürlich, ein spannendes Produkt zu haben, das im Rampenlicht der Öffentlichkeit steht. Nicht umsonst belegen Arbeitgebermarken wie BMW und Porsche traditionell vordere Plätze in Arbeitgeber-Rankings. Doch es geht auch mit schwerer fassbaren Produkten: So haben sich etwa McKinsey, BCG und Co. erfolgreich das Image von zwar extrem fordernden, aber auch extrem gut zahlenden Firmen aufgebaut, die nur die Besten der Besten einstellen. Den genau umgekehrten Weg geht etwa IKEA: Hier spielen formale Qualifikationen eine eher nachrangige Rolle; entscheidend ist die emotionale Intelligenz. Die schwedischen Möbelbauer gelten entsprechend als Unternehmen, das zwar eher moderat zahlt, dafür aber eine äußerst harmonische und kollegiale Atmosphäre bietet. So muss jedes Unternehmen für sich definieren, wofür und womit es „draußen" wahrgenommen werden möchte.

Entscheidend ist aber, dass man das, was man in Anzeigen, auf Messen und in Bewerbungsgesprächen verspricht, im Alltag auch hält – denn die besten und authentischsten Botschafter eines Unternehmens sind immer noch seine Mitarbeiter. Image und Unternehmenswirklichkeit dürfen nicht auseinanderklaffen.

Arbeitgeberstories, die mit der Realität nichts zu tun haben, sind langfristig kontraproduktiv. Natürlich gilt es, das Unternehmen mit einer packenden Geschichte als Arbeitgeber zu verkaufen, aber keinesfalls mit einem Zerrbild. Nur wenn es gelingt, tatsächliche Stärken glaubwürdig zu kommunizieren, erreichen Arbeitgeber ihre Wunschbewerber.

Generell hat sich in der Personalkommunikation der Aufwand deutlich erhöht, mit dem es Unternehmen gelingt, die Aufmerksamkeitsschwelle zu überwinden. Momentan bieten viele Unternehmen attraktive Jobs. Wenn aber auf dem Job-Marktplatz ebensoviele Anbieter lautstark ihre Produkte anpreisen, nehmen die Käufer das einzelne Angebot im allgemeinen Verkaufsgetöse kaum wahr. Das bedeutet: Im Recruiting und in der Personalkommunikation ziehen die alten Rezepte nicht mehr, die üblichen (Online-)Anzeigen und Messebesuche genügen nicht. Jedes Unternehmen muss seinen eigenen Weg finden.

Trotzdem, über die Branchen und Unternehmensgrößen hinweg gibt es ein paar grundlegende Aspekte, die erfolgreiches Personalmarketing und Personalkommunikation ausmachen:

- Erfolgreiche Kommunikation braucht Emotionen. Zuerst gilt es, Bewerber emotional mit Bildern, Texten und Claims anzusprechen. Dann folgen die rationalen Argumente.

- In der Auswahl der Medien sowie in der Bild- und Textgestaltung folgt die Personalkommunikation der Lebenswelt, den Gewohnheiten, der Sprache und den Werten der Bewerberzielgruppen. Selbst wenn die Ergebnisse dieser Maxime dem ästhetischen Empfinden der Verantwortlichen in den Personalabteilungen widersprechen: Der Köder muss dem Fisch schmecken, nicht dem Angler.

- Intelligente Personalkommunikation, intelligentes Recruiting differenzieren die Ansprache nach verschiedenen Zielgruppen: Ingenieure erreichen Arbeitgeber auf anderen Wegen als Controller oder Designer.

- Personalmarketing ist mehr als bunte Bilder: Dazu gehören ebenso klare, transparente und schnelle sowie professionelle Prozesse im Recruiting und ein fairer Umgang mit Bewerbern wie Mitarbeitern.

Nimmt man im Übrigen Personalmarketing im Sinn von echtem Marketing ernst, so müssen sich die Verantwortlichen in den Unternehmen nicht nur darum kümmern, wie sie was möglichst effizient kommunizieren. Echtes Personalmarketing bedeutet auch Arbeit am Produkt „Jobwelt" im Unternehmen, das bekanntlich entscheidend durch weiche Faktoren mitbestimmt wird. Umfragen unter Headhuntern zeigen, dass der Großteil der Abgeworbenen den Job wechselt, weil sie mit dem Klima in ihrer Firma (häufig auch mit dem direkten Vorgesetzten) unzufrieden sind: Es geht also bei weitem nicht immer um das höchste Gehalt, das Produkt mit dem meisten Sex-Appeal, sondern um ein faires, offenes und förderndes Miteinander.

Auch bei der Gestaltung des Produkts „Jobwelt" nach innen, das heißt bei der Bindung, Entwicklung und Motivation von Mitarbeitern spielt Kommunikation eine Schlüsselrolle. Dabei geht es längst nicht mehr nur um das Image der Personalarbeit und des Unternehmens als Arbeitgeber. Keine Neuausrichtung der Unternehmensstrategie lässt sich in konkretes Tun übersetzen, kein Wandel gestalten, ohne dass das Unternehmen die eigenen Mitarbeiter informiert, überzeugt und motiviert. Attraktive Entwicklungswege und Qualifikationsmöglichkeiten haben nur dann Erfolg, wenn die entsprechenden Zielgruppen im Unternehmen selbst wissen, welche Möglichkeiten sie haben und warum sie davon profitieren. Die Zeiten, in denen Personalentwicklung auf der einen Seite und Personalmarketing und Recruiting auf der anderen Seite als parallel verlaufende, aber kaum kommunizierende Röhren das Human Resources Management in den Unternehmen durchzogen, sind vorbei. Ein ganzheitlicher Blick ist zukunftsentscheidend, insbesondere in Fragen des Personalmarketings und ihrem wichtigsten Handlungsfeld, der Personalkommunikation.

Die Wege und Möglichkeiten sind dabei so vielfältig wie die Unternehmen selbst. Patentrezepte gibt es nicht. Personalmanagement und Personalkommunikation müssen individuell zur Entwicklung und zur Ausrichtung des einzelnen Unternehmens passen. Für diejenigen, die sich auf den Weg machen und für Ihr Unternehmen die richtigen Strategien und Maßnahmen suchen, gibt dieses Lesebuch Anregungen und Informationen, welche Gedanken Entscheider im Verantwortungsbereich Personalkommunikation bei ihren Projekten geleitet und welche Maßnahmen sich als wirkungsvoll erwiesen haben. Die hier dargelegten aktuellen Beispiele zeigen nicht nur die Vielfalt der Lösungsansätze, sondern zeigen auch auf, wo Möglichkeiten zur Verzahnung von externen Maßnahmen des Recruitings und internen Maßnahmen der Mitarbeiterbindung liegen.

Fazit: *Management by Communication* – das ist keine leere Worthülse, sondern ein konkreter Arbeitsauftrag für alle Kommunikationsverantwortlichen, die für das eigene Unternehmen Menschen gewinnen und halten wollen.

Mainz, im Oktober 2007
Bernhard Schelenz

Inhaltsverzeichnis

Weg vom Schreibtisch – zentrales Recruiting bei ABB

Nicole Gilbert,
im Gespräch mit Dr. Manfred Böcker

Wie bringen Sie internes Talent Management und Recruiting zusammen?

Beides gehört nach dem Verständnis von ABB untrennbar zusammen. Es geht darum, die Mitarbeiterinnen und Mitarbeiter mit den richtigen Qualifikationen zum richtigen Zeitpunkt zur Verfügung zu stellen. Für diese Aufgabe richten wir unseren Blick sowohl nach innen als auch nach außen. Im Interesse möglichst guter Entwicklungsperspektiven für unsere Mitarbeiter im Unternehmen selbst schauen wir dabei aber immer zunächst nach innen: ABB hat in Deutschland über 11.000 Mitarbeiter und weltweit beschäftigen wir etwa 109.000 Mitarbeiter in rund 100 Ländern. Da brauchen wir Transparenz über Kompetenzen, Potenziale und Bedarfe. Nur so können wir die Nachfolgebesetzung von Schlüsselpositionen sinnvoll planen und gegebenenfalls auch externen Bedarf frühzeitig erkennen.

Sie stehen also mit einem Bein in der Personalentwicklung und mit dem anderen im Recruiting?

Nicht ganz. Traditionell gehörte zwar alles im Personalbereich, was intern stattfand, eher zur Personalentwicklung. In den vergangenen Jahren sind aber „Recruiting" und „Personalentwicklung" stärker zusammengewachsen, auch bei ABB. Die Klammer dafür ist das Konzept „Talent Management", das mit „Personalbeschaffung" völlig unzureichend übersetzt wird. Denn das ist nur ein kleiner Ausschnitt. Im Fokus steht auch hier die Entwicklung der Mitarbeiter hin zu zu besetzenden Positionen. Das interne Talent Management liefert hierzu Transparenz und eine Momentaufnahme der vorhandenen Potenziale im Unternehmen. Wir sorgen dafür, dass die Momente richtig aufgenommen werden. Das heißt, wir sind viel mehr für die eignungsdiagnostischen Fragen und auch für die Konzeption der verschiedenen Entwicklungswege verantwortlich – zum Beispiel für die Frage, wie eine generelle Entwicklung der Manager vom mittleren Management ins obere Management aussieht. Dazu definieren wir die Assessments auf der jeweiligen Entwicklungsstufe und begleiten auch die Führungskräfte bei den Potenzialanalysen. Nur so ist im Prozess sichergestellt, dass die Informationen auch die notwendige Qualität für die Identifikation der Mitarbeiter besitzen. Qualifizierungs- und Entwicklungsarbeit im herkömmlichen Sinn leisten wir nicht.

Was spricht dafür, internes und externes Talent Management miteinander zu verknüpfen?

Nennen wir das Konzept einfach „integriertes Talent Management". Für mich kommt das Recruiting immer erst als zweiter Schritt. Ich muss zunächst Überblick darüber gewinnen, was ich im Unternehmen an Talenten zur Verfügung habe und was ich langfristig extern rekrutieren muss. Das geht nur, wenn ich beide Aspekte betrachte. Nur so kann ich aktives und nachhaltiges Recruiting sinnvoll gestalten. Wenn ich nur vakanzorientiert Personalgewinnung betreibe, setze ich erst dann an, wenn das Kind schon in den Brunnen gefallen ist. Dadurch verliere ich die Kontrolle über Kosten und Qualität.

Wenn wir vom externen Recruiting sprechen: Welche Zielgruppen spricht ABB an, wen möchten Sie für das Unternehmen gewinnen?

Betriebswirte und andere Wirtschaftswissenschaftler suchen wir auch, das macht aber nur einen geringen Teil aus. Die größte Herausforderung liegt für uns in der Mitarbeitergewinnung bei den Ingenieuren. Aus unserer Weltmarktführerschaft in verschiedenen Bereichen ergeben sich auch unsere Schwerpunkte im Recruiting. Wir suchen ein breites Spektrum an ingenieurwissenschaftlichem Know-how: zu Energietechnik, Automation, Maschinenbau, Mechatronik und Nachrichtentechnik. Neben Absolventen brauchen wir auch berufserfahrene Spezialisten und Führungskräfte.

Sie suchen ja nicht irgendwelche Ingenieure, sondern haben als Marktführer einen hohen Qualitätsanspruch. Wo ordnen Sie sich ein?

Operative Exzellenz entsteht nur durch exzellentes Personal, das ist unser Maßstab – auch für das externe Recruiting. Wir gehen davon aus, dass in etwa nur 25 % der Absolventen und Studierenden unserem Qualitätsanspruch genügen. Es geht aber nicht nur um Qualität in einem abstrakten Sinn, wie er bis vor wenigen Jahren noch hinter dem Begriff „High Potential" stand. Die Mitarbeiter müssen auch sonst zu ABB passen.

Ein Beispiel?

Nehmen wir unsere Standorte. Wir haben nicht nur Standorte in den Metropolen, sondern sind zum Teil sehr regional: Bad Honnef, Lüdenscheid, Minden. Da gilt es, Leute zu finden, die sich dort wohl fühlen und dort gerne arbeiten. Wenn Sie jemanden nach Lüdenscheid versetzen, ins Sauerland, der da nicht hinpasst, wird er die längste Zeit da gewesen sein und Sie müssen sich erneut um die Nachbesetzung kümmern. Es geht uns also auch um die langfristige „quality of hire", die sich auch daran bemisst, ob wir Kandidaten gewinnen, die länger im Unternehmen und am Standort bleiben und dort ihr Potenzial entfalten.

Sie sind derzeit nicht die Einzigen, die Ingenieure suchen. Woran merken Sie konkret, dass es auf diesem Arbeitsmarkt enger wird?

Leider ist die Situation derzeit so, dass die technischen Studienfächer in Deutschland nicht die erste Wahl für Schulabgänger sind. Die Studierendenzahlen in den entsprechenden Fächern sind rückläufig. Schon jetzt sind zu wenig Absolventen verfügbar. Zudem begeistern sich noch immer zu wenige Frauen für technische Berufe. Ganz konkret merken wir, dass wir zu wenige qualifizierte Bewerbungen bekommen. Selbst bei Positionen für Absolventen reicht es einfach nicht mehr, die Stelle nur in einer Tageszeitung oder Online-Jobbörse auszuschreiben.

Zu dem allgemeinen Studientrend gesellt sich natürlich die demografische Entwicklung sowie eine ABB-interne Herausforderung: ABB tritt heute nach einer langen Phase von Umstrukturierungen und Stellenabbau wieder aktiv auf dem Arbeitsmarkt an. In den vergangenen Jahren haben wir aber deshalb im Personalmarketing nicht so aktiv sein können. Nun ist der Aufwand, den wir betreiben müssen, um die Aufmerksamkeitsschwelle in den relevanten Bewerberzielgruppen zu überwinden, natürlich größer. Was ich im Hinblick auf die Stellenanzeigen gesagt habe, gilt auch für andere Recruitingaktivitäten. Es reicht nicht mehr, sich einfach auf eine Bewerbermesse zu stellen und zu sagen: „Hallo, wir suchen Ingenieure." Wir haben deshalb bei ABB das Personalmarketing und Recruiting neu konzeptioniert und beschlossen, nicht nur die ausgetretenen Wege zu gehen. Differenzierung in Konzept und Auftritt ist für mich der Schlüssel zum Erfolg. Die guten Ingenieure haben heute im Prinzip schon drei Arbeitsverträge in der Tasche, wenn sie von der Uni kommen. Das merken wir stark – und wir müssen einfach schnell reagieren.

Wer sind arbeitgeberseitig Ihre Wettbewerber?

Als Arbeitgeber befinden wir uns in einer komplexen Wettbewerbssituation. Zum einen finden Sie unter dem Dach von ABB viele Submarken und regionale Gesellschaften. Das heißt für uns: Wir sind zwar Teil eines internationalen Konzerns, aber auch ein sehr regionaler Arbeitgeber und konkurrieren als solcher zum Teil mit mittelständischen Unternehmen. Und auch bei den Großen haben wir ein weites Konkurrenzfeld: im Prinzip alle technikgetriebenen Unternehmen, die in großem Stil Ingenieure beschäftigen. Das heißt Unternehmen der Automobilbranche, Maschinenbauer, aber auch die Stromversorger. Im Wettbewerb mit diesen Unternehmen liegt eine besondere Herausforderung darin, dass wir nur wenige bekannte B2C-Produkte haben. Als Arbeitgeber können wir nicht auf den Porsche-Effekt setzen und unsere Produkte für unseren Employer Brand arbeiten lassen. Das ist bei uns schon etwas komplizierter. Als B2B-Unternehmen sind unsere Produkte weitgehend unbekannt. Ich habe gestern bei einer Recruitingveranstaltung gefragt: Wer kennt ABB? Da gehen immer fast alle Hände hoch. Wenn ich dann aber nach den Produkten frage, sind es nur noch wenige Meldungen.

Sie sind jetzt seit einem halben Jahr hier, was haben Sie als größte Herausforderung für Ihr Thema identifiziert?

Wie schon erwähnt, kommt ABB von einer Phase des Personalabbaus in eine des aktiven Recruitings. In meiner Position habe ich den deutschen Markt im Blick. Hier waren wir in der Vergangenheit eher mit unschönen Nachrichten in der Öffentlichkeit präsent. Der Turnaround ist jetzt geschafft und wir gehen offensiv mit dieser Nachricht nach draußen. Auch intern hat die Vergangenheit Spuren hinterlassen: Die Führungskräfte haben sich über lange Zeit mit Personalabbau beschäftigt. Natürlich gibt es da auch eine gewisse Zurückhaltung, jetzt wieder massiv einzustellen. Wenn Sie als Unternehmen aus so einer Phase kommen, brauchen Sie im Personalmarketing einen langen Atem, denn Sie ernten zeitversetzt: Neue Konzepte, Kampagnen und Aktivitäten greifen eigentlich erst in zwei Jahren. Doch so lange können die Fachbereiche nicht warten. Die größte Herausforderung besteht also aktuell darin, die operativen Einheiten bei ABB so schnell wie möglich mit der Bereitstellung von qualifiziertem Personal in einem immer enger werdenden Bewerbermarkt zu unterstützen.

Was bedeutet der demografische Wandel für das Thema Talente bei ABB?

Wir bei ABB haben diese Diskussion zu dem Thema „50+" schon sehr früh im Unternehmen geführt und daraus ein umfangreiches Projekt,

„generations!", abgeleitet. Wir wissen heute, dass wir in absehbarer Zeit einen beträchtlichen Teil unserer Mitarbeiter aufgrund der weiter nach oben rückenden Alterspyramide verlieren. Da spielen Themen wie der Wissenstransfer eine große Rolle. Wir erproben derzeit das Modell der Projektleitungen im Duo, bei dem ein Projektleiter, der über kurz oder lang das Unternehmen verlassen wird, mit einem jungen Kollegen an der Seite die gleiche Aufgabe wahrnimmt. Mit dem Ziel, das Wissen zu transferieren und nicht einfach zu warten, bis der erfahrene Mitarbeiter in den Ruhestand geht, und dann zu sagen: „Hoppla, wer arbeitet denn den Neuen jetzt ein?" Natürlich hat der demografische Wandel aber auch Auswirkungen auf die Personalbeschaffung: Wie erreichen wir es, frühzeitig die Talente für die Jobs von morgen anzusprechen? Wir haben deshalb beschlossen, unsere Attraktivität und unser Image unter Studierenden und Absolventen aktiv voranzutreiben. Es reicht eben nicht mehr, vom Schreibtisch aus zu rekrutieren, nicht nur für uns.

Heißt das, Sie gehen verstärkt raus, aktiv auf die Bewerber zu?

Das ist durchaus wörtlich zu nehmen. Wir müssen Bewerber dort abholen, wo sie sich aufhalten. Es reicht nicht, einfach die Türen zu öffnen. Im Hinblick auf die Strategie im Recruiting bedeutet das: Weg von der Vakanzorientierung und hin zum Talent Management, dabei stehen also nicht die offenen Positionen, sondern die Menschen im Mittelpunkt, die für ein neues Unternehmen begeistert werden wollen, in dem sie zukünftig bei ihrer Arbeit viel Zeit verbringen werden.

Mit welchen Botschaften als Arbeitgeber sprechen Sie diese Talente an? Mit welchen Stärken von ABB gehen Sie nach draußen?

Als Arbeitgeber der Wahl für Ingenieure versuchen wir vor allem mit Technik zu begeistern. Das war auch Dreh- und Angelpunkt für unseren neuen Imagefilm: großartige Technik von ABB zu zeigen. Zum Beispiel einen Transformator mit einem Umfang von 15 Metern, den ABB herstellt. In dieser Zielgruppe spielt sich vieles über die Begeisterung für die Technik ab. Mit künftigen Investmentbankern gehen Sie in die In-Lounge und veranstalten einen tollen Cocktail-Abend. Ingenieure sind da ganz anders – die begeistern Sie durch den riesigen Transformator oder andere Spitzentechnik. So bringen Sie die Augen dieser Bewerber zum Leuchten. Wie erwähnt, sind unsere Produkte weltspitze, aber leider in der Zielgruppe noch nicht hinreichend bekannt. Die Produkte und die Technik sind aber eine zentrale Imagedimension für unseren Employer Brand. Unser Auftrag besteht deshalb auch darin, das Unternehmen mit seinen Produkten transparenter und damit für Bewerber attraktiver zu machen.

Welche weiteren Botschaften sind wichtig für Ihr Image?

Der zweite Punkt sind die Entwicklungschancen in unserem Unternehmen. Aus persönlichen Gesprächen und ebenso aufgrund der publizierten Umfragen wissen wir: Weiterbildung, Qualifizierung und langfristige Perspektiven sind für Studierende, Absolventen und Professionals ein zentraler Punkt im Arbeitgeber-Angebot. Als großer, international tätiger Konzern hat ABB da eine Menge zu bieten. Zudem treibt das Prinzip Innovation unseren Erfolg als Unternehmen. Wir sind in vielen Bereichen Weltmarktführer und müssen daher den Wettbewerbern immer eine Nasenlänge voraus sein. Dafür stehen die Produkte von ABB. Das hat natürlich sehr viel damit zu tun, dass das Unternehmen besonderen Wert auf lebenslange Weiterqualifizierung und persönliches wie fachliches Wachstum legt.

Ist Ihre Unternehmenskultur auch ein wichtiger Inhalt im Sinn einer Bewerberbotschaft?

Sicher. Das hat extrem viel damit zu tun, welche Bewerber wir ansprechen, ob wir die richtigen Mitarbeiter für die richtigen Aufgaben bei uns gewinnen. Wir legen in der Kommunikation zum Beispiel Wert darauf, dass es bei uns bodenständig zugeht. Wir liefern nichts auf dem silbernen Tablett, sondern suchen Leute, die mit anfassen können. Außerdem signalisieren wir den Bewerbern, dass bei uns eine bestimmte Unternehmenskultur herrscht, deren tragende Werte und Verhaltensregeln sogar schriftlich fixiert sind. Diesen Verhaltenskodex unterschreiben alle Mitarbeiterinnen und Mitarbeiter beim Einstieg ins Unternehmen. Alle Unternehmen haben eine Unternehmenskultur, wenn ABB aber die Wertegrundlagen und Normen der gemeinsamen Arbeit im Unternehmen schriftlich fixiert, zeigt das: Wir nehmen auch den Umgang untereinander extrem ernst. Wer bei uns arbeitet, verpflichtet sich zum Beispiel zu Toleranz und Respekt gegenüber den Kolleginnen und Kollegen aus anderen Ländern. Das ist bei einem internationalen Unternehmen wie ABB ein extrem wichtiger Punkt. Aber auch entschlossenes, verantwortliches Handeln gehört zu diesen Regeln. Nur wenn die richtigen Mitarbeiter die richtigen Entscheidungen treffen, können wir als ABB das Geschäft nach vorn bringen. Wir suchen Mitarbeiter, die nicht mit dem Finger auf Kolleginnen und Kollegen verweisen, sondern Verantwortung übernehmen und auch verantwortungsbewusst handeln.

Kommen wir von den Botschaften zu den Methoden der Personal-kommunikation: Wie sprechen Sie potenzielle Mitarbeiter an? Welche Medien und Methoden nutzen Sie?

Entsprechend der Größe der Herausforderung und der aktuellen Lage auf unserem speziellen Bewerbermarkt nutzen wir einen vielfältigen Mix an Methoden und Medien. Hier ist die entsprechende Mischung von Presse-arbeit, Veranstaltungen, Messen und nicht zuletzt interner Kommunika-tion der entscheidende Punkt. Und natürlich müssen unsere Aussagen mit den Wünschen der Zielgruppe, was Einstiegsgründe, Herausforderun-gen, Entwicklungswünsche im Unternehmen und Entscheidungsfindung angeht, übereinstimmen – nur so platzieren wir unsere Botschaften sinn-voll bei den zukünftigen Mitarbeitern von ABB.

Welche Rolle spielen Stellenanzeigen?

Natürlich schalten wir noch Online-Anzeigen bei den großen Jobbörsen, vereinzelt auch in regionalen Tageszeitungen. Aber in einem Arbeits-markt mit geringem Angebot müssen wir stärker auf Methoden setzen, die auch die so genannten Passivsucher erreichen, also Bewerber, die sich nicht aktiv nach einem neuen Job umsehen, aber für Jobangebote offen sind. Wir sind daher dazu übergegangen, aktiver die bestehenden Bewer-berpools oder Bewerberforen im Internet zu nutzen. Print- und Online-Anzeigen sehe ich in diesem Zusammenhang eher als begleitende Maß-nahme.

Findet die aktive Ansprache überwiegend online statt?

Nein. Das ist nur eine Form des aktiven Recruitings, wie wir es hier bei ABB verstehen. Auch Messen, Recruitingveranstaltungen, Kontakte zu Hochschulen und Exkursionen, um nur einige zu nennen, spielen nach wie vor eine wichtige Rolle.

Wie gehen Sie an das Thema Messen und Recruiting-veranstaltungen heran?

Messen sind für mich immer noch ein gutes Mittel, um als Unternehmen bei den Bewerbern präsent zu sein. Es gibt Veranstaltungen, da dürfen wir einfach nicht fehlen. Die ABB ist z. B. auf der Hannover Messe vertreten, der wichtigsten Industriemesse in Deutschland. Dort zeigen wir uns aber nicht nur als Produktanbieter, sondern zeigen im Career Market auch als Arbeitgeber Flagge. Doch selbst auf so einer prominenten Messe reicht die bloße Anwesenheit nicht mehr aus. Sie können sich nicht einfach an den Stand stellen und darauf vertrauen, dass die richtigen Bewerber schon vorbeischauen. In diesem Jahr hat es ABB so gemacht, dass wir uns Ziel-universitäten in der Nähe ausgesucht und Studierende wie Professoren eingeladen haben, mit uns die Messe zu besuchen. Wir haben Bustrans-fers organisiert, weil wir mögliche Hürden im Vorfeld ausräumen wollten. Bewerber, die uns kennen lernen möchten, sollten es möglichst leicht ha-ben. So ein Service ist natürlich in umkämpften Märkten ein guter Hebel – das gilt auch für Bewerbermärkte. ABB hat dann für die Studierenden und ihre akademischen Lehrer Fachvorträge auf der Messe organisiert. Dabei spielten die Führungskräfte von ABB eine wichtige Rolle.

Warum schicken Sie Ihre Führungskräfte nach vorn? Kann das die Personalabteilung nicht besser?

Wie erwähnt, ist ABB ein technikgetriebenes Unternehmen und vermag die Ingenieure von morgen vor allem mit Spitzentechnik zu beeindru-cken. Nur wer selbst von Technik begeistert ist, kann andere mit dieser Begeisterung anstecken. Das können glaubhaft nur Leute machen, die eine technische Aufgabe im Unternehmen erfüllen und die technisch qualifiziert sind. Als HR-Spezialistin kann ich so einen Auftritt vorberei-ten, den Ingenieurkollegen briefen und ihm mitteilen, welche Botschaf-ten herüberkommen müssen. Aber er selbst kann viel besser mit Begeiste-rung die Technik des Unternehmens verkaufen.

Welchen Effekt hat so ein Vortrag im Idealfall auf die zuhörenden Bewerber?

ABB bricht damit das Eis. Danach haben auch solche Bewerber prinzipiell Interesse an weiteren Kontakten mit uns, für die ABB bislang eine „Black Box" war. Aber: Auch nach den Vorträgen müssen Sie das Prinzip „aktives Recruiting" durchhalten. Das heißt: Wir haben nach Vorträgen in der Zielgruppe Ingenieure noch einmal ganz konkret Wünsche abgefragt: Wer hat Interesse an weiteren Gesprächen? Danach haben wir den Kon-takt per E-Mail oder telefonisch weiter intensiv gepflegt. Es hat heute kei-nen Sinn, sich nach einem solchen Vortrag hinzustellen und zu sagen: Jetzt bewerbt euch mal schön online auf unserer Seite. Die Zeiten sind lei-der erst mal vorbei.

Wie sieht es mit eigenen Recruitingveranstaltungen aus?

Wir denken gerade intensiv darüber nach, unser Engagement auf den klassischen Bewerbermessen zurückzufahren und lieber selbst die Türen zu öffnen. Ingenieure, die einmal z. B. das Forschungszentrum und neuste Trends in der Technik bei ABB erleben konnten, sind leicht für uns zu begeistern. In diesem Jahr werden wir sämtliche Aktivitäten noch einmal auf den Prüfstand stellen und uns danach entscheiden, was wir weitermachen und was wir neu hinzunehmen.

Wie bekommen Sie das hin? Welche Rolle spielen Kennzahlen für Ihre Strategie im Personalmarketing und Recruiting?

Eine entscheidende. Wir etablieren langfristig bei ABB dafür ein Kennzahlensystem, das im Bewerbermanagement integriert ist und am besten auf Knopfdruck funktioniert. Im Moment ist das noch schwierig, weil unser zentrales Recruitingcenter erst Ende des Jahres live geht. Was sich aber schon jetzt etabliert hat: Wir verfolgen nach, welche Bewerber von welcher Messe oder welchem Medium kommen. Ende des Jahres schaue ich mir das Ergebnis an, mache ein Reporting, bewerte die einzelnen Kanäle und kann so unsere Strategie anhand einer Effizienzmessung gegebenenfalls korrigieren.

Kommen wir wieder zu den Kanälen. Sie haben soeben Aktivitäten von ABB an Hochschulen erwähnt. Wie sieht Ihre Strategie im Hochschulmarketing aus?

Aus Kapazitäts- und Kostengründen müssen wir hier eine Auswahl treffen. Wir haben einige Key-Universitäten für uns identifiziert, mit denen wir eng zusammenarbeiten. Im letzten Jahr gab es eine ausgedehnte Präsentationstour, die „Hummer-Tour", bei der wir das Unternehmen vor Ort vorgestellt und Infotage veranstaltet haben. Was bei Ingenieuren sehr gut ankommt, sind zudem unsere Trainings zu Assessment-Centern. Das wird als wichtig erkannt, aber das entsprechende Angebot an Universitäten ist eher dünn. Wir überlegen, Praktikantenförderprogramme zu etablieren, das heißt also ein Stipendienförderprogramm, da ja jetzt überall Studiengebühren anfallen. Mit Blick auf den Bologna-Prozess überlegen wir zudem, Masterprogramme zu sponsern. Ich persönlich glaube, dass das der richtige Weg für die Unternehmen ist: Nach dem Bachelor einzustellen und einen berufsbegleitenden Master mit zu finanzieren. Außerdem arbeiten wir eng mit den Ingenieurverbänden zusammen, um nicht zuletzt auch so den Kontakt zu Studierenden und ingenieurwissenschaftlichen Fächern herzustellen.

Wie funktioniert das?

Es gibt dort verschiedene Initiativen, in denen wir uns engagieren, zum Beispiel das Praktikantenförderprogramm *Elevate* vom Verband Deutscher Ingenieure (VDI). Das ist ein Praktikantenförderprogramm, an dem wir uns beteiligen. Der VDI holt sich Unternehmen wie ABB ins Boot, um fachlichen Input zu bekommen. Das machen wir gerne – zum Beispiel in Form von Trainings – und wir haben die Möglichkeit, eine interessante Plattform zum Recruiting zu nutzen.

Wir haben ja schon darüber gesprochen: Der gegenwärtige Ingenieurmangel ist auch ein Problem der Wahl des Studienfachs. Müssten Unternehmen da nicht schon viel früher ansetzen? Engagiert sich ABB in dieser Hinsicht?

Wir versuchen schon bei Schülerinnen und Schülern Interesse für technische Fächer zu wecken. Wir beteiligen uns an Initiativen wie „Jugend forscht" oder „Jugend denkt Zukunft", um Begeisterung für Technik hervorzurufen. Ein Beispiel sind Unternehmens-Planspiele mit Schülern. Verschiedene Schulen sind hierbei beteiligt. Ziel ist es, einen frühen Kontakt zwischen ABB-Mitarbeitern, Schülern und begeisternder Technik herzustellen.

Besonders am Herzen liegt uns dabei, gerade auch bei Mädchen und jungen Frauen Begeisterung für technische Fächer zu wecken. Es gibt zu wenig Ingenieure, aber es gibt noch weniger Ingenieurinnen.

Die Personalkommunikation scheint beim Thema Ingenieurnachwuchs recht viel mit Öffentlichkeitsarbeit zu tun zu haben. Gibt es systematische PR-Aktivitäten über das Engagement in Verbänden hinaus?

Wir möchten unsere Imagekampagne intelligent mit begleitenden PR-Aktionen vernetzen. Das heißt, nicht nur Anzeigen schalten, sondern parallel Berichte über ABB in der bewerberrelevanten Presse platzieren. Zum Beispiel über besonders spektakuläre Auslandsaufenthalte im Rahmen unserer Traineeprogramme. Die begleitende Berichterstattung in den Medien ist für Bewerber besonders glaubwürdig und bringt Transparenz in das „Produkt" Arbeitsplatz oder Traineeprogramm. Wir arbeiten beim Thema PR eng mit der Unternehmenskommunikation bei ABB zusammen, die uns hervorragend unterstützt. Am Standort Mannheim versuchen wir außerdem, Aspekte der Employer-PR in allgemeine Aktionen zur Unternehmens-PR zu integrieren.

Wie setzen Sie diese Employer-PR am Standort Mannheim konkret um?

Es gibt hier mit *Klang der Quadrate* eine sehr prominente Aktion des Stadtmarketings für Mannheim. Hintergrund ist die 400-Jahrfeier der Stadt. Innerhalb von *Klang der Quadrate* gibt es einen ABB-Tag, an dem sich das Unternehmen interessierten Mannheimern und Mannheimerinnen als Unternehmen in der Region vorstellt. Neben Mannheim findet das gleiche Event auch noch in Berlin, Köln und München statt. Wir nutzen dieses Ereignis natürlich auch, um Arbeitgeberbotschaften zu platzieren, so nach dem Motto: „Mannheim klingt gut (Klang der Quadrate) – Karriere bei ABB klingt auch gut."

ABB beschäftigt in Deutschland rund 11.400 Mitarbeiterinnen und Mitarbeiter. Das sind potenzielle Werbeträger für ABB als Arbeitgeber. Wie nutzen Sie dieses Potenzial?

Unsere Mitarbeiterinnen und Mitarbeiter sind vielleicht die besten Recruiter, die wir haben. Empfehlungen spielen für die Wahl des Arbeitsplatzes eine ganz große Rolle. In dieser Hinsicht bin ich mir sicher, dass uns die meisten Mitarbeiter empfehlen würden. Dank unserer regelmäßig stattfindenden Mitarbeiterbefragungen wissen wir, dass über 80 % der Mitarbeiterinnen und Mitarbeiter stolz darauf sind, bei ABB zu arbeiten. Man kann natürlich immer sagen, was ist mit den anderen 20 %, aber ich glaube, das ist wirklich eine hohe Quote. Positionsbezogen fragen wir auch Empfehlungen ab. Wir machen das z. B. unter den neu eingestiegenen Trainees und fragen sie, ob sie jemanden kennen, der für eines unserer Traineeprogramme in Frage käme. Als kleine Anerkennung bekommen sie dann von uns einen Smart für ein Wochenende zur Verfügung gestellt. Es gibt aber bei ABB kein Programm „Mitarbeiter werben Mitarbeiter" – mit den üblichen Kopfprämien in beträchtlicher Höhe. Wir hätten Bauchschmerzen dabei, Mitarbeiter gegen Geld als Headhunter einzusetzen.

Warum eigentlich? Das ist doch gängige Praxis – nicht nur in Start-ups, sondern auch in DAX-notierten Konzernen?

Das ist mir nicht unbekannt. Ich glaube aber, dass zufriedene Mitarbeiter ihr Unternehmen als Arbeitgeber weiterempfehlen. Das heißt, das Klima, die Entwicklungsperspektiven und die Personalprodukte eines Unternehmens müssen stimmen. Das ist das beste Programm für „Mitarbeiter werben Mitarbeiter". Kopfprämien von mehreren tausend Euro sind meiner Meinung nach der falsche Weg. Zudem lösen solche Incentive-Systeme vielleicht auch ein Verhalten aus, das dem Image von ABB schaden könnte. Dazu ein Beispiel: Wir beliefern Großkunden aus der Industrie. Dort arbeiten auch qualifizierte Mitarbeiter, die durchaus für ABB attraktiv sein könnten. Wir möchten aber nicht, dass unsere Vertriebsspezialisten unter ihren Kunden auf Mitarbeiterfang gehen. Das ist für uns einfach nicht das passende Anreizsystem.

Welche Rolle spielen Web-2.0-Formate in Ihrem Konzept?

Der Bewerbermarkt spielt sich heute online ab – ebenso wie ein guter Teil unseres Lebens. Ich glaube, dass die neuen Web-2.0-Formate dem Recruiting völlig neue Chancen eröffnen, sowohl in der Kandidatenrecherche als auch in der Ansprache. Online-Netzwerke wie Xing bieten auch Unternehmen neue Möglichkeiten, aktiv geeignete Kandidaten zu identifizieren. Bei uns recherchieren z. B. zwei ehemalige Mitarbeiterinnen im Internet. Beide sind heute selbstständig und bekommen eine Erfolgspauschale. Sie kennen einerseits das Unternehmen sehr gut und sind andererseits unabhängig genug, dass sie diese Aufgabe für uns übernehmen können. Sie recherchieren natürlich nicht nur bei Xing, sondern nutzen alle Online-Bewerberplattformen sowie Alumni-Netzwerke.

Welche Rolle spielen die Prozesse im E-Recruiting- und Bewerber-Management für den Erfolg Ihrer Kommunikation mit den Zielgruppen?

Eine herausragende. Nur da, wo der Bewerbungs-Prozess sauber abgebildet ist, kann ich eine lückenlose Kommunikation garantieren. Wenn Sie versprochen haben, Sie rufen den Bewerber an, dann müssen Sie ihn anrufen. Die Frage ist nur: Wie gut sind die Systeme, die Sie darin unterstützen? Gibt es automatische Erinnerungen, Wiedervorlagen, die Ihnen die Kommunikation mit dem Bewerber erleichtern? Wenn Sie sehr viele Bewerbungen im Monat bekommen, ist das eine große Herausforderung – wenn die Technik funktioniert aber auch eine riesige Erleichterung. Aber das ist natürlich noch nicht alles – nur weil der Prozess gut funktioniert, haben Sie ja den Menschen noch nicht gewonnen. Sie dürfen sich nicht nur mit einem elektronischen Prozess beschäftigen – gute Recruiter müssen viel Zeit mit Menschen persönlich oder am Telefon verbringen. Klar ist, je weniger Zeit Sie in schlechte Systeme investieren müssen, desto mehr Zeit bleibt, mit Menschen zu reden. Letztendlich entscheiden sich Menschen immer noch für Menschen und nicht für irgendwelche Systeme.

Selbstmarketing als Erfolgsfaktor im zentralen Recruiting

Wer als zentraler Recruiter und Personalmarketingverantwortlicher im Konzern Erfolg haben möchte, muss zunächst die Führungskräfte ins Boot holen – und sie vom eigenen Angebot überzeugen. Fünf Tipps von Nicole Gilbert, die selbst vor der Herausforderung stand, über 900 Führungskräfte bei ABB Deutschland vom eigenen Beitrag überzeugen zu müssen:

1. **Effiziente Prozesse:** Sorgen Sie zunächst dafür, dass Produkte, Prozesse und Service stimmen – und Ihr Team seine Rolle als interner Dienstleister ernst nimmt.

2. **Kontakt zu Ihren Kunden:** Nehmen Sie frühzeitig zu den Führungskräften Kontakt auf. Lernen Sie die wichtigsten von ihnen im persönlichen Gespräch kennen, pflegen Sie bei den anderen den Kontakt per Mail oder Telefon.

3. **Bedarfsanalyse:** Hören Sie gut zu. Versuchen Sie, den konkreten Bedarf der Führungskräfte, aber auch ihre Ängste, Einwände und Unsicherheiten zu verstehen und holen Sie gerade besondere Widersacher und Bedenkenträger ins Boot.

4. **Aktuelle Trends:** Haben Sie die Nase vorn. Suchen Sie immer wieder nach neuen Wegen im Recruiting – damit begeistern Sie nicht nur Bewerber, sondern auch die Führungskräfte.

5. **Erfolge gemeinsam feiern:** Tue Gutes und sprich darüber! Kommunizieren Sie aktiv ihre ersten Erfolge.

Gutes Arbeitgeberimage durch gute Personalprodukte – Commerzbank AG und das Projekt NewCom

Dr. Folke Werner und Simon Wengert

Bunte Imagekampagnen, Blogs, Claims und umfangreiche Mediapläne: Beim Begriff „Personalmarketing" oder „Employer Branding" fallen vielen Personalverantwortlichen spontan Elemente der Kommunikationspraxis ein. Dieser Blick verengt Personalmarketing jedoch auf einen Einzelaspekt. Die Aufgabe, starke Arbeitgebermarken nach innen und außen auf- sowie auszubauen, ist für Unternehmen im 21. Jahrhundert ein entscheidender Wettbewerbsfaktor. Aufgrund der demografischen Entwicklung nimmt die Anzahl der verfügbaren Arbeitskräfte im Alter zwischen 35 und 45 in Deutschland in den nächsten zehn Jahren um ein Viertel ab. Der Wettbewerb der Unternehmen um qualifizierte und motivierte Nachwuchskräfte verschärft sich deutlich. Nur wenn es Arbeitgebern gelingt, in ausreichendem Maße Talente für sich zu gewinnen und an sich zu binden, bleiben sie überlebensfähig. Dazu ist ein ganzheitlicher Blick auf das Thema Personalmarketing notwendig, der neben kommunikativen Aspekten auch die Produktentwicklung und -gestaltung in den Fokus rückt.

Marketing und Personalmarketing

Mit anderen Worten: Der Marketingcharakter von Personalmarketing muss ernster genommen werden als bisher. Auch im klassischen Produktmarketing ist Kommunikation nur eine in der Reihe verschiedener Aufgaben. Von grundlegender Bedeutung ist die konsequente Entwicklung und Gestaltung des Produkts nach Marktkriterien und Zielgruppenbedarf. Dazu gehört sowohl die Produktinnovation als auch das Management der bestehenden Produkte. Das Ziel: Die Wünsche und Erwartungen bestehender und potenzieller Kunden sollen befriedigt, im Idealfall mitgeprägt werden. Bei der Produktgestaltung im Personalmarketing wird man daher analog vor der eigentlichen Ausgestaltung von Kommunikationsmaßnahmen die Frage nach der Marktfähigkeit der eigenen Produkte stellen und sie nach Marktkriterien, Zielgruppenwünschen und Unternehmensbedarf gestalten. Die einfache Formel lautet: Kein erfolgreiches Marketing ohne gute Produkte, kein erfolgreiches Personalmarketing ohne gute Personalprodukte.

Aber was sind die Produkte in diesem Zusammenhang? Personalmarketingverantwortliche vermarkten die Arbeitswelt in ihrem Unternehmen. Diese Arbeitswelt muss den in der Personalwerbung aufgebauten Erwartungen und den Wünschen der Zielgruppen entsprechen. Die Adressaten dieser Kommunikation sind die bestehenden Mitarbeiter – und natürlich auch die Mitarbeiter von morgen.

Produkt Arbeitswelt und Personalarbeit

Hauptaufgabe der Personalpolitik ist es daher, das Produkt Arbeitswelt so zu gestalten, dass es den gegenwärtigen und zukünftigen Anforderungen und Erwartungshaltungen der in- und externen Zielgruppen entspricht. Das Arbeitgeberimage eines Unternehmens umfasst dabei verschiedene Dimensionen dieses Produkts, die stark miteinander verbunden sind:

1. Unternehmen und Branche, Größe und Marktposition, Standort, Produkte und Kernkompetenzen

2. Unternehmenskultur (Hierarchien, Kommunikation, Diversity)

3. Leistungen als Arbeitgeber (Gehälter und Zusatzleistungen, Qualifizierungs- und Employability-Angebot)

Personalpolitik hat nicht auf alles Einflussmöglichkeiten: Die Leistungen als Arbeitgeber hängen natürlich stark von der Branche, der Unternehmensgröße und der Marktposition sowie -entwicklung ab. Die Personalpolitik wird weder die Branche noch die Standorte und Produkte des Unternehmens ändern können und wollen. Dennoch bieten sich ihr starke Gestaltungsmöglichkeiten, sie übt einen maßgeblichen Einfluss auf die zweite und dritte Dimension aus. Aus vielen Absolventenstudien (Beispiel: Employer Branding 2006, TNS Infratest) wissen wir: Die Beurteilung der Arbeitgeberattraktivität hängt entscheidend von sogenannten weichen Faktoren ab. Dazu gehören ein gutes Arbeitsklima, herausfordernde Aufgaben sowie Entwicklungs- und Aufstiegsmöglichkeiten im Unternehmen.

Arbeit am Image heißt in der Commerzbank daher zunächst: Arbeit an den Personalprodukten. Bevor wir über Kampagnenmotive oder Kommunikationskanäle nachdenken, versuchen wir, die Arbeitswelt in der Commerzbank maximal vermarktungsfähig zu gestalten. Das ist eine Kernaufgabe strategischer Personalarbeit, die sich aber im Operativen, im Kleinen und bis in die alltäglichen Prozesse hinein fortsetzen muss. Erst mit guten Personalprodukten im Rücken können wir unser Angebot als Arbeitgeber nach außen glaubwürdig kommunizieren.

Arbeitswelt im Wandel

Der Personalpolitik kommt dabei die Aufgabe zu, eine sich wandelnde Arbeitswelt mitzugestalten. Dabei muss sie das Business unterstützen – und zugleich die bestehenden und künftigen Mitarbeiter im Auge behalten. Das Arbeiten in einer Bank hat sich sowohl für Führungskräfte als auch für Mitarbeiter in den vergangenen zehn Jahren rasant verändert. Durch die Globalisierung der Weltwirtschaft, kürzere Innovationszyklen, veränderte Technik und Kundenerwartungen hat der Wettbewerb zwischen den Instituten deutlich zugenommen. Die Aufgaben haben sich extrem spezialisiert, die Anforderungen an das Arbeiten in einer Bank sind gestiegen, der Leistungs- und Erfolgsdruck ist größer geworden.

Angesichts eines verknappten Bewerbermarkts und gestiegener Anforderungen besteht in der Mitarbeiterbindung und -gewinnung gleichermaßen Handlungsbedarf. Die Bank will Schlüsselpositionen gezielt mit eigenen Mitarbeitern besetzen. In unseren Führungskreisen haben wir zum Beispiel 2006 rund 600 Mitarbeiter auf Führungsaufgaben vorbereitet – und damit die Nachfolge für Positionen gesichert, in denen Kolleginnen und Kollegen bald die Pensionsgrenze erreichen. Im selben Jahr hat die Commerzbank als Nachwuchs 1.200 Direkteinsteiger, Trainees und Praktikanten eingestellt. Auch 2007 hatten wir wieder massiven Rekrutierungsbedarf, den es durch Recruiting-Aktivitäten zu decken galt. Ein erschwerender Faktor hier: das in den letzten Jahren deutlich gewandelte Image des Arbeitsplatzes „Bank".

Arbeitgeber-Image im Wandel

Bis in die 90er Jahre galten Banken als krisensichere, verlässliche Arbeitgeber. Die Arbeitslosenquote in der Branche lag zu Anfang des Jahrzehnts unter zwei Prozent, die Übernahmequoten für Auszubildende waren extrem hoch. Banken boten eine berechenbare berufliche Entwicklung – meist für Generalisten mit einem breit gefächerten Aufgabenspektrum. „Banker" stand auf der Kinder-Berufszielliste vieler Eltern ganz oben. Das ist heute anders.

Ende der 90er Jahre verschoben sich beim Nachwuchs deutlich die Werte im Hinblick auf die Arbeitskultur. Der Beruf der „grauen Anzugträger in den Banken" galt um die Jahrtausendwende angesichts der zahlreichen bunten Start-ups in den Internetmetropolen der Republik plötzlich als unmodern. Als die New Economy mit dem Neuen Markt dann zusammenbrach und mit ihr auch viele der neuen Trendjobs wieder verschwanden, hätten Werte wie Kontinuität in der Beschäftigung und Krisensicherheit durchaus das Potenzial zur Renaissance gehabt. In dieser Situation aber mussten die Banken selbst aufgrund einbrechender Märkte umfangreiche Kostenoffensiven und Restrukturierungsprogramme starten, die das Bild vom „sicheren Arbeitsplatz" unterminierten.

Mittlerweile ist diese Phase überwunden, und die Banken stehen wieder glänzend dar, und dies nicht nur aufgrund der Konsolidierungsmaßnahmen. Denn gleichzeitig wurde auch viel vom Geist und Schwung der New Economy aufgenommen und in die eigenen Produktangebote sowie Prozesse integriert. Längst ist das Arbeiten in einer Bank kein langer, ruhiger Fluss mehr. Das Berufsbild hat sich deutlich verändert. Banker müssen sich heute schnell in neue Aufgaben, Techniken und Anforderungen einarbeiten. Es haben sich viele verschiedene Spezialistentätigkeiten herausgebildet. Das „graue" Image aber hält sich hartnäckig.

Die Folge: Die Bankenbranche schneidet noch heute in Arbeitgeber-Imagestudien im Branchenvergleich schlecht ab. Kein Kreditinstitut schafft es zum Beispiel auf einen der ersten zehn Plätze im „trendence"-Absolventenbarometer 2006 (Deutsche Business Edition). Arbeitgeber der Branche gelten nach wie vor als hierarchisch, langweilig, arrogant und wenig „sexy".

Und die Commerzbank?

Die Entwicklung des Arbeitgeber-Images der Commerzbank seit den 90er Jahren spiegelt zum einen die Krise der gesamten Branche wider, zum anderen kommen unternehmensspezifische Herausforderungen hinzu. In dem zitierten „trendence"-Ranking liegt die Bank derzeit auf Rang 48. Bis in die 90er Jahre hinein fand sich die Commerzbank bei Studien zur Arbeitgeberattraktivität stets auf den vorderen Plätzen wieder. Seit 2001 ist die Bank von dort aus kontinuierlich nach unten abgerutscht. Maßgeblicher Grund: die bereits erwähnte notwendige Konsolidierungsphase, die mit umfangreichen Restrukturierungsmaßnahmen und einem Personalabbau in Höhe von rund 25 Prozent der Stammbelegschaft verbunden war. Die meisten Wettbewerber haben dieses Schicksal geteilt. Die Commerzbank genoss aber in diesem Wandel auf der Habenseite zum einen nicht den Bonus des Marktführers. Zum anderen boten in den Augen der Bewerberzielgruppen plötzlich deutlich konservativere und staatsnahe

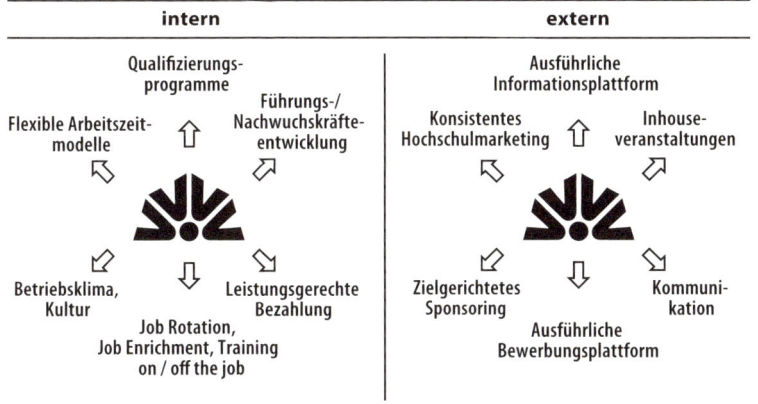

Bild 1 Employer Branding: interne und externe Aktivitäten

Wettbewerber wie die Kreditanstalt für Wiederaufbau oder die Landesbanken zumindest mehr Sicherheit.

Die Restrukturierung der Commerzbank ist erfolgreich abgeschlossen, das Unternehmen steht heute als zweitgrößte Bank Deutschlands so gut da wie nie zuvor und erzielt Rekordergebnisse. Auf den Umbau folgte eine umfangreiche Wachstumsstrategie – mit ehrgeizigen Zielen. Die Commerzbank möchte zur besten Mittelstandsbank in Deutschland werden – und im Privatkundensegment ihre Marktanteile deutlich ausweiten. Allein 2007 (Stand: Juli) haben wir bislang 200.000 neue Kunden in diesem Bereich gewonnen. Die Wachstumsstrategie des Unternehmens wurde aus dem Personalressort von einer zukunftsorientierten Strategie zur Steuerung der Attraktivität als Arbeitgeber begleitet. Das Ziel: In den kommenden Jahren soll die Bank Vertrauen durch authentische Maßnahmen gewinnen und sich zu einem der Top-Arbeitgeber in Deutschland entwickeln. Dabei nehmen wir sowohl unsere internen Prozesse und Produkte in den Blick als auch unseren externen Marktauftritt als Arbeitgeber (siehe Bild 1).

Drei Karrierewege – Entwicklungsmodell ComMap

Ein Beispiel für verbesserte Produkte und Prozesse ist unser überarbeitetes Entwicklungsmodell *ComMap*. Die Aufgaben in der Commerzbank haben sich in den vergangenen Jahren extrem diversifiziert. Im Hinblick auf die

künftige karriereleitern in der commerzbank

Projekte managen	Kundensegmentspezifisch verkaufen			Produkte entwickeln, strukturieren und bereitstellen sowie handeln		Konzepte entwickeln und steuern	Operativ führen	Strategisch führen
Projekt Management	Private Banking Vertrieb/ Marktfolge	Retail Banking Vertrieb/ Marktfolge	Corporate Banking Vertrieb/ Marktfolge	Investment Banking, Capital Markets & Treasury Markt/ Marktfolge	Asset Management	Stabs-/Service- & Steuerungs funktionen	Führungs funktionen: Management	Executive
								E
							M 6	
PM 5	PB 5	RB 5	CB 5	IB 5	AM 5	ST 5	M 5	
PM 4	PB 4	RB 4	CB 4	IB 4	AM 4	ST 4	M 4	
PM 3	PB 3	RB 3	CB 3	IB 3	AM 3	ST 3	M 3	
PM 2	PB 2	RB 2	CB 2	IB 2	AM 2	ST 2	M 2	
PM 1	PB 1	RB 1	CB 1	IB 1	AM 1	ST 1	M 1	
Projektkarriere	Fachkarriere						Führungskarriere	

Bild 2 *ComMap*: Künftige Karriereleitern in der Commerzbank

strategische Aufgabe Talent Management ist längst nicht mehr nur die Gewinnung und Bindung von (künftigen) Führungskräften, sondern auch von hochqualifizierten Spezialisten erfolgsentscheidend. Führung ist und war naturgemäß immer eine relativ schmale Karriere-Option. Zudem haben sich die Führungsspannen erhöht, die Anzahl der Führungspositionen hat sich verringert, so dass die Führungslaufbahn als Karriereangebot heute für moderne Arbeitgeber nur eines von verschiedenen Angeboten an den qualifizierten Nachwuchs sein kann.

Hinzu kommt ein eignungsdiagnostisches Kriterium: Nicht jeder kann und möchte führen. Unternehmen, die aus den besten Spezialisten schlechte Führungskräfte machen, vergeuden wertvolles Potenzial. Im anziehenden Wettbewerb um die Talente sind Optionen das Gebot der Stunde, die alternativ zum Aufstieg als Führungskraft angeboten werden können. Diese Laufbahnen für Spezialisten oder Projektleiter müssen dabei im Hinblick auf Attraktivität, Ansehen im Unternehmen und Vergütungsmöglichkeiten als möglichst gleichwertig wahrgenommen werden. Zudem brauchen diese Karriereoptionen auch im speziellen Marktvergleich für die einzelnen Funktionen im Unternehmen Wettbewerbsfähigkeit. Mehr derart konkurrenzfähige Laufbahnen – das bedeutet mehr transparente Optionen des Aufstiegs, auch für Bewerberzielgruppen.

Mit dem 2007 eingeführten Entwicklungsmodell *ComMap* (siehe Bild 2) werden diese verschiedenen Möglichkeiten über die Unternehmensbereiche hinweg angeboten und mit ihren jeweils bereichsspezifischen Anforderungen, Vergütungs- sowie Entwicklungschancen standardisiert und transparent gemacht. Entscheidend ist, dass die Fach- und die Projektleiterkarriere im Hinblick auf ihre Wertigkeit im Unternehmen der Führungskarriere gleichgestellt sind. Das heißt: Abgesehen vom Top-Management können Spezialisten die gleiche Karrierestufe erreichen wie Führungskräfte. Die Zugehörigkeit zu einer der Karrierestufen orientiert sich dabei nicht an Hierarchien oder Berichtsebenen, sondern am Aufgabenspektrum und den damit verbundenen Anforderungsprofilen.

Mit *ComMap* setzen wir als Arbeitgeber Akzente in einem Wettbewerbsumfeld, das eine immer größere Spezialisierung der Aufgaben erforderlich macht. Wir möchten attraktiv sein, nicht nur für den Führungsnachwuchs, sondern auch für bestehende und potenzielle Mitarbeiter, die ihre Zukunft eher in einer Spezialisten- oder Projektleiterposition sehen.

Kinderbetreuung

Heute gibt es nicht mehr den „klassischen" Lebensentwurf, sondern es existiert eine Vielzahl völlig unterschiedlicher Vorstellungen, wie Mitarbeiter Arbeiten und Leben miteinander verbinden. Insgesamt gewinnt dabei das Thema „Work-Life-Balance" weiter an Bedeutung und wird zunehmend zu einem der zentralen Kriterien in der Beurteilung der Arbeitgeberattraktivität von Unternehmen. Als Arbeitgeber hat die Commerzbank schon seit vielen Jahren auf die Diversifizierung der privaten Lebensmodelle reagiert und immer wieder in entsprechende Angebote investiert. Bei der betrieblichen Kinderbetreuung setzen wir in der Branche mittlerweile Maßstäbe. Mitarbeiterinnen und Mitarbeiter der Bank sollen sich nicht zwischen Kindern und Job entscheiden müssen. Wiederholt ist die Commerzbank für ihre Familienfreundlichkeit ausgezeichnet worden,

Kids & Co. Backup: Kinderbetreuung rechnet sich

Angebote zur Kinderbetreuung sind nur auf den ersten Blick „teuer" für das Unternehmen. Dazu eine kleine Beispielrechnung für die Kindernotfallbetreuung in der Commerzbank:

- Im ersten Jahr nahmen die Mitarbeiterinnen und Mitarbeiter in der Einrichtung insgesamt 2.300 Betreuungstage in Anspruch.
- An 900 dieser Betreuungstage wären die betroffenen Eltern ohne Kids & Co. nicht zur Arbeit erschienen.
- Das entspricht einem Ausfall von rund 351.000 Euro.
- Die Kosten für die Betreuung lagen bei rund 210.000 Euro.
- Das entspricht für das erste Jahr einem monetären Nutzen von 141.000 Euro.

zuletzt 2006 mit dem Hauptzertifikat „Audit Beruf und Familie" der Hertie-Stiftung.

Wenn Eltern über eine gute Kinderbetreuung verfügen, kehren sie schneller in den Beruf zurück. Sie arbeiten motivierter und konzentrierter. Zudem wird es mit dem demografischen Wandel und der zunehmenden Alterung der Erwerbsbevölkerung immer wichtiger, auch potenzielle Mitarbeiterinnen und Mitarbeiter anzusprechen oder zu binden, für die Kinder keine Nebensache sind. Deshalb gibt es in der Bank eine Reihe von Programmen und Initiativen:

- Mit dem Programm *Comeback Plus* unterstützen wir Eltern, die nach einer familienbedingten Auszeit wieder einsteigen möchten.

- Wir unterstützen unsere Eltern mit Zuschüssen zu den Kinderbetreuungskosten, einem bundesweiten Beratungs- und Vermittlungsservice zur Kinderbetreuung sowie mit Angeboten zur Ferienbetreuung.

- Seit 2005 besuchen Kinder von Mitarbeiterinnen und Mitarbeitern die neue Tagesstätte *Kids & Co.* in Frankfurt am Main. Die Einrichtung bietet Plätze für die dauerhafte Betreuung – besonders für die ganz Kleinen, für die es kaum geeignete Angebote gibt.

- Die Notfallkinderbetreuung *Kids & Co. Backup* sorgt an 18 Standorten in Deutschland für kurzfristige Betreuungsmöglichkeiten, wenn beispielsweise die Tagesmutter einmal ausfällt.

Mitarbeiterbefragung

Zur Optimierung der Personalprozesse und -produkte gehört auch das kontinuierliche Monitoring der eigenen Attraktivität als Arbeitgeber nach innen. Denn schließlich handelt es sich bei den 35.000 Commerzbank-Mitarbeitern um Promotoren, die das Bild der Bank nach außen maßgeblich mitprägen. Wie nehmen die eigenen Mitarbeiter die Commerzbank als Arbeitgeber war? Wie stellt sich die Stimmung im und die Bindung ans Unternehmen dar? Welche Verbesserungsansätze sehen die Mitarbeiter? Dazu führt die Commerzbank seit 2005 jährlich eine Mitarbeiterbefragung durch – und erhebt ein Stimmungsbild in Form eines Commitment-Index. Die hohe Beteiligungsquote von 72 Prozent bei der letzten Mitarbeiterbefragung zeigt uns, dass wir auf dem richtigen Weg sind und die Identifikation der Mitarbeiter mit ihrem Unternehmen stimmt. Neben diesem Klima-Check findet alle drei Jahre eine erweiterte, maßnahmenorientierte Befragung statt, die in eine Vielzahl von Verbesserungsmaßnahmen mündet – bankweit und in den einzelnen Unternehmensbereichen. Dadurch erhalten die Mitarbeiter die Gelegenheit, unmittelbar Einfluss auf „ihre" Bank zu nehmen. Die Commerzbank stärkt so die Zufriedenheit und Bindung ans Unternehmen.

Das Projekt NewCom

Ein wesentlicher personalpolitischer Baustein in unserer Produktstrategie sind die Nachwuchsprogramme der Commerzbank, die wir mit dem Projekt *NewCom* attraktiver sowie marktgerechter gestalten. Um den Geschäftserfolg der Bank auszubauen und gute Talente anzuziehen sowie an das Unternehmen zu binden, braucht die Commerzbank ein starkes Arbeitgeberimage und eine hohe Anziehungskraft auf qualifizierte Nachwuchskräfte. In diesem Punkt steht die Bank vor großen Aufgaben. Derzeit erscheint das Unternehmen als Arbeitgeber vielen Hochschulabsolventen nicht attraktiv genug. Befragungen unserer Trainees und Studienkreisler haben gezeigt: Auch Nachwuchskräfte, die wir schon für uns gewonnen haben, sind zum Teil mit ihren Perspektiven und der Betreuung in der Bank unzufrieden.

Der Einstellungsprozess dauert zu lang, die Nachwuchsprogramme sind nicht ausreichend miteinander verknüpft, strukturiert und transparent. In Auswahl und Entwicklung des Nachwuchses werden die Bedürfnisse der einzelnen Ressorts im Unternehmen nicht genug berücksichtigt. Die Folge: Der Commerzbank droht in Kürze ein Mangel an qualifiziertem Nachwuchs, wichtige akademische Talente gehen zur Konkurrenz, den Unternehmensbereichen fehlen punktgenau qualifizierte Nachwuchskräfte. Im anziehenden War for Talents ist dieser Befund alarmierend.

Mit dem Projekt *NewCom* hat der Zentrale Stab Personal der Commerzbank (ZPA) deshalb seit Ende 2006 auf diese Herausforderungen reagiert. ZPA hat die gesamten Nachwuchsprogramme des Unternehmens ganzheitlich in den Blick genommen, untereinander verzahnt, an den Erwartungen der Nachwuchszielgruppen sowie den Bedürfnissen der Unternehmensbereiche neu ausgerichtet und optimiert. Die Gesamtheit der mit *NewCom* verbundenen Innovationen wird spätestens Anfang 2008 umgesetzt sein. Das ehrgeizige Ziel: Wir möchten innerhalb von fünf Jahren unsere Arbeitgeberattraktivität deutlich steigern und zu den zehn attraktivsten Unternehmen in Deutschland zählen. Der Einstellungsprozess soll kürzer werden, die Produkte zur Nachwuchsentwicklung attraktiver, verzahnter und wettbewerbsfähiger. Das gilt für alle Nachwuchsgruppen und die damit verbundenen Prozesse: vom Praktikum über die Zusammenarbeit mit der Frankfurt School of Finance and Management und den Studienkreis der Commerzbank bis zur Traineeausbildung.

NewCom-Themen

In sechs verschiedenen Themenfeldern hat die Commerzbank im Rahmen von *NewCom* Rollen, Prozesse, Produkte und Strukturen in den Blick genommen:

1. Mit dem Konzept *management meets campus* sichert die Bank künftig die bedarfsgerechte Rekrutierung von akademischen Talenten an den Zielhochschulen. Dazu werden Top-Manager der ersten Führungsebene dort als *Hochschulcaptains* aktiv.

2. Die Rollen in der Nachwuchsgewinnung und -entwicklung wurden neu definiert, die neue Position des *Beraters NewCom* eingeführt.

3. Die Nachwuchsprogramme selbst hat die Bank attraktiver gemacht, harmonisiert, stärker miteinander verzahnt und transparenter gestaltet. Das Praktikum in der Commerzbank erhielt eine neue, eindeutige Rolle und wurde stärker an die anderen Nachwuchsprogramme gekoppelt.

4. Mit Hilfe eines ganzheitlichen und nachhaltigen Planungsprozesses werden wir künftig den ressortspezifischen Bedarf an Nachwuchskräften und die notwendigen Budgets ermitteln sowie das gesamte Nachwuchsthema überwachen und steuern. Die Führungskräfte in den Unternehmensbereichen werden in diesen Prozess stärker eingebunden als bisher.

5. Der Einstellungsprozess als solcher wird optimiert und verkürzt.

management meets campus

Im Rahmen von *NewCom* beschreibt *management meets campus* das künftige Rekrutierungskonzept der Commerzbank, mit dem sich die Bank in Zukunft bundesweit an ausgewählten Zielhochschulen als attraktiver Arbeitgeber vorstellen möchte. Eine zentrale Rolle dabei spielen Top-Führungskräfte der Bank. Das Ziel: Sukzessiv baut die Bank auf diese Weise ein tragfähiges Netzwerk persönlicher Kontakte zu den Fach- und Führungskräften von morgen auf.

Als Hochschulcaptains pflegen Mitglieder des Regionalvorstands und Führungskräfte der ersten Ebene den direkten Kontakt zu Professoren, Dozenten sowie Studierenden ihrer Zielhochschule in der Region. Gemeinsam mit einem interdisziplinären Hochschulteam führen die Hochschulcaptains an ihren Hochschulen verschiedene Aktivitäten durch. Das sind zum Beispiel:

- Gastvorlesungen
- Case Studies

- Workshops zur Vermittlung von Methoden
- Bewerber- und Assessment-Center-Trainings
- Hochschulmessen
- Studierendenprojekte
- Plan- oder Gewinnspiele
- Podiumsdiskussionen

Bei der Wahl und Ausgestaltung der Mittel haben die Teams freie Hand, ebenso beim gewählten Rahmen für diese Aktivitäten, der bei Bedarf und je nach Aktivität auch die Form eines Kamingesprächs, eines Cocktailabends oder eines Absolventenballs annehmen kann.

An der Spitze der Hochschulteams steht jeweils eine Führungskraft der ersten Ebene. Die Teammitglieder kommen aus verschiedenen Unternehmensbereichen, Führungsebenen und Funktionen. Hierbei werden nicht nur Kolleginnen und Kollegen aus dem Personalressort aktiv, sondern auch Führungskräfte, Spezialisten und Nachwuchskräfte wie Trainees oder Mitglieder eines der Studienkreise in der Commerzbank.

Mitarbeiter des ZPA Office Hochschulmarketing beraten die Hochschulcaptains beim Aufbau der Teams, stellen Material für die Veranstaltungen zur Verfügung, führen die Erkenntnisse aus der Arbeit in den Regionen zusammen und leiten daraus Empfehlungen ab. Dank dieses Monitorings und der regelmäßigen Evaluation entsteht langfristig ein bundesweiter Wissenstransfer zur Best Practice im Hochschulmarketing.

Adjustierung der Rollen

Vor *NewCom* war die Nachwuchsbetreuung ausschließlich eine Aufgabe der Personalberater in der Commerzbank, die als Business Partner aus dem Personalressort heraus die verschiedenen Unternehmensbereiche betreuen. Diese Aufgabe stellte aber nur eine von sehr vielen verschiedenen Tätigkeiten der Personalberater dar. Nicht alle konnten sich daher kontinuierlich und intensiv genug mit dem Nachwuchsthema beschäftigen.

Mit *NewCom* wandert die Nachwuchsbetreuung in die Hände von Spezialisten, die sich ausschließlich mit diesem Thema befassen. Die Personalberater bleiben weiterhin strategische Ansprechpartner der Führungskräfte beim Thema Nachwuchs, zum Beispiel für die Nachwuchsplanung und -steuerung. Bei diesen Aufgaben arbeiten ihnen jedoch künftig die Berater *NewCom* zu. Zudem übernehmen diese Spezialisten die mit der Nachwuchsgewinnung und -betreuung verbundenen operativen Aufgaben: Sie rekrutieren und stellen gemäß Kundenauftrag ein, betreuen Trainees, Studienkreisler, Studierende der Frankfurt School of Finance and Management sowie Praktikanten und stellen die Einsatzplanung sicher. Die Berater *NewCom* kümmern sich um Vertragszusagen und den Versand von Arbeitsverträgen, überwachen laufend die Bedarfsdeckung und halten Informationsveranstaltungen für die Nachwuchszielgruppen ab. Sie stehen den Nachwuchskräften als Ansprechpartner zur Verfügung und bilden die zentrale Schnittstelle zu den Personalberatern sowie der Konzeption der Nachwuchsprogramme in der Bank.

Adjustierung der Produkte: Praktikum

Als Nachwuchsgewinnungsinstrumente waren die Praktika bislang nicht eng genug mit den übrigen Produkten und Prozessen zur Nachwuchsgewinnung verzahnt. Das Praktikum in der Commerzbank dient künftig einem einzigen Zweck: Mit seiner Hilfe sollen möglichst viele qualifizierte und motivierte Kräfte für den Jobeinstieg in der Bank gewonnen werden. Guten Praktikanten möchten wir dabei attraktive Optionen bieten, das Praktikum soll als Eintrittskarte für einen erleichterten Einstieg wahrgenommen werden – in den Studienkreis der Commerzbank ebenso wie in unsere Traineeprogramme.

Das Standard-Auswahlverfahren für die Traineeprogramme wird daher für ehemalige Commerzbank-Praktikanten optional sein, wenn sie ein Praktikum von mindestens drei Monaten absolviert haben und eine gute Beurteilung der Vorgesetzten vorliegt. Die Führungskräfte im aufnehmenden Ressort entscheiden je nach dieser Praxisbeurteilung, ob die Praktikanten das Auswahlverfahren durchlaufen müssen oder nach Studienabschluss direkt als Trainees einsteigen können.

Die Praktikantenvergütung wurde im Zusammenhang mit *NewCom* auf 700 Euro erhöht und damit an das Branchenniveau angepasst. Bei sehr guter Leistung ist zudem eine einmalige Sonderzahlung möglich.

Adjustierung der Produkte: Traineeprogramme

Mit *NewCom* erhalten die verschiedenen Unternehmensbereiche maßgeschneiderte Traineeprogramme, das allgemein ausgerichtete General-Banking-Programm wird eingestellt.

Die stärkere Ausrichtung am Bedarf der Unternehmensbereiche führt zu passgenaueren Nachwuchslösungen und einer größeren Zufriedenheit bei den internen Kunden von ZPA. Gleichzeitig erweitert die Bank damit aber auch ihr Angebot an den akademischen Nachwuchs. Je nach Inter-

Traineeprogramme nach NewCom

- Corporate Banking
- Investment Banking
- Private & Business Clients
- Finance & Controlling
- Risk Management
- Human Resources
- Special Banking
- Information Technology
- Inhouse Consulting

esse und Ausbildungshintergrund bietet die Commerzbank eine Fülle verschiedener, attraktiver Möglichkeiten.

Im Privatkundengeschäft ist derzeit der Bedarf an qualifiziertem Nachwuchs besonders groß. Hier prüft die Commerzbank Möglichkeiten, zusätzlich zum Traineeprogramm auf schnellen Wegen qualifizierte Nachwuchskräfte zu gewinnen.

Auch die Betreuung der Trainees wird die Commerzbank erheblich verbessern. Eine Schlüsselrolle spielen hier nicht nur die Berater *NewCom*, sondern auch ein neues Buddy-Konzept für Trainees: Dabei begleiten und unterstützen Kolleginnen oder Kollegen in der Traineeausbildung, die schon länger dabei sind, die Neueinsteiger unter den Trainees. Diese Buddies können auf viele Einsteiger-Fragen antworten: Sie sind schon mit vielen Abläufen sowie Gepflogenheiten im Unternehmen vertraut und haben sich ein erstes Netzwerk in der Bank aufgebaut. Davon lassen sie die „Neuen" profitieren.

Adjustierung der Produkte: Studienkreis

Die Studienkreise der Commerzbank sind ein bewährtes Instrument, das Studierenden die Möglichkeit gibt, neben dem Studium regelmäßig Praxiserfahrungen in der Commerzbank zu sammeln und sich dabei ein Netzwerk in der Bank aufzubauen. Die Teilnehmer sind ehemalige Auszubildende oder Praktikanten. Im Rahmen von *NewCom* hat die Bank die bislang als starr und intransparent empfundenen Aufnahmekriterien flexibler sowie transparenter gestaltet und stärker am Bedarf der Praxis ausgerichtet.

Bislang galt für Praktikanten, die in einen der Studienkreise aufgenommen werden wollten, eine Mindestdauer ihres Einsatzes von zwölf Wochen als Pflicht. Für viele Filialen waren solch lange Einsätze nur sehr schwierig umzusetzen. Künftig wird die Mindestdauer eines Praktikums daher auf acht Wochen reduziert, um mehr Studienkreisler für die Bank zu gewinnen. Aufnahmebedingung für den Studienkreis sind ein absolviertes Praktikum und eine gute Beurteilung durch die Führungskraft, außerdem sollten die Bewerber noch mindestens zwei Semester Studienzeit vor sich haben. Auch für die ehemaligen Auszubildenden gelten künftig andere Kriterien. Früher orientierte sich die Aufnahme stark an den Berufsschulnoten, jetzt hat die Praxisbeurteilung ein größeres Gewicht.

Bislang waren die Studienkreise regional gegliedert: Es gab einen Studienkreis in der Frankfurter Zentrale und verschiedene Studienkreise in den Regionen. Künftig wird das Produkt analog zu den Traineeprogrammen an den Unternehmensbereichen ausgerichtet, weil der Nachwuchsbedarf dort sehr unterschiedlich ist und die Studienkreise stärker darauf reagieren sollen.

**Adjustierung der Produkte:
Frankfurt School of Finance & Management**

Seit Jahren engagiert sich die Commerzbank für die Frankfurt School of Finance and Management (SFM), die ehemalige Hochschule für Bankwirtschaft. Als eine der Kuratoriumsbanken fördern wir die Hochschule finanziell und helfen zugleich bei der Weiterentwicklung des Forschungs- sowie Lehrangebots. Die Bank nützt ihr Engagement an der SFM auch, um qualifizierten Nachwuchs zu gewinnen. Dazu bieten wir ein berufsbegleitendes Studium an. Bislang ging dieses Studium mit der Pflicht einher, parallel zum Abschluss an der Hochschule eine duale Ausbildung zum Bankkaufmann zu absolvieren und eine Prüfung an der IHK abzulegen. Diese Pflicht ist mit *NewCom* aufgehoben. Dadurch entfällt für die SFMler zugleich die Notwendigkeit, einen Pflichteinsatz im Privatkundenbereich zu absolvieren, Einsätze in der Zentrale werden schon zu Beginn des Studiums möglich. Die SFMler stehen in der Commerzbank also mit *NewCom* den verschiedenen Unternehmensbereichen zur Verfügung – und haben dadurch mehr Wahlmöglichkeiten im Hinblick auf ihre Praxiseinsätze. Sie erhalten einen Teilzeitarbeitsvertrag – wahlweise über 19,5 oder 24 Wochenstunden – und werden transparent vergütet: Es gibt drei Gehaltsschritte über das Studium hinweg.

Durch diese Maßnahmen ist die Commerzbank für den Wettbewerb und die Studierenden an der SFM gut gerüstet. Das ist wichtig – die Qualität der SFM-Ausbildung ist in der gesamten Branche anerkannt.

Künftiger Planungsprozess

Im Zuge von *NewCom* hat die Commerzbank auch den gesamten Prozess der Nachwuchsplanung in den Blick genommen. Vor dem Projekt sprachen die Unternehmensbereiche im Fall einer Vakanz ZPA an. ZPA schaute, ob eine geeignete Nachwuchskraft im Talentpool verfügbar war, und stieß bei Bedarf den externen Recruitingprozess an. Ein solch vakanzorientiertes Recruiting ist angesichts der heutigen bewerberorientierten Arbeitsmärkte nicht mehr zeitgemäß. Nur wer nachhaltig, langfristig und an den externen Talenten orientiert Recruiting betreibt, kann den Bedarf an qualifiziertem akademischem Nachwuchs sicherstellen.

Daher planen die Führungskräfte in den Unternehmensbereichen künftig langfristig ihren Bedarf im Hinblick auf die verschiedenen Nachwuchsgruppen der Praktikanten, Trainees, SFMler oder Studienkreismitglieder. Diese Zahlen liegen den Recruitern in der Bank als verlässliche Leitziele vor. Sie generieren aktiv Bewerbungen – zum Beispiel mit Hilfe von Stellenausschreibungen oder den direkten Aktivitäten an den Hochschulen.

Personalbedarfsplanung

Die Prozesskette beginnt in dem Unternehmensbereich, der den Bedarf anmeldet. Künftig sind die dortigen Führungskräfte dafür verantwortlich, rechtzeitig und langfristig den jeweiligen Bedarf anzumelden. Das Budget für die Nachwuchsgewinnung wird vom Personalressort in die aufnehmenden Unternehmensbereiche verlagert. Die Personalberater von ZPA beraten die Führungskräfte bei der Planung der Ziele, das heißt bei den Einstellungszahlen. Dafür steht ein neues, IT-gestütztes Instrument zur Verfügung, das eine solide Planung sowie ein verlässliches Monitoring anhand von Kennzahlen erlaubt.

Beispielrechnung: Personalbedarfsplanung NewCom

Im Unternehmensbereich X liegt der Bestand an Stammpersonal bei 1.000 Vollzeitkräften. Anhand einer Formel geht der Personalberater nun von einem normalen Bedarf von 6 Prozent aus, also 60 Nachwuchskräften. Da der Unternehmensbereich expandiert, weil das Filialnetz ausgebaut wird, kommt ein strategischer Bedarf von 50 Vollzeitkräften hinzu. Insgesamt liegt der Bedarf also bei 110 Vollzeitkräften. Im Gespräch mit dem Ressortleiter klärt der Personalberater, wie der Bedarf auf die verschiedenen internen und externen Nachwuchskanäle verteilt wird. Nun kommt die Übernahmequote ins Spiel: Anhand dieser je nach Kanal verschiedenen Zahl errechnet der Personalberater den tatsächlichen Bedarf (siehe Bild 3).

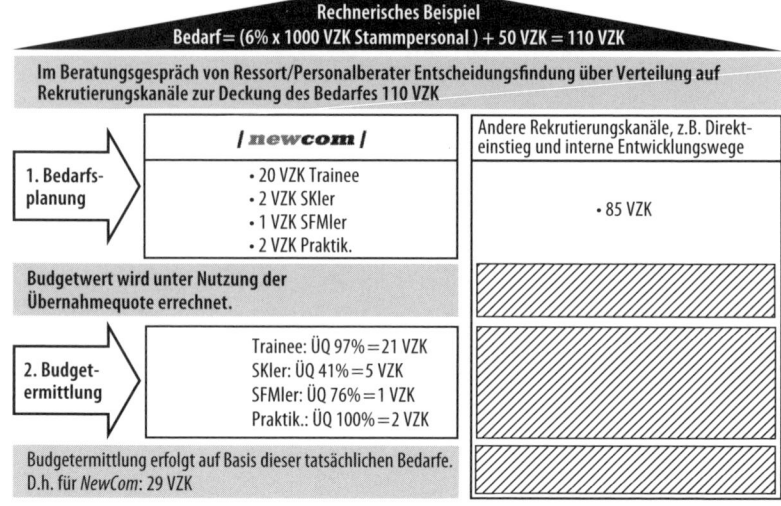

zweistufige bedarfsplanung & budgetermittlung basierend auf abgangs-, übernahmequoten und strategischem bedarf

BEDARF = (ABGANGSQUOTE X BESTAND) +/– STRATEGISCHEM BEDARF

Rechnerisches Beispiel
Bedarf= (6% x 1000 VZK Stammpersonal) + 50 VZK = 110 VZK

Im Beratungsgespräch von Ressort/Personalberater Entscheidungsfindung über Verteilung auf Rekrutierungskanäle zur Deckung des Bedarfes 110 VZK

	/ newcom /	Andere Rekrutierungskanäle, z.B. Direkteinstieg und interne Entwicklungswege
1. Bedarfsplanung	• 20 VZK Trainee • 2 VZK SKler • 1 VZK SFMler • 2 VZK Praktik.	• 85 VZK
Budgetwert wird unter Nutzung der Übernahmequote errechnet.		
2. Budgetermittlung	Trainee: ÜQ 97%=21 VZK SKler: ÜQ 41%=5 VZK SFMler: ÜQ 76%=1 VZK Praktik.: ÜQ 100%=2 VZK	
Budgetermittlung erfolgt auf Basis dieser tatsächlichen Bedarfe. D.h. für NewCom: 29 VZK		

Bild 3 Zweistufige Bedarfsplanung

Wie unterstützen die Personalberater die Führungskräfte damit bei der Planung?

Mit Hilfe des Instruments nehmen sie in der Vorbereitung des Planungsgesprächs mit der Führungskraft zentrale Kennzahlen für die Bedarfsplanung in den Blick: Dazu gehören zum Beispiel die Abgangsquote, der aktuelle Bestand an Vollzeitkräften beim Stammpersonal und bei den Nachwuchsgruppen (Trainees, Praktikanten etc.) sowie die Übernahmequote und Kosten je Nachwuchsgruppe. Anhand einer Formel können die Personalberater auf diese Weise vorab den zu erwartenden Bedarf errechnen. Gemeinsam mit der Führungskraft legen sie dann im Gespräch den tatsächlichen strategischen Bedarf fest und ordnen diesen den Nachwuchsgruppen zu.

Straffung und Optimierung des Einstellungsprozesses

Die Standardisierung und Professionalisierung der Prozesskette hat das Ziel, den Einstellungsprozess zu verkürzen. Seine Dauer war in der Commerzbank mit zum Beispiel 51 Werktagen für einen Trainee nicht mehr wettbewerbsfähig. Dies führte dazu, dass gute Kandidaten bei den Wettbewerbern der Commerzbank unterschrieben. Zudem gab es Handlungsbedarf bei den Auswahlverfahren: Sie orientierten sich inhaltlich zu stark am Vertrieb im Privatkundengeschäft. Die einstellenden Führungskräfte waren nicht in das Auswahlverfahren eingebunden. Mit zweieinhalb Tagen war es deutlich zu lang. Die Folgen: Die teilnehmenden Nachwuchskräfte erlebten das Verfahren als wenig realitätsnah und nachvollziehbar, es war außerdem kostenintensiv.

Mit *NewCom* hat die Commerzbank daher den Einstellungsprozess gründlich optimiert und verkürzt. Bei den Trainees ist die Einstellung nun klar in die drei Prozessphasen Prescreening, eigentliche Auswahl und Einstellung unterteilt. Für jeden dieser Schritte sind die Zuständigkeiten und Rollen der am Recruiting beteiligten Akteure klar verteilt, so dass der Abstimmungsbedarf minimiert wird. In der Phase des Prescreenings selektieren die Berater *NewCom* zunächst die Bewerbungen anhand der funktionsbezogenen Anforderungen. Sie laden die Bewerber zum Auswahlverfahren ein und teilen ihre Entscheidung dem Veranstaltungsmanagement in der Personalentwicklung mit. Die Führungskräfte in den Unternehmensbereichen sind an diesem Prozessschritt noch nicht direkt beteiligt.

Sie nehmen jedoch als Beobachter an dem mit einem Tag deutlich verkürzten Auswahlverfahren teil, dem zweiten Schritt im Einstellungsprozess. Die Führungskräfte erteilen den Bewerbern direkt im Anschluss an das Verfahren eine schriftliche Zusage. Die Berater *NewCom* werden über die Ergebnisse des Auswahlverfahrens zeitnah informiert. Nach Ende der Veranstaltung starten sie den Einstellungsprozess, wobei der Arbeitsvertrag spätestens fünf Werktage nach dem Auswahlverfahren versendet wird.

Arbeit am Arbeitgeberimage kann also auch Detailarbeit an den internen Prozessen der Personalabteilung bedeuten. Effiziente Prozesse sind im Recruiting ein wichtiger imagebildender Faktor: Denn es gehört zum Image als Arbeitgeber dazu, wie verlässlich, professionell und schnell ein Unternehmen mit Bewerbungen umgeht.

Kommunikation von NewCom

Reine Imageaktionen ohne gute Personalprodukte als Grundlage verpuffen ebenso wie die erfolgreiche Arbeit an diesen Personalprodukten ohne die unterstützende Arbeit am Image. Wie kommuniziert die Commerzbank das neue Angebot an den qualifizierten Nachwuchs? Bevor die Commerzbank über Kampagnen, Mittel und Wege nachdenkt, definiert sie unabhängig von den einzelnen Medien ihre individuelle Unique Employment Proposition (UEP) und kristallisiert dabei heraus, was sie als Arbeitgeber von ihren Wettbewerbern unterscheidet. Bei der Formulierung der Botschaften an die Bewerber spielen die Mitte 2007 von der Geschäftsführung im Rahmen von *ComWerte* verabschiedeten Werte und Verhaltensmaßstäbe eine große Rolle.

Für alle Mitarbeiter und Mitarbeiterinnen in der Commerzbank gelten unternehmensspezifische Leitlinien für das berufliche Handeln. Als verbindende und verbindliche Werte unseres Hauses haben wir definiert:

- Marktorientierung
- Respekt/Partnerschaftlichkeit
- Teamgeist
- Leistung
- Integrität

Diese Werte dienen als Leitbild für die Auswahl der Fach- und Führungskräfte von morgen, zugleich bieten sie dem Nachwuchs das Versprechen einer verbindlichen, schriftlich fixierten Kultur und eines ebensolchen Wertegefüges in der künftigen Arbeitswelt.

Medien und Materialien

Nach den Produkten sind die Botschaften auszurichten, nach den Botschaften die eigentliche Kommunikation. Wie oben beschrieben, spielen Top-Führungskräfte der Bank als Hochschulcaptains eine entscheidende Rolle für den Dialog mit attraktiven Bewerberzielgruppen. Zu den verschiedenen Formaten im Zielhochschulmarketing erhalten die Hochschulcaptains eine Fülle an Marketingmaterialien. Für die Ankündigung ihrer Veranstaltungen an den Zielhochschulen stehen ihnen Plakate, Banner für die jeweiligen Webseiten der Hochschulen, Tablettaufleger für die Mensa und Flyer zur Verfügung. Während der verschiedenen Veranstaltungen selbst können sie auf Informationsbroschüren zu den Nachwuchsprodukten (Traineeprogramme, Praktika, Studienkreis), Factsheets zu den einzelnen Traineeprogrammen, Unternehmenspräsentationen und weitere Arbeitgeber-Infomedien zurückgreifen. Für die gebuchten Veranstaltungen produziert ZPA auf Abruf verschiedene Giveaways wie hochwertige Kugelschreiber, USB-Sticks mit Commerzbank-Infos oder trendige Umhängetaschen mit Infomaterialien. Die Imagebildung an den Hochschulen unterstützen verschiedene Medien, wie etwa Plakate, großformatige Banner oder College Cards. Die Vermarktung an den Hochschulen wird von einer Imagekampagne begleitet – mit Anzeigen, einem umfassenden Relaunch der Karriereseiten, begleitender Employer-PR und einer Reihe so genannter Leuchtturmprojekte.

Leuchtturmprojekte

Der Markt richtet sich seit einiger Zeit zunehmend wieder auf die Bewerber aus. Eine Vielzahl von Arbeitgebern sendet in dieser Situation ihre Werbebotschaften in Richtung akademische Zielgruppen aus. Das bedeutet: Die traditionelle Personalwerbung allein, wie Stellen- oder Imageanzeigen oder der Auftritt auf Recruitingmessen, geht in der aktuellen Arbeitgeber-Werbeflut unter. Die üblichen Maßnahmen erreichen die Zielgruppen nicht mehr in ausreichendem Maße. Die Aufmerksamkeitshürde ist deutlich höher als noch vor einigen Jahren. Leuchtturmprojekte sollen daher die üblichen Mittel und Wege in der Personalkommunikation überstrahlen und dank ihres großen Aufmerksamkeitspotenzials dafür sorgen, dass nicht sämtliche Maßnahmen der Imagewerbung ins Leere laufen.

Erstmalig hält die Commerzbank 2007 einen Rekrutierungstag auf einem Schiff ab. Es fährt rund 100 vorausgewählte Absolventen Ende November von Frankfurt nach Köln zum Absolventenkongress. An Bord finden Workshops, Planspiele, Hintergrundgespräche und informelle Programmpunkte statt. Rund 20 Mitarbeiterinnen und Mitarbeiter der Commerzbank, darunter Vorstände und hochrangige Führungskräfte, werden dem akademischen Nachwuchs die Commerzbank als attraktive Arbeitswelt näherbringen. Ferner kommt auf Rekrutierungsveranstaltungen ein Imagefilm zum Einsatz, der auch auf den Karriereseiten der Bank zum Download bereitsteht. Er lädt die Arbeitgebermarke des Unternehmens emotional auf, zeigt die Vielfalt an Aufgaben und Karriereoptionen sowie die Besonderheiten der Kultur des Unternehmens. Zudem werden wir künftig die Commerzbank Arena in Frankfurt stärker in unsere Hochschulmarketingaktivitäten einbinden, zum Beispiel, indem wir dort öffentlichkeitswirksam Hochschulsport-Events oder Recruiting Days in der VIP-Lounge ausrichten.

Kommunikationscontrolling

Ein intelligentes Controlling stellt den nachhaltigen Erfolg der gesamten Kommunikationsmaßnahmen zu *NewCom* sicher. Neben Leistungs- und Wirkungskennzahlen, wie der Quantität und Qualität der eingehenden Bewerbungen oder der Positionierung in den Arbeitgeberrankings, setzt die Commerzbank im Rahmen ihres Zielhochschulmarketings dabei auch auf qualitative Befragungen von Hochschulcaptains und Bewerbern.

Aufbau der Personalarbeit und -kommunikation anlässlich der Gründung der Dassault Systèmes AG, Deutschland

Erhard Pfeiffer

Spricht man außerhalb Frankreichs jemanden auf „Dassault Systèmes" an, erntet man beim Gegenüber in der Regel Schulterzucken. Wer oder was ist das denn? Beginnt dann die Erklärung mit „ein IT-Unternehmen" oder „Softwarehersteller im Bereich CAD/CAM" (Computer-aided Design/Computer-aided Manufacturing) oder gar „ein Unternehmen im Product-Lifecycle-Management-Sektor", wendet sich der Gesprächspartner nicht selten bereits nach diesen einführenden Worten vermeintlich interessanteren Dingen zu.

Branchenkennern allerdings ist die Firma ein Begriff, genauso wie PLM – das sogenannte Product Lifecycle Management. Trifft man bei seinem Gegenüber also auf einen Insider, dauern auch die Gespräche länger, ihr Inhalt ist überaus spannend, und es wird gefachsimpelt über „Oberflächendesign", „Finite-Elemente-Methode", „Kinematik", über einfache Gegenstände des täglichen Lebens wie Uhren, Parfum-Flacons, über die neuesten Entwicklungen bei einem Formel-1-Boliden bis hin zum Tragflächendesign eines neuen Großraum-Passagierflugzeugs.

PLM bedeutet nämlich nichts anderes, als den kompletten Produktlebenszyklus von der Idee bis zur Serienreife mit Hilfe von Softwarelösungen virtuell zu unterstützen.

Nicht nur in Frankreich ein bekanntes Unternehmen

Als Weltmarktführer von Product-Lifecycle-Management-(PLM)-Softwarelösungen auf der Basis der 3D-Technik ermöglicht Dassault Systèmes Unternehmen aller Größen und Branchen weltweit die digitale Produktdefinition und -simulation und stellt ihnen die erforderlichen Prozesse und Ressourcen für die Konstruktion, Fertigung, Instandhaltung und Wiederverwendung dieser Produkte zur Verfügung. Damit leistet Dassault Systèmes einen wichtigen Beitrag zur nachhaltigen Entwicklung neuer Produkte, Technologien und Verfahren.

Das Portfolio von Dassault Systèmes unterstützt die Konstruktion, Simulation und Fertigung hochkomplexer Systeme (z. B. Fahrzeuge oder Flugzeuge) und ihrer Fertigungsanlagen. Diese Lösungen werden auch für Design und Herstellung von Konsumgütern eingesetzt, darunter Geschirr, Haushaltsgeräte und Schmuck.

In der Produktkonstruktion entwickelt und verkauft DS 3D-Lösungen für zehntausende Unternehmen aller Größen und Sparten. Der DS-Vertrieb erfolgt über ein Netzwerk von über 300 Partnern.

Wenn ein Hersteller sich für eine Lösung von Dassault Systèmes entscheidet, profitiert er gleichzeitig von den Produkten, dem Know-how und Support eines umfangreichen Partnernetzwerks, darunter unter anderem IBM, HP, Microsoft, Intel oder Volvo IT.

Dassault Systèmes steht seinen Kunden mit rund 7.000 Mitarbeitern in 27 Ländern zur Verfügung. In unserer Belegschaft verzeichnen wir 76 Staatsangehörigkeiten, 52 % der Mitarbeiter stammen aus Europa, 32 % aus Nord- und Südamerika und 16 % aus Asien. Wir verfügen weltweit über 17 Entwicklungslabors.

In Deutschland ganz neu am Markt

In Deutschland gibt es die Dassault Systèmes AG seit knapp zwei Jahren. Unternehmen der Gruppe sind zwar schon seit langem bundesweit präsent, wie z. B. die MatrixOne GmbH, die Delmia GmbH oder die Solidworks GmbH. Aber ein Unternehmen, das die „Dachmarke" der Muttergesellschaft in Deutschland repräsentiert, gab es bisher nicht. Dies hat sich Ende 2005 geändert.

Die Dassault Systèmes AG mit ihrem Sitz in Stuttgart wurde mit dem Ziel gegründet, die Marke in Deutschland bekannter zu machen, die Tochterunternehmen stärker an die „Mutter" zu binden und den Vertrieb – der weltweit reorganisiert wird – auch im deutschsprachigen Raum aufzubauen und zu stärken.

Die Personalabteilung wurde im Mai 2006 gegründet. Dies bedeutete den Einstieg in die Gestaltung der Personalarbeit für die neu gegründete AG und die angeschlossenen Töchter mit allen Facetten – aus dem Nichts. Es

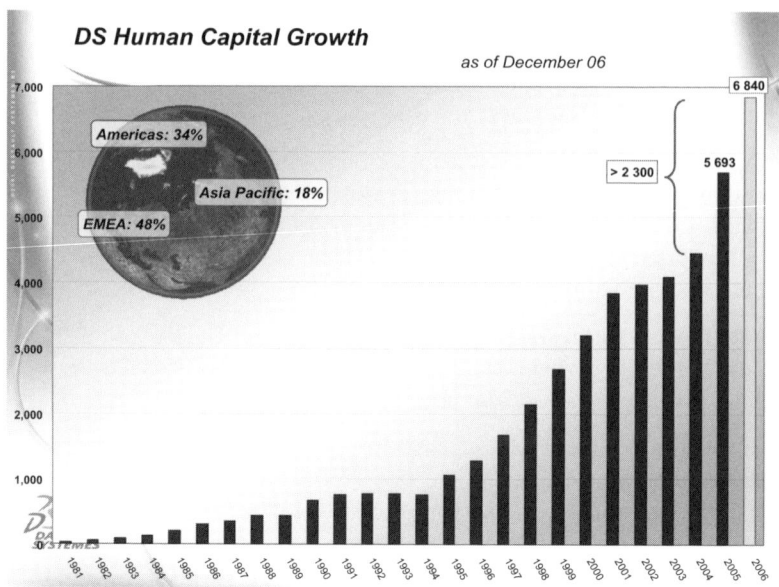

Bild 1 Entwicklung der Mitarbeiteranzahl der Dassault Systèmes Gruppe weltweit

gab keine Rekrutierungsstrategien, keine Benefits, keine Personal- oder Controllinginstrumente – und natürlich auch keine Instrumente der Personalkommunikation. Es gab nur eine Handvoll Mitarbeiter, die den Auftrag hatten, die AG „aufzubauen". Der Traum eines jeden Personalers. Eine sprichwörtlich „grüne Wiese" mit dem Ziel, innerhalb von zwei Jahren einerseits eine funktionierende Service- und Vertriebsorganisation aufzubauen und andererseits eine Zentrale für den zentral- und osteuropäischen Markt zu bilden.

Von den ursprünglich 5 Mitarbeitern ist die AG in Deutschland innerhalb eines guten Jahres auf fast 100 Mitarbeiter angewachsen, sie zählt somit zu den mittelständischen Unternehmen. Diese Entwicklung verlief analog zu dem rasanten Wachstum der Dassault-Systèmes-Gruppe weltweit, mit derzeit fast 7.000 Mitarbeitern, wie Bild 1 zeigt.

Personalarbeit in Deutschland

Die Personalabteilung der Dassault Systèmes AG (DS AG) hat nicht allein die Aufgabe, die Personalarbeit der AG quasi exemplarisch für Deutschland zu gestalten. Darüber hinaus werden zukünftig aus der „Zentrale" heraus auch alle bereits am Markt vertretenen und neu hinzukommenden Tochterfirmen betreut. Das heißt, die Personalarbeit und -kommunikation wird sich zukünftig auf zirka 500 bis 600 Mitarbeiter erstrecken.

Die in der AG bereits vertretenen Mitarbeitergruppen sind:

- Pre-Sales und VAR-Sales (Indirect Sales bzw. Channel Sales)
- Business Development
- Consulting
- Business Operations
- Services
- Marketing
- Finance und Human Resources

Zusätzlich zu diesen Mitarbeitergruppen werden dann noch

- Research & Development und
- Direct Sales

zu betreuen sein.

Die Entwicklung der Dassault Systèmes wurde sehr stark durch Akquisitionen der vergangenen Jahre geprägt. Das bedeutet, dass ein Schwerpunkt der Personalarbeit in der Integration der Mitarbeiter neuer Firmen liegt.

Neben den Mitarbeitern in Deutschland werden durch die Personalabteilung der DS AG Stuttgart ebenso die bisher 20 bis 30 Mitarbeiter der neu entstehenden Niederlassungen in den folgenden Ländern betreut:

- Schweiz
- Österreich
- Polen
- Tschechische Republik
- Rumänien
- Bulgarien
- Slowenien
- Slowakei und
- Russland

Die Kommunikation erfolgt auf sehr direktem Wege über eine sehr schlank organisierte Personalabteilung mit aktuell fünf Mitarbeitern. Hinzu kommen noch die derzeitigen Personalabteilungen in den Tochtergesellschaften, die sukzessive in die Zentrale integriert werden. Die

Mitarbeiter der oben genannten Länder haben eine jeweils ihnen zugeordnete Personalreferentin. Zusätzlich zu den täglichen Aufgaben der HR-Arbeit koordiniert jede Referentin ein oder mehrere Spezialgebiete (Rekrutierung, Arbeitsrecht oder internationale Projekte etc.).

Wichtig ist hierbei, dass die „Shared Services" für den deutschen Markt lokal erbracht werden. Auf eine Verlagerung ins Ausland wurde aus Qualitätsgründen und wegen zu großer rechtlicher Bedenken verzichtet. Die Services für die zentral- und osteuropäischen Länder werden – mit Unterstützung durch jeweils lokale Anbieter (Payroll, Arbeits- und Sozialversicherungsrecht) – von Deutschland aus erbracht.

Für alle Mitarbeiter und alle Länder wurde im Intranet ein Informationsportal eingerichtet, in dem alle gesetzlich vorgeschriebenen Informationen veröffentlicht sind, das den Mitarbeitern aber ebenso den Zugriff auf alle HR-Richtlinien, Mitarbeiterinformationen und Angebote der Personalabteilung bietet.

Selbstverständlich erfolgt die Kommunikation nicht nur über die Personalabteilung. Fachliche Angelegenheiten werden über die Vorgesetzten kommuniziert.

Die Strategie

Viele Mitarbeiter waren vor ihrer Beschäftigung bei der DS AG bei Wettbewerbern oder Partnern der DS angestellt. Diese Mitarbeiter kennen die Branche und sie kennen die Wettbewerbsunternehmen teilweise aus eigener Erfahrung – für DS ein wertvoller Erfahrungsschatz.

Die Chance, für den Marktführer im PLM-Sektor arbeiten zu können, reizte viele. Dass sich Dassault Systèmes für die Präsenz am deutschen Markt entschieden hat, passte in die Karriereplanung vieler Mitarbeiter in der Branche. Mit Sicherheit prägen diese Umstände zu einem großen Teil das Arbeitsklima der DS AG und die Motivation der Mitarbeiter. Die Fluktuation liegt auch ein Jahr nach Gründung noch bei null Prozent.

Eine Aufgabe der Personalarbeit der DS AG wird es sein, diese Kennzahl auf ihrem extrem niedrigen Niveau zu halten. Ziel ist es, unter dem Branchendurchschnitt zu bleiben. Deshalb wurde beispielsweise für die Mitarbeiter ein „Paket" aus Vertragskonditionen und Nebenleistungen geschnürt, das sich im Wettbewerb sehen lassen kann (siehe Abschnitt „Betriebliche Leistungen"). Auch die Gestaltung der Arbeitsbedingungen ist in diesem Zusammenhang ein Thema, das seitens der Personalabteilung nicht aus den Augen gelassen wird.

In der Personalstrategie der DS AG ist verankert, dass durch eine mitarbeiterorientierte Personalpolitik und offene Kommunikation die Motivation der Mitarbeiter ebenso wie ihre Bindung an das Unternehmen gestärkt werden soll; zudem soll die fortlaufende Mitarbeiterentwicklung sichergestellt werden. Die DS AG setzt darauf, dass ihr Innovationspotenzial und ihre Wettbewerbsfähigkeit als positive Faktoren im Arbeitsmarkt die weiterhin anstehenden Rekrutierungsaufgaben unterstützen.

Die Themen und Herausforderungen der Aufbauphase

Bei einem Start „auf der grünen Wiese" haben alle handelnden Personen im Unternehmen die Aufgabe, die Weichen für die Zukunft so zu stellen, dass ein tragfähiges Fundament entsteht, das bereits auf späteres Wachstum ausgelegt ist. Die Handlungsfelder, die gleich zu Beginn Entscheidungen erforderten, waren vielfältig. Konzepte für Finanzierungen, Personalpolitik und Managementstrukturen waren ebenso Themen der ersten Stunde wie die Auseinandersetzung mit dem Wettbewerb und den gesetzlichen Rahmenbedingungen. Personelle und strukturelle Veränderungen waren an der Tagesordnung und forderten höchste Flexibilität.

Sobald das erste Gerüst stand, folgten Themen wie Weiterbildung, Imageaufbau und Sponsoring-Aktivitäten.

Vertriebsstruktur

Eine sehr wichtige Herausforderung nach der Gründung der DS AG in Deutschland bestand darin, den Vertrieb neu zu strukturieren. In den vergangenen Jahren war der Vertriebsparter der DS die IBM – sie hat auch den oben erwähnten indirekten Vertrieb gesteuert. Seit Anfang 2007 bauen IBM und Dassault Systèmes ihre fünfundzwanzigjährige Partnerschaft für Product-Lifecycle-Management-(PLM)-Lösungen aus. Beide Unternehmen erweitern ihre Verantwortungsbereiche, wobei IBM das erweiterte Portfolio der PLM-Lösungen von DS vertreiben und DS die Steuerung des indirekten PLM-Vertriebskanals von IBM übernehmen wird. Die neue Vereinbarung soll das Wachstum durch eine bessere geografische Abdeckung und die Nutzung der jeweiligen Stärken von IBM, den Geschäftspartnern und DS fördern.

IBM vertreibt ein breiteres Portfolio an DS-Lösungen. Ab Januar 2007 baut IBM auf den existierenden direkten und indirekten Vertriebskanal-Ressourcen von DS für ENOVIA MatrixOne und DELMIA auf und ergänzt diese. Dies ermöglicht IBM, ihr Angebot für ausgewählte Kunden zu erweitern und neue Marktsegmente wie Hightechindustrie, Halbleiterhersteller und Versorgungsunternehmen anzusprechen, bei denen großes Potenzial für PLM besteht.

DS wird die Steuerung der indirekten PLM-Vertriebskanäle ausbauen. Die Umsetzung des Vertrags findet in zwei Phasen statt, wobei DS seine Rolle als Channel-Management-Anbieter für IBM zunächst noch erweitern und dann die direkte Verantwortung dafür in Form eines Reseller Channels übernehmen wird. Dieser Übergang, der Land für Land implementiert wird, begann bereits 2005 und wird voraussichtlich Anfang 2008 abgeschlossen sein. Zu den Ländern, in denen der Übergang derzeit stattfindet, gehören Korea, Großbritannien und die USA.

Das Branding

Markenbildung spielt bei der Kommunikation der „Unternehmenspersönlichkeit" und Strategie eines Konzerns eine zentrale Rolle.

Die Corporate Identity von DS basiert auf einem hierfür speziell entwickelten Symbol und bringt damit die spezifische Natur jeder Marke und die Stärke der ganzen Gruppe zum Ausdruck. Dassault Systèmes steht für 3D. Deshalb führt die DS als Signatur „3DS", das Symbol der Dassault-Systèmes-Gruppe (Bild 2).

Bild 2 Das DS-Symbol

Das Logo wird bei den Auftritten als Arbeitgeber auf dem deutschen Markt verwendet und der kommunikative Auftritt der deutschen AG richtet sich an der Corporate Identity der französischen Muttergesellschaft aus.

Wording und Werte der Dassault Systèmes

Eine wesentliche Aussage der DS-Unternehmensvision lautet: „The power of 3D for all, everywhere, anytime."

Sie beschreibt eine „Research&Development-Company" par excellence. Mehr als die Hälfte der Autos auf der Straße, sieben von zehn Flugzeugen und viele andere Produkte, die wir täglich nutzen, sind mit Produkten von DS designt.

In dieser expandierenden „Research&Development-Werkstatt", die das Ziel permanenter Innovation verfolgt, arbeiten Mitarbeiter aus mehr als 20 Ländern jeden Tag an neuen Vorstellungen, Träumen und Erfindungen und bringen so neue Produkte zum Leben. Bei DS herrscht die Überzeugung, dass nichts wirklich Wesentliches ohne einen Mix aus verschiedenen Kulturen und Fähigkeiten entsteht.

DS-Mitarbeiter haben die Möglichkeit, sich in dieser Umgebung kontinuierlich persönlich und fachlich weiterzuentwickeln und permanent Neues zu lernen. Die Haupttriebfeder des Wachstums der Firma ist das Wachstum der Zahl der eigenen Mitarbeiter sowie deren Fähigkeit, ihr Wissen in einem globalen Netzwerk für alle nutzbringend einzusetzen.

Dazu ein Zitat vom Muriel Penicaud – Executive Vice President Organisation und Human Resources: *„If you are passionate about technology, if you dream of designing the future within a fast-paced company, if you are committed to teamworking – and if you hope to find a company that embodies your values – look no further. Discover our projects and the enthusiasm that drives us."*

Die Unternehmenskultur und das Managementsystem der DS sind wichtige Erfolgsfaktoren. Sie bilden die Grundlage der Unternehmensvision und der -ziele – und die Messlatte für deren Realisierung. Die Unternehmenswerte leiten die DS durch das ganze „Ecosystem" (die DS, ihre Mitarbeiter, Partner, Kunden und Lieferanten) und stellen die Verbindung zur Leistung des Unternehmens her:

1. *Strong Commitment*
   Eine gemeinsame Vision teilen, an die gleichen Werte glauben und an der Erreichung gemeinsamer Ziele arbeiten.

2. *Working Together*
   Offen sein, dem Anderen zuhören und die Dinge aus verschiedenen Blickwinkeln betrachten. Wissen und Ideen verbinden, um so einen noch größeren Wert zu schaffen.

3. *Growing Together*
   Das Potenzial des Anderen fördern; Anderen helfen; akzeptieren, herausgefordert zu werden und Hilfe von Anderen akzeptieren, um gemeinsam zu wachsen.

4. *Manage Time Efficiently*
   Nicht vergessen, dass Zeit nicht umkehrbar ist. Permanentes Optimieren der Nutzung der eigenen Zeit. Die Zeit Anderer respektieren, Entscheidungen im richtigen Moment treffen und entsprechend der Planung „liefern".

5. *Breakthrough to Excellence*
   Energien zu mobilisieren und Wissen mit dem richtigen Prozess zu verbinden ist ein kritischer Faktor, um den Durchbruch für unsere Produkte und Leistungen zu schaffen.

6. *Create the Future*
   Den Traum wahr machen – durch Neugier, Offenheit und indem man die Dinge in die richtige Perspektive setzt. Sich die Zukunft vorstellen, während wir an der Gegenwart arbeiten.

Externe Einflussfaktoren

Nicht selten spielen die Vorstellungen der Kunden bei der Personalauswahl eine große Rolle. Insbesondere bei den DS-Systemberatern – also denjenigen Mitarbeitern, die beim Einsatz der Produkte von DS die Mitarbeiter des Kunden anleiten und technische Unterstützung liefern – achten die Kunden auf eine Vielzahl von Eigenschaften. Technische Ausbildung und einschlägige Weiterentwicklung, sprachliche Qualifikationen, Identifikation und Erfahrung mit den Prozessen des Kunden sind maßgebliche Anforderungen, die bereits im Rahmen der Einstellung bei DS beachtet werden müssen. Darüber hinaus wird ein großes Maß an Flexibilität und Mobilität erwartet, denn oftmals sind diese Systemberater beim Kunden mehrere Monate oder sogar Jahre an unterschiedlichsten Standorten im Einsatz.

Die Stakeholder

Das Wachstum der DS AG wird hauptsächlich durch den Aufbau des indirekten Vertriebs (Channel Management) inklusive eines Kompetenzzentrums für Product Lifecycle Management Consulting sowie den Aufbau der Service-Abteilung getrieben. Alle Schlüsselfunktionen (Channel Management, Services, Consulting, Finance und Human Resources) sind mit Mitarbeitern auf Direktorenebene besetzt und bestimmen unter der Leitung eines Vorstands für unterschiedliche Regionen das Tagesgeschäft.

Channel Management, Kompetenzzentrum PLM Consulting und Services sind verantwortlich für die Region „DACH" (Deutschland, Österreich und Schweiz), Finance und Human Resources für Zentral- und Osteuropa und bieten im Rahmen von Shared Services auch Unterstützung für weitere Schwesterfirmen im In- und Ausland.

Die DS vertreibt ihre Produkte hauptsächlich indirekt mit der Unterstützung einer ganzen Reihe von sogenannten Business-Partnern. Jedem dieser Business-Partner ist ein Business Development Manager der DS zugeordnet. Dieser fördert mit Schulungs- und Entwicklungsmaßnahmen als auch verkaufsfördernden Maßnahmen den Umsatz des Partners und damit den Absatz der eigenen Produkte und Lösungen.

Die Kunden der DS sind derzeit nach elf Branchen gegliedert – es sind kleinere und mittelständische Unternehmen ebenso wie Großkonzerne der Automobil- und Luftfahrtindustrie.

Verantwortliche und Macher

Bedingt durch den Auf- und Ausbau des indirekten Vertriebskanals und der Service-Abteilung konzentrieren sich natürlich auch alle Aufbauarbeiten der AG zunächst auf diese Bereiche. Hauptverantwortlich hierfür sind zum einen der Direktor Product Lifecycle Management, der mit seinen drei Bereichen (Sales, Marketing und Kompetenzzentrum) den größten Personalbedarf hat, die Direktorin der Abteilung Services und zum anderen der Personaldirektor, der mit seiner Personalabteilung die Personalanforderungen dieser beiden Hauptbereiche bereits im ersten Jahr nach Gründung fast vollständig erfüllt hat.

Personalgespräche und Zielvereinbarungen

Mit jedem Mitarbeiter wird spätestens nach zwei Monaten ein Personalgespräch geführt, in dem beide Seiten in einem „Personal&Development Commitment" (P&DC – „Personal" bedeutet „persönlich") die Ziele und Entwicklungsmöglichkeiten für ein Jahr festlegen. Unter anderem dient diese Zielvereinbarung dazu, den Erfolg des Mitarbeiters während des Jahres zu messen, oder ihn auch – falls notwendig – gezielt fördern zu können. Außerdem ist sie die Grundlage für die Bemessung eines etwaig vereinbarten variablen Gehaltsbestandteils, der zum Jahresende festgelegt wird.

Während des vereinbarten Zeitraums finden regelmäßig weitere Gespräche zur Zielvereinbarung statt. Einerseits, um dem Mitarbeiter Feedback zur Erreichung seiner Ziele geben zu können, andererseits, um notwendig gewordene Veränderungen der Ziele erneut vereinbaren zu können. Sowohl der Vorgesetzte als auch der Mitarbeiter haben jederzeit die Möglichkeit, diese Gespräche zu initiieren.

Neben den formalen Personalgesprächen hat jeder Mitarbeiter jederzeit die Möglichkeit, mit seinem Vorgesetzten oder der Personalabteilung zu reden, Probleme anzusprechen und so früh wie möglich zu beseitigen.

Besondere betriebliche Leistungen

Ein Start aus dem Nichts bietet Gestaltungsmöglichkeiten für alle handelnden Personen. Andererseits erfordert diese Situation, dass zu den wichtigsten Themenbereichen baldmöglichst Regelungen beziehungsweise Instrumente oder Lösungen vorhanden sind, wie z. B. Urlaub und Freistellungen, sofern sie über die gesetzlichen Mindestanforderungen hinausgehen sollen.

Die Schwierigkeit bestand darin, einerseits attraktive Leistungen einzuführen, die die Recruitingstrategie unterstützen und die so gestaltet sind, dass sie Mitarbeiter auch langfristig an das Unternehmen binden, andererseits sollten sie die Kostenstruktur des Unternehmens nicht über das marktübliche Niveau hinaus belasten und so flexibel gestaltet sein, dass auf negative Markteinflüsse und -entwicklungen schnell reagiert werden kann – ohne dass Benefits wieder komplett gestrichen werden müssen und damit die Mitarbeiterfluktuation angeregt wird.

Eine weitere – zum Teil unerwartete – Schwierigkeit bestand darin, die französische Konzernzentrale von der Notwendigkeit der Einführung von Company Benefits zu überzeugen, weil die Mitarbeiter dies erwarten. Es galt, die Zentrale davon zu überzeugen, die lokalen Marktgegebenheiten und Anforderungen zu respektieren.

Daher beschränken sich die betrieblichen Leistungen zunächst „nur" auf die – nach Spezialistenmeinung und eigener Einschätzung – wichtigsten oder motivierendsten Komponenten. Ziel ist es, nach einer „Beobachtungsphase" diese Leistungen ggf. auszubauen oder einzuschränken. Die betrieblichen Richtlinien wurden bei ihrem Entwurf bereits auf diesen Umstand ausgerichtet.

Betriebliche Altersversorgung

Eine Kernkomponente des Angebots betrieblicher Nebenleistungen ist nach wie vor die betriebliche Altersversorgung. Bei der Frage, ob die Rente nun sicher ist oder nicht, bestand ebenso schnell Einigkeit wie bei der Frage, ob ausschließlich der Arbeitgeber oder auch die Mitarbeiter bei der eigenen Altersversorgung beteiligt sein sollen. Ein zeitgemäßes System kann heutzutage nicht allein in der Verantwortung des Arbeitgebers liegen: Auch die Mitarbeiter müssen Verantwortung übernehmen und selbst einen finanziellen Beitrag für ihre Altersrückstellungen leisten.

Gleichzeitig konnte auf die Erfahrung vieler Großunternehmen zurückgegriffen werden, die in fast allen Fällen bei ihrem Vorhaben gescheitert sind, bestehende Pensionszusagen und -verpflichtungen zu reduzieren oder gar abzuschaffen.

Das Ziel, die Bilanz nicht zu belasten, andererseits die steuerliche Behandlung von Arbeitgebern und Arbeitnehmern bei derartigen Modellen haben zu einem für beide Seiten verträglichen und auch lukrativen Modell geführt: eine Entgeltumwandlung mittels einer Kapitalrückdeckungsversicherung, bei der der Arbeitgeber das Doppelte des vom Mitarbeiter umgewandelten Entgelts leistet. In der Praxis bedeutet dies, dass sich zunächst der Mitarbeiter für eine Umwandlung von bis zu 4 % seines Bruttogehalts entscheiden muss, um vom Arbeitgeber den Zuschuss bekommen zu können. Dies garantiert, dass sich der Mitarbeiter mit seiner eigenen Absicherung im Rentenalter auseinandersetzt und der Arbeitgeber seiner sozialen Verpflichtung den Mitarbeitern gegenüber gerecht wird.

Flexibel ist dieses Modell, weil beide Seiten jedes Jahr aufs Neue die Möglichkeit haben, über das Ob und das Wie der Beiträge zu entscheiden. Zusätzlich besteht für den Arbeitgeber die Möglichkeit, jederzeit Sonderzahlungen – in Form eines Bonus für besondere Leistungen – in diese Versicherung einzubringen und damit die Bindung der Mitarbeiter an das Unternehmen zusätzlich zu stärken.

Lohnfortzahlung im Krankheitsfall

Für Mitarbeiter mit einer Arbeitsunfähigkeit über sechs Wochen hinaus wird bis zu einer Gesamtzeit von bis zu 4 Monaten die Differenz zwischen dem letzten Nettogehalt und der Leistung der Krankenversicherung gezahlt.

Unfallversicherung

Für Unfälle auf Dienstreisen und auch im privaten Bereich sind die Mitarbeiter – und gegebenenfalls die Hinterbliebenen über eine Unfallversicherung abgesichert.

Dienstwagenprogramm

Da ein überwiegender Teil der Belegschaft der DS AG im Vertrieb tätig ist, bestand quasi zwingend die Notwendigkeit zur Regelung der Mobilität. Da aber auch hier große Unterschiede in der Handhabung von Firmenfahrzeugen in den einzelnen Ländern existieren, standen folgende Überlegungen im Vordergrund:

- Kosten-Nutzen-Analyse
- Alternativen zum Dienstwagen
- Flexibilität bei Änderung der wirtschaftlichen Lage des Unternehmens
- Transparenz des Programms
- Motivatorische Aspekte

Entwickelt wurde ein Dienstwagenprogramm, das den Nutzern größtmögliche Transparenz und eine angemessene „Motorisierung" bietet, gleichzeitig dem Arbeitgeber erlaubt, auf Veränderung der Kostensituation und der Marktentwicklung rasch reagieren zu können. Auf eine fein detaillierte Berechtigungsstruktur – wie in vielen Unternehmen noch üblich – und zu große Unterschiede wurde verzichtet. Das Programm sieht lediglich vier Stufen vor und wird den unterschiedlichen Tätigkeitsgruppen, dem dienstlich veranlassten Kilometeraufkommen und den finanziellen Anforderungen des Unternehmens als auch dem Vergleich mit marktüblichen Regelungen gerecht. Die dienstwagenberechtigten Mitarbeiter haben die Wahl zwischen einem Fahrzeug im Rahmen eines Full-Service-Programms und der Zahlung einer sogenannten Allowance, mit der der Mitarbeiter ein bereits vorhandenes Fahrzeug oder ein Neufahrzeug nach vollkommen eigenen Wünschen finanzieren kann.

Rekrutierung

Die DS AG wird auch zukünftig weiter wachsen, ebenso wie die gesamte Gruppe. Rekrutierung wird deshalb auch in den nächsten Phasen der Unternehmensentwicklung einen Schwerpunkt der Personalarbeit bilden.

Die Rekrutierung erfolgte bisher weitgehend über bewährte Konzepte. Da das Ziel war, innerhalb sehr kurzer Zeit viele Mitarbeiter zu gewinnen, fehlte die Zeit für die Investition in neue Rekrutierungskonzepte. Überraschend ist aber, wie mit dem gewählten Vorgehen dennoch das Ziel während der ersten zwölf Monate erreicht werden konnte. Die Kernkomponenten sind nach wie vor:

- Anzeigenschaltung in regionalen Zeitungen
- Direktansprache (Head-Hunting)
- Internetanzeigen
- Mitarbeiterempfehlungen

Der Einstellungsprozess läuft in zwei bis maximal drei Stufen ab. Zunächst findet ein Interview durch den Personalverantwortlichen mit dem Kandidaten statt. Nach dieser Vorauswahl folgt ein weiteres Gespräch unter Beteiligung des Fachvorgesetzten. Verlaufen diese Gespräche positiv, werden die Konditionen des Arbeitsvertrags mit der Personalabteilung besprochen und dem Kandidaten wird ein Arbeitsvertragsangebot gemacht.

Geplant ist, in Kürze ein Traineeprogramm einzuführen. Obwohl Nachwuchskräfte nicht die wichtigste Zielgruppe der Rekrutierung der DS AG sind, ergibt sich die Notwendigkeit ihrer Gewinnung daraus, dass die Anzahl ausgebildeter Spezialisten am Markt immer geringer wird. Die Einführung des Traineeprogramms erfolgt als ein Investment in die Zukunft.

In der ersten Stufe, quasi der Pilotphase, sollen fünf Hochschulabsolventen über eine 18-monatige Zusatzausbildung im Unternehmen fit gemacht werden für ihren Einsatz im Marketing, in Direct Sales oder Business Development. Die Erfahrungen dieser ersten Trainees und des Unternehmens mit ihnen werden ausgewertet und gegebenenfalls notwendige Anpassungen am Programm vorgenommen, bevor das Traineeprogramm so ausgebaut wird, dass für alle Teilbereiche des Unternehmens und seiner Tochterfirmen ausgebildet werden kann.

Ältere Arbeitnehmer

Das Alter der Mitarbeiter spielt bei der DS AG nur eine untergeordnete Rolle. Neue Mitarbeiter werden allerdings schwerpunktmäßig in den Kreisen erfahrener Spezialisten gesucht, auch wenn diese Zielgruppe hart umworben ist. Sowohl in der Entwicklung als auch im Vertrieb wird hauptsächlich auf Erfahrung gesetzt. Mitarbeiter, die das Pensionsalter in Kürze erreichen werden, gibt es – bedingt durch die erst kurze Präsenz am deutschen Markt – noch keine (Bild 3).

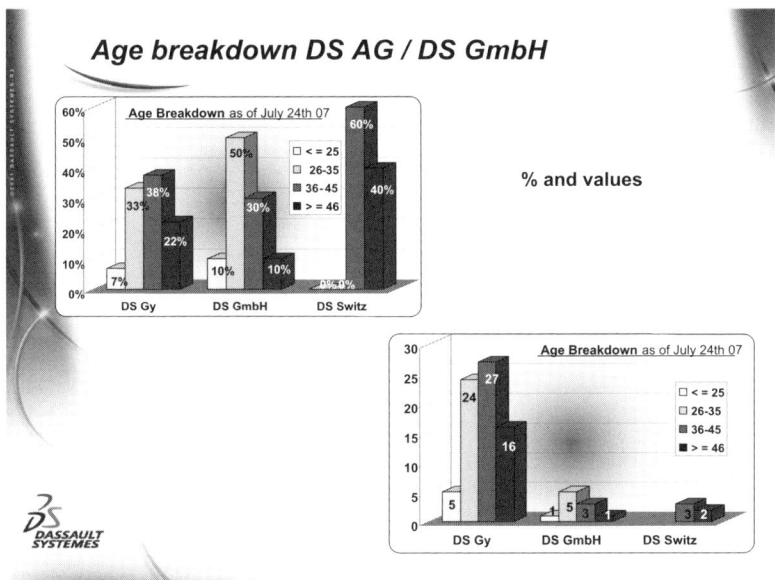

Bild 3 Die Altersstruktur in der Dassault Systèmes AG

Begleitung von Restrukturierungsmaßnahmen

Restrukturiert wird bei Dassault Systèmes jährlich. Allerdings – auch für die Mitarbeiter – im positiven Sinne. Gegen Ende eines jeden Jahres wird die Struktur für das kommende Jahr neu festgelegt. Das ist natürlich nicht in allen Bereichen möglich, dennoch werden Karrierewünsche und Perspektiven der Mitarbeiter genauso wie die betrieblichen Belange bei diesen Überlegungen und Entscheidungen berücksichtigt. Das Bestreben der Firma ist es, auf Marktveränderungen, die Kundenwünsche und den Wettbewerb schnell zu reagieren. Dies tut sie unter anderem durch diese jährliche Organisationsanpassung, die wiederum dazu führt, dass die Mitarbeiter jeweils an den optimalen Stellen einsetzt werden.

An einen Personalabbau musste in der Aufbauphase nicht gedacht werden – und angesichts der aktuellen und geplanten Unternehmensentwicklung ist damit in absehbarer Zeit auch nicht zu rechnen.

Durch die Fülle von Akquisitionen liegt das Hauptaugenmerk auf der Integration neu hinzugekommener Mitarbeiter. Anders als bei vielen bekannten Akquisitionen wird allerdings sehr stark darauf geachtet, die Identität der übernommenen Firma bzw. der Produkte zu erhalten. Eine völlige Integration, also die Auflösung der Firma und die gänzliche Eingliederung der Mitarbeiter und Produkte in Dassault Systèmes, kommt nur in den seltensten Fällen vor.

Die Integration der Mitarbeiter wird begleitet durch die Personalabteilung, die für alle arbeitsrechtlichen Themen und für Fragen der Organisation zuständig ist, sowie durch die jeweiligen neuen Fachvorgesetzten. Die Mitarbeiter werden vom ersten Tag an mit den wichtigsten Informationsmaterialien versorgt, erhalten Hilfestellung bei der Einführung von neuen Systemen sowie eine individuelle Betreuung durch Mitarbeiter der Personalabteilung.

Innerhalb kurzer Zeit – spätestens nach 6 Monaten – sollten alle Mitarbeiter in die wichtigsten Personalinstrumente (z. B. Leistungsbeurteilung, Gehaltssysteme, Karriereentwicklung und -planung) eingebunden sein.

Bürokonzepte

Vertreten ist die DS AG in Stuttgart (Hauptsitz) sowie in Herne und in München. An allen drei Standorten wurden ausreichend große Büroräume bezogen, die sowohl genügend Platz für das geplante Wachstum als auch für die Integration von Mitarbeitern aus Schwesterfirmen bieten. Diese findet überall dort statt, wo eine Zusammenlegung bzw. ein Zusammenwachsen der Kollegen sinnvoll und – auch im Hinblick auf ggf. längere Fahrtzeiten zum Büro oder gar Umzüge – zumutbar ist. Alle Büroräume zeichnen sich durch großzügige Architektur und Gestaltung aus und entsprechen den neuesten Erkenntnissen der Arbeitsergonomie. Die Infrastruktur ist auf dem modernsten Stand der Technik.

Für einen Teil der Belegschaft – hauptsächlich im Vertrieb – besteht die Möglichkeit, im Rahmen einer Home-Office-Regelung die Arbeit von zu Hause aus zu steuern.

Personalkommunikation

Das erste Jahr seit der Gründung war dem Thema Aufbau gewidmet. Entscheidungen über Strukturen und Systeme standen im Vordergrund. Mitarbeiter sind ins Unternehmen gekommen und arbeiten zusammen. Jetzt ist der Zeitpunkt da, sich über die Wege und Instrumente interner Kommunikation mehr Gedanken zu machen. Wege zu schaffen, die den Austausch zwischen der AG und ihren Mitarbeitern sowie den angeschlossenen Tochtergesellschaften fördern.

Einen Betriebsrat gibt es in der AG noch nicht. Die Strategie sieht jedoch vor, durch offene und direkte Kommunikation zwischen Personalabteilung, Management und den Mitarbeitern sowie deren Einbindung in Entscheidungsprozesse die Notwendigkeit eines Betriebsrats erst gar nicht entstehen zu lassen. Deshalb ist unter anderem geplant, in regelmäßigen Abständen in Mitarbeiterversammlungen über die Strategie, die wirtschaftliche Lage und Veränderungen des Unternehmens zu berichten, die Kritik der Mitarbeiter aufzunehmen und sie in die tägliche Kommunikation und in die Entscheidungsprozesse einfließen zu lassen.

Bereits heute gibt es abteilungsintern und -übergreifend regelmäßige Informationsveranstaltungen (z. B. Breakfast Meetings), zu denen alle Mitarbeiter eingeladen sind, um sich über die aktuellsten Unternehmensentwicklungen und Ziele zu informieren.

Ein weiterer wesentlicher Punkt, das Unternehmen und die Marke in Deutschland bekannter zu machen, ist die externe Kommunikation. Neben der bereits bestehenden intensiven PR-Arbeit werden hierzu zukünftig weitere Kontakte mit Hochschulen, öffentlichen Einrichtungen, Behörden und zur Presse geknüpft und gepflegt.

Fazit

Eine Startsituation, wie die DS AG sie in Deutschland hatte, ist selten und eine große Chance, Strukturen, Systeme und Instrumente gezielt zu gestalten und auf Wachstum und offene Kommunikation auszulegen. Die erste Phase des Starts ist geschafft, aber die Herausforderungen werden nicht kleiner. Weiterhin gilt es, qualifizierte und motivierte Mitarbeiter für die AG zu gewinnen, und die Mitarbeiter, die sich als tragende Säulen für das Geschäft erweisen, zu halten und zu fördern.

Die Integration neuer Einheiten wie die Integration neuer Mitarbeiter ist vorrangig auch eine kommunikative Herausforderung, die von der Führungsmannschaft – und der Personalabteilung – bewältigt werden muss.

Der Trainee Club der Deutschen Bahn

Uwe Herz

Nachwuchs gewinnen und halten! Diese zentrale Aufgabe bestimmt die Personalressorts deutschlandweit immer stärker, denn qualifizierter Nachwuchs wird rar. Die Bewerberströme aus den Reihen der Jahrgangsabsolventen sind rückläufig und in den für die Unternehmen so relevanten technischen und wirtschaftswissenschaftlichen Studiengängen zeigen sich heute schon die Folgen der demografischen Entwicklung.

Daher ist das Thema Recruiting längst auch zu einem wichtigen Thema der Personalkommunikation geworden, denn die Konkurrenz schläft nicht. Im aggressiven Wettbewerb um die besten Ressourcen bleiben letztendlich nur die Unternehmen am Markt, die es schaffen, ihre Mitarbeiterpotenziale rechtzeitig zu rekrutieren und zu binden.

Kontakt zum Nachwuchs knüpfen

Den Kontakt zum akademischen Nachwuchs bereits während des Studiums aufzunehmen, ist besonders wichtig. Kein Großunternehmen kann es sich mehr leisten, auf fachspezifischen Hochschulmessen oder universitären Recruitingevents zu fehlen. Hier werden die Portfolios präsentiert und – durch eine offensive und nachhaltige Kommunikationsstrategie – wird das Unternehmen als attraktiver Arbeitgeber vermarktet.

Das konzernweite Hochschulmarketing der DB AG ist hier seit Jahren aktiv. Die Mitarbeiter knüpfen bundesweit und zunehmend auch international Kontakte zu Professoren und Studierenden, organisieren Veranstaltungen, Fachvorträge und Bewerbungsseminare und engagieren sich kontinuierlich auf Firmenkontaktmessen und im Rahmen von Fachmessen. Ziel ist es, die Studenten umfassend zu beraten, über Einstiegs- und Karrieremöglichkeiten zu informieren und für den Konzern zu gewinnen. Denn auch im Jahr 2007 will die DB AG 290 junge Akademiker einstellen, davon allein 140 Ingenieure.

Arbeitgeber Bahn – Chancen und Angebote

Seit Beginn der Bahnreform 1994 ist aus dem früher auf Deutschland beschränkten Transportunternehmen ein in der ganzen Welt agierender Konzern mit einem Umsatz von mehr als 30 Milliarden Euro geworden (Bild 1).

Als größte Eisenbahn in Europa hat die Deutsche Bahn AG im Hinblick auf die europäische Marktöffnung im Schienengüterverkehr (2007) und im Schienenpersonenverkehr (2010) sehr gute Perspektiven. Sehr erfolgreich ist das Unternehmen beim Ausbau seines Engagements im grenzüberschreitenden Schienenverkehr.

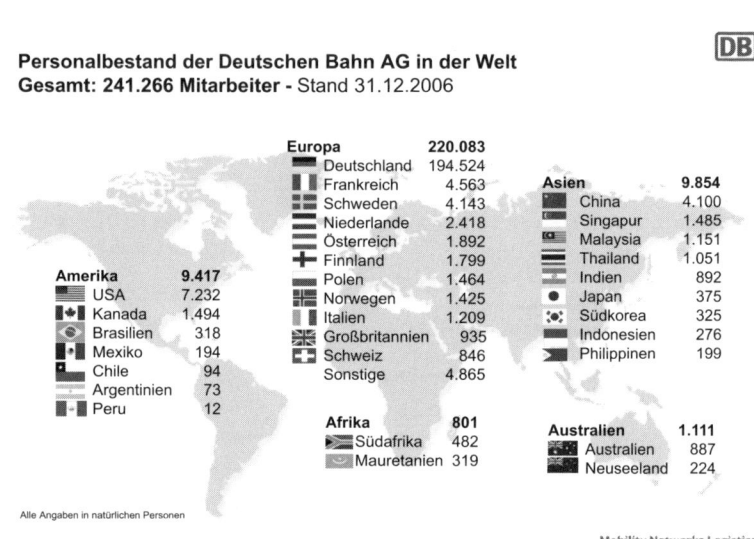

Bild 1 Mitarbeiter des Konzerns sind weltweit im Einsatz

Auch außerhalb Europas, mit Schenker und BAX, hat sich die Deutsche Bahn zu einem der Weltmarktführer für Transport- und Logistikdienstleistungen entwickelt. Die bevorstehende Teilprivatisierung der Bahn bietet weitere Wachstumschancen.

Balance zwischen anspruchsvollem Beruf und Freizeit

Die DB AG hat sich in den vergangenen Jahren permanent verändern müssen, und diese Entwicklung betrifft auch die Arbeitsbelastung der Beschäftigten. Der Trainee Florian Bickert kann sich noch gut an die Anfangszeit im Konzern erinnern. Seit er im Sommer 2006 für eine Zielfunktion eingestellt wurde, erhält er an drei Standorten in Berlin, München und Bremen Einblick in den Konzern und lernt künftige Ansprechpartner und potenzielle Kollegen kennen. Der stete Standortwechsel erfordert ein hohes Maß an Einsatzbereitschaft und Flexibilität. In zwei bis drei Jahren soll Bickert dann in der Ersatzteilplanung Führungsaufgaben übernehmen. „Die Bahn bietet immer noch eine gute Balance, um einen anspruchsvollen Beruf mit Freizeit verknüpfen zu können", stellt Bickert trotz seines umfangreichen Pensums fest.

Gute Aufstiegschancen im Konzern

Das Image der Deutschen Bahn wird von der Öffentlichkeit von Jahr zu Jahr besser bewertet. Um teilweise noch vorhandene Vorurteile abzubauen, setzen die Personalstrategen daher auch auf den *Erlebnisfaktor Bahn*. Durch Praktika sollen die Studenten vom Konzern und seinen attraktiven Leistungen überzeugt werden. Rund 600 Praktikantenplätze werden 2007 angeboten. Ein erfolgreich absolviertes Praktikum kann immer ein Einstieg ins Unternehmen sein. Auch Florian Bickert absolvierte, wie viele der Trainees, ein Praktikum, bevor das Unternehmen ihn einstellte.

Nachwuchs durch Feedback unterstützen

Regelmäßige Gespräche mit Personalentwicklern gehören zum Entwicklungsprogramm des Bahn-Nachwuchses. Auch Bickert bekommt hier ein direktes Feedback über seine bisherige Arbeit und Verbesserungsangebote, die helfen, anvisierte Ziele zu erreichen. Daher macht er auch gerne von den vielfältigen Weiterbildungsangeboten im Konzern Gebrauch. „Ich belegte ein Seminar über Projektmanagement", so Bickert. „Wenn man weiß, worin man sich fortbilden will, dann gibt es dafür immer ein passendes Angebot."

Der Konzern unterstützt das Engagement und bietet dem Nachwuchs gute Aufstiegschancen. Das Durchschnittsalter im Unternehmen beträgt derzeit rund 45 Jahre. Das ist für alle Bewerber eine gute Nachricht, da heute die Nachwuchskräfte darauf vorbereitet werden, eines Tages Führungsaufgaben zu übernehmen. Sie kommen also in einen Konzern, der sie perspektivisch gesehen dringend braucht.

Unternehmenskultur wird großgeschrieben

Die Identifikation der Mitarbeiter mit dem Unternehmen, mit seinen Produkten und Leistungen, ist die Basis einer erfolgreichen Unternehmenskultur. Eine 2007 durchgeführte Studie des Magazins *karriere* und des *geva-Instituts* hat die DB AG im Vergleich zu anderen Großunternehmen als attraktiven Arbeitgeber klassifiziert. Bei der in 100 Unternehmen durchgeführten Analyse kommt die Deutsche Bahn auf Anhieb unter die Top-Arbeitgeber. Die Faktoren „Betriebsklima und Unternehmenskultur" sowie „Marktführerschaft in Bezug auf die Marktposition" werden fast mit der höchsten Punktzahl bewertet. Besonders gut platziert hat sich der Konzern bei „Jobsicherheit in Bezug auf die Geschäftsentwicklung" und „Gesamtvergütung inklusive Nebenleistungen".

Das Fazit: Im Unternehmen herrscht eine hohe Zufriedenheit mit der Work-Life-Balance und dem Betriebsklima. Der so genannte Wohlfühlfaktor lässt sich demnach gut vereinbaren mit der ebenfalls attestierten hohen Leistungsbereitschaft der Beschäftigten und einer im Unternehmen vorherrschenden großen Arbeitsintensität.

Die Erfolge der Deutschen Bahn und speziell die steigende Attraktivität des Arbeitgebers Bahn müssen nachhaltig kommuniziert werden. Dabei kommt der Personalkommunikation die Schlüsselrolle zu, dafür zu sorgen, dass diese Informationen in der Öffentlichkeit richtig ankommen.

Personalkommunikation: Schnittstelle zwischen Konzern und Öffentlichkeit

Grundwerte und Leitlinien kommunizieren

Verschiedene Projekte spiegeln Leitbild und Grundwerte der DB AG wie Toleranz, Verständnis und Gewinn durch Vielfalt wider. Doch ist Personalkommunikation in der Vermittlung nur dann erfolgreich, wenn Inhalte offen und ehrlich nach innen und nach außen kommuniziert werden.

„Strategien und Handlungsmaximen des Unternehmens müssen transparent und authentisch ankommen", sagt Dr. Matthias Afting, Leiter der Personalstrategie. „Nur dann haben wir eine Chance, in den Medien auch richtig widergespiegelt zu werden." Als ehemaliger Berater der Unternehmensberatung McKinsey hat Matthias Afting langjährige Erfahrung im Umgang mit Unternehmenskultur und Öffentlichkeitswahrnehmung. „Gerade wenn es um so sensible Themen wie die Beschäftigungs- und Tarifpolitik im Konzern geht, sind Fingerspitzengefühl und der richtige Zeitpunkt, um an die Öffentlichkeit zu gehen, das A und O."

Schnell agieren ist Pflicht

Das Interesse der Medien an Personalthemen ist in den letzten Jahren deutlich gestiegen. Faktoren des HR-Managements wie Familienfreundlichkeit, demografische Entwicklung oder Diversity gehen alle an und sind gesellschaftspolitisch aktueller denn je. Aufgabe der Personalkommunikation ist es, diese Themen aus dem DB-Konzern aktiv zu vermarkten und öffentlichkeitswirksam zu positionieren. Die Vereinbarkeit von Familie und Beruf z. B. ist bei dem weltweit führenden Verkehrsunternehmen schon seit Jahren Thema und in großer Bandbreite in die Personalarbeit integriert.

„Wir alle wissen, dass die Möglichkeiten, Beruf und Privatleben zu vereinbaren, bei den meisten Mitarbeitern eine wesentliche Voraussetzung für Höchstleistungen im Beruf sind", betont Personalvorstand Margret Suckale den personalpolitischen Schwerpunkt. „Das ist gerade für das Personalmarketing von großer Bedeutung. Flexibilität in Bezug auf individuelle Lösungen für die Vereinbarkeit von Beruf und Familie ist für uns ein großes Plus im Wettbewerb um die Talente."

Die Bahn ist auf diesem Feld mit einem weit gefächerten Portfolio an Programmen für ihre Mitarbeiter aktiv.

Welche Themen sich dann in den Medien wiederfinden, hängt stark von der Interessenlage der Mediengattung ab. Spezialisierte Fachmedien haben beispielsweise die Weiterentwicklung des HR-Managements im Blick, während die Wirtschaftspresse gerne beschäftigungs- oder bildungspolitische Themen zur Sprache bringt. Grundsätzlich muss HR-Kommunikation alles bedienen können, daher ist es elementar, die Politik und die Medienlandschaft im Auge zu behalten. Hier lässt sich nicht auf Vorrat produzieren, da tagesaktuell oder zumindest zeitnah agiert bzw. reagiert werden muss.

Wer informiert ist, kann mitdenken

Nur ein informierter Mitarbeiter, der über alle aktuellen Arbeits- und Entwicklungsprozesse seines Unternehmens Bescheid weiß, ist zugleich auch bereit, sein Leistungspotenzial und seine Kreativität in das Unternehmen einzubringen. Dieser einfachen Formel liegt ein hoher Anspruch zugrunde: Solide Personalkommunikation leistet einen unschätzbaren Beitrag und trägt durch offene Information und Kommunikation über alle Hierarchieebenen hinweg entscheidend zum Unternehmenserfolg bei. Eine überzeugende interne Kommunikation lässt sich heute nicht nur mit Hilfe von Mitarbeiterzeitschriften oder internen Rundschreiben gestalten. Vor allem das Intranet ist als wichtiges Informations- und Kommunikationsinstrument hinzugekommen. Gute Beispiele hierfür sind die Internetseite des Trainee Clubs oder das Personalportal des Konzerns, z. B. mit der DB Stellenbörse und dem Profilberater.

Integriert kommunizieren

Es gibt eine Fülle von interessanten Themen aus dem Personalbereich, die der Medienöffentlichkeit vorgestellt werden können. Wichtig ist dabei, die Themen zur richtigen Zeit am richtigen Ort zu platzieren. Wer einen Artikel über geplante Personalumstrukturierungen im heimischen Unternehmen zusammen mit personellen Expansionsvorhaben im Ausland vermarktet, ist nicht gut beraten.

Besser ist es, bei solchen Themen auf Kontinuität und Nachhaltigkeit in der Berichterstattung zu setzen, Komponenten, die langfristig Personalkommunikation erfolgreich machen. Hierbei legt die Kommunikation der DB AG ihren Schwerpunkt auf die integrierte Kommunikation, einen allumfassenden, vernetzten und zielgerichteten Prozess. Diese moderne Unternehmenskommunikation nutzt zahlreiche Wege, um mit den jeweiligen Zielgruppen nach innen und außen zu kommunizieren. Durch die Vielzahl unterschiedlicher Instrumente und Maßnahmen der internen und externen Kommunikation sowie durch Marketingmaßnahmen ermöglicht die integrierte Kommunikation ein in sich geschlossenes und widerspruchsfreies Kommunikationssystem.

Synergien im Kommunikationsprozess nutzen

Stellt der DB-Konzern z. B. zum Ausbildungsstart im September neue Azubis und Studenten der Berufsakademie ein, so interessiert das nicht nur die betroffenen Abteilungen und Mitarbeiter, sondern wird via *Bahn TV* und die interne Mitarbeiterzeitschrift *DB Welt* an die gesamte Belegschaft kommuniziert. Kommt das Unternehmen, als einer der größten Arbeitgeber Deutschlands, damit seinem gesellschaftlichen Ausbildungsauftrag nach, ist das mehr als eine kurze externe Notiz wert. Futter für die internen und externen Medien gibt es bei einem solchen Anlass dank Begrüßungsveranstaltung, Begleitprogramms und prominenter Teilnehmer genug. Gelingt es dann gleichzeitig, dieses Thema mit einer Anzeige des Konzerns für die Bewerbungsrunde im nächsten Ausbildungsjahr zu verbinden, so ist ein größtmöglicher Synergieeffekt in der Kommunikation erreicht.

Netzwerk mit Vorbildcharakter

Wie Personalkommunikation erfolgreich nach innen und außen wirken kann, zeigt das Beispiel eines Instruments, das in dem Bereich entstanden ist, in dem Nachwuchskräfte die DB AG als Arbeitgeber kennen lernen.

Mit ihrem Einstieg ins Unternehmen hört für junge Akademiker das Bedürfnis nach Informationen und Erfahrungsaustausch nicht auf. Gerade der Kontakt zu Führungskräften und schon erfahrenen „älteren" Trainees ist für die Neueinsteiger sehr wichtig. So hat sich bei der DB AG ein konzernweiter Verbund für den Bahnnachwuchs gebildet, der jungen Nachwuchskräften den Start ins Unternehmen erleichtert – ein bis heute einmaliges Netzwerk in Deutschlands Unternehmenslandschaft: der Trainee Club.

Netzwerk von Einsteigern für Einsteiger

Seit 2001 organisieren sich die akademischen Nachwuchskräfte aus allen Unternehmensbereichen des DB-Konzerns in dem freiwilligen Netzwerk. Was am 9. Juni 2001 mit einer Veranstaltung von 350 Teilnehmern in Essen begann, ist mittlerweile eine erfolgreiche Institution geworden, die dem DB-Konzern nicht nur nach außen ein Gesicht gibt.

Welchen Stellenwert der Trainee Club seit Anbeginn im Unternehmen hat, zeigt die prominente Unterstützung durch die Unternehmensleitung. Direkt bei der Gründung übernahm der Personalvorstand die Schirmherrschaft, mit dem Ziel, das Netzwerk ideell zu unterstützen und die Umsetzung der Aktivitäten zu fördern. In dieser Tradition steht auch Margret Suckale, seit 2005 Personalvorstand und Schirmherrin des Clubs.

„Durch das Engagement des Trainee Clubs profitiert unser Unternehmen sehr", hebt Margret Suckale die Bedeutung des Netzwerks hervor. „Unsere Nachwuchskräfte erhalten durch die vielfältigen Angebote einen raschen Einblick in die Unternehmensstrukturen. Dies erleichtert ihnen die Vorbereitung auf ihre zukünftigen Aufgaben als Führungskräfte."

Der Trainee Club fördert den interdisziplinären und konzernweiten Austausch seiner jungen Mitglieder. Für die Neueinsteiger ist es wichtig, eine möglichst schnelle Übersicht über das prosperierende Verbundsystem DB AG mit weltweit rund 240.000 Mitarbeiterinnen und Mitarbeitern in den unterschiedlichen Unternehmensbereichen und zahlreichen Tochtergesellschaften zu bekommen. Daneben stehen der intensive Kontakt zwischen Führungs- und Nachwuchskräften sowie die stärkere Einbindung der Mitglieder in die Unternehmenspolitik ganz oben auf dem Förderprogramm des Clubs. Hierzu organisieren dessen Aktive jährlich rund 20 Ka-

Bild 2 Prominenter Redner auf der Gründungsfeier des Trainee Clubs 2001

mingespräche und Diskussionsforen, in denen sich der Nachwuchs Karrieretipps und fachlichen Input von erfahrenen Führungskräften holt.

Markenzeichen für den engagierten Nachwuchs

Und der Erfolg gibt ihm Recht. In den sechs Jahren seines Bestehens stieg die Mitgliederzahl des Trainee Clubs auf nunmehr 2281 Trainees, BA-Studenten sowie Direkteinsteiger. Die Organisation mauserte sich mit ihrem Angebot an Veranstaltungen und Informationsmedien zu einer der Hauptattraktionen im Kontext des konzernweiten Hochschulmarketings. Als Markenzeichen für das Engagement des akademischen Nachwuchses und des Arbeitgebers DB AG konnte der Trainee Club die Attraktivität des Konzerns bei den Absolventen deutlich erhöhen. Hier arbeiten Personalmarketing und Trainee Club Hand in Hand, z. B. durch gemeinsame Infostände, um das Netzwerk außerhalb des Konzerns bekannt zu machen.

Neueinsteiger ans Unternehmen binden

Die stärkere Einbindung der Nachwuchskräfte in die Unternehmenspolitik ist ein deutliches Zeichen für die Wertschätzung des Unternehmens gegenüber dem am Arbeitsmarkt stark begehrten akademischen Nachwuchs. Der intensive Austausch trägt dazu bei, dass sich die Bindung der Neueinsteiger bei der Bahn insbesondere in den ersten Jahren vertieft. So hat sich gezeigt, dass es zwar eine Fluktuation der Führungskräfte innerhalb der Unternehmensbereiche gibt, aber generell wenig Mitarbeiter den

Konzern verlassen. Ein strategischer Vorteil im Kontext des demografischen Wandels und des mittlerweile globalen „War for Talents".

Von der Idee zur Umsetzung

Initialzündung für die Geburtsstunde des Trainee Clubs war der Wunsch der Beteiligten, frühzeitig ein unabhängiges Netzwerk im Unternehmen zu bilden und so Zugang zu wichtigen Informationen über die Entwicklungen bei der Deutschen Bahn zu bekommen. Schnell war klar, dass eine Organisationsstruktur und aktive Mitglieder unerlässlich waren, um ein funktionierendes und nachhaltiges Instrument zu schaffen. Mit viel Enthusiasmus und Engagement in der Freizeit machten sich 35 damalige Trainees ans Werk, um in Workshops die noch heute aktuelle Struktur zu entwickeln. Mittlerweile sind 66 Nachwuchsakademiker je nach Schwerpunkt und Interessenlage in den Teams aktiv dabei, die sechs Bereiche mit Leben zu füllen. So entwickelte sich ein eigenständiges Netzwerk für junge Akademiker, das sich durch die persönlichen und informellen Kontakte seiner Mitglieder auszeichnet.

Die Aktionsbereiche des Trainee Clubs

Der Club lebt von dem Engagement und der freiwilligen Aktivität seiner Mitglieder, die diese hauptsächlich in der Freizeit leisten. Ein klares Indiz für die Überzeugung und den Enthusiasmus für die Sache, die den Nachwuchs verbinden. Und damit der Spaß nicht zu kurz kommt, finden neben berufsbezogenen Veranstaltungen, wie Exkursionen in die unterschiedlichen Unternehmensbereiche, auch viele Freizeitaktivitäten statt. Gemeinsame Ski- und Wanderausflüge stehen regelmäßig auf dem Programm sowie – nicht zu vergessen – die schon legendären TC-Partys, die an wechselnden Standorten organisiert werden. Bei den regelmäßigen Stammtischen an 16 Standorten in Deutschland ist bei einem kühlen Getränk manches Problem schnell erörtert und ein neuer Kontakt geknüpft.

Fünf Teams sorgen dafür, dass das Erfolgsmodell Trainee Club reibungslos läuft:

1. TC.COMM: Organisiert an den größeren Standorten regelmäßige Stammtische und stellt Kontakte zu bahn-affinen Verbänden, Hochschulen und ähnlichen Organisationen in anderen Großunternehmen usw. her.

2. TC.CAMPUS: Ermöglicht die Teilnahme an Foren mit Entscheidungsträgern der Bahn oder an Arbeitskreisen zu aktuellen Entwicklungen und Themen des Konzerns.

3. TC.NEWS: Sorgt als internes Presseorgan für den nie versiegenden Informationsfluss durch Intranet und weitere Publikationen, z. B. den alle sechs Wochen erscheinenden TC-Newsletter zu den Aktivitäten mit aktuellen Terminen und Interviews.

4. TC.LIFE: Bietet neben ein- und mehrtägigen Reisen und Exkursionen auch Sport-Events und After-Work-Partys.

5. TC.ORGA: Das jedes Jahr neu gewählte Viererteam koordiniert die Gesamtarbeit des Trainee Clubs und sorgt für den Zusammenhalt.

Bild 3 Trainee Net – Website des Trainee Clubs (Foto: DB AG – Lautenschläger)

Um noch enger und flexibler mit dem Konzern zusammenarbeiten zu können und den Kontakt zur Führungsebene zu stärken, steht den Organisatoren des Trainee Clubs seit dem vergangenen Jahr zusätzlich ein Gremium aus Führungskräften als Ratgeber zur Seite. „Neben dem Ideen- und Erfahrungsaustausch bietet das Gremium auch den Raum für gegenseitiges Feedback", sagt Mitra Sultani, Trainee bei der Personalstrategie der DB AG und eine der vier Mitarbeiterinnen im Organisationsteam Personalkommunikation. „Themen, die die Zukunft des Clubs betreffen, können hier platziert werden. Unser Ziel ist es, voneinander zu profitieren, gemeinsam zu gestalten und gemeinsam zu wachsen."

Durch Exkursionen nationale und internationale Kontakte fördern

Der Trainee Club hilft Neueinsteigern, den DB-Konzern besser zu verstehen, dessen technologische und organisatorische Rahmenbedingungen äußerst komplex sind. Daher gehören unternehmensweite Exkursionen an die unterschiedlichen Standorte des Konzerns zum regelmäßigen Programm, wie beispielsweise der Besuch des Cargo-Zentrums Hannover der Railion Deutschland AG oder eine Stippvisite zu den Instandhaltungswerken. Hier schnuppern die Teilnehmer Praxisluft, lernen Prozesse und Infrastruktur des Unternehmens kennen und knüpfen Kontakte. Unter dem Stichwort „Internationalisierung" organisierte der Trainee Club im letzten Jahr auch eine Fahrt zu Railion in die Niederlande. Der internationale Austausch ist ein wichtiger Faktor, um Neueinsteigern die konzernweiten Aufgaben und Leistungen der unterschiedlichen Standorte des Unternehmens zu vermitteln. Dazu gehörte z. B. auch ein Besuch des weltweit größten Hafens in Rotterdam.

Networking mit Schenker und anderen Unternehmen

Ebenfalls 2006 ertönte der Startschuss für das Networking zwischen dem Schenkernachwuchs und den TClern, mit dem Ziel, das Zusammenwachsen der unterschiedlichen Konzernbereiche zu fördern und die jeweiligen Arbeitsfelder und Systeme kennen zu lernen. Noch steckt das Netzwerk zur Akquise von Referenten aus den Reihen der Schenker AG in den Anfängen. Hier liegt noch Entwicklungspotenzial, z. B. in der Unterstützung durch Führungskräfte der Schenker Deutschland AG.

In anderen Unternehmensbereichen gehört die Anmeldung im Trainee Club in vielen Fällen zur Standardprozedur bei der Einstellung von Direkteinsteigern, BA-Studenten oder Trainees. Sie verdeutlicht den Bekanntheitsgrad und die Bedeutung des Trainee Clubs. Mittlerweile reicht dessen Ruf über die Grenzen des Unternehmens hinaus. Welchen Eindruck das Netzwerk außerhalb des Konzerns macht, zeigte sich jüngst durch erste Kontakte zwischen E.ON-Trainees und dem DB-AG-Nachwuchs. So berichtete der E.ON-Konzern auf seiner Intranetseite von einem Treffen beider Gruppen in einem ICE-Werk und forcierte dabei den Netzwerkgedanken beider Unternehmen – ein weiterer Schritt auf dem Weg zu einem konzernübergreifenden Netzwerk junger Führungskräfte.

Konzerntreff und Trainee-Club-Jahrestreffen

Organisatorisches Highlight und inhaltlicher Schwerpunkt des Clubs ist das große Jahrestreffen, bei dem die Nachwuchskräfte des Konzerns mit oberen Führungskräften in Foren und Gruppenarbeiten ins Gespräch kommen. Hier werden die Hintergründe unternehmensstrategischer Ziele an wichtige Multiplikatoren kommuniziert und ein stärkeres Verständnis für das weltweit agierende Unternehmen entwickelt. Daneben dient das Jahrestreffen dazu, aktive Mitglieder für den Trainee Club zu gewinnen und sich neu zu organisieren. Der altersbedingte Wechsel innerhalb der Belegschaft ist gewollt und garantiert neue Ideen und frischen kreativen Wind.

Traditionell finden die Jahrestreffen direkt im Anschluss an den DB-weiten Konzerntreff statt. Beim alljährlichen Spitzentreffen der knapp 1000 Konzernführungskräfte ziehen Konzernleitung und Vorstände Bilanz und formulieren Ziele für die nächsten Jahre. Höhepunkt der Veranstaltung ist neben einem ausgedehnten Rahmenprogramm und diversen Diskussionsforen die Verleihung der begehrten DB-Awards, bei denen alljährlich Mitarbeiterteams für herausragende Leistungen und Ideen prämiert werden.

Der Termin für das Trainee-Club-Jahrestreffen ist gezielt gewählt. Mit der zeitlichen Nähe zum Konzerntreff nutzt der Nachwuchs Synergien, z. B. beim Veranstaltungsort und bei der Organisation, und gleichzeitig die inhaltliche Nähe zu den Themen der Führungskräftetagung. Auftritte von Vorständen sind Tradition auf den Jahrestreffen und signalisieren die Wertschätzung für den Nachwuchs. Im Terminkalender vieler Vorstände und Führungskräfte ist der Tag nach dem Konzerntreff obligatorisch für den Trainee Club reserviert, um auf dem Jahrestreffen zu sprechen oder in den zahlreichen Diskussionsforen Rede und Antwort zu stehen.

Bild 4 Trainee Day 2006 in Hannover: Jahrestreffen Trainee Club
(Foto: DB AG – Kranert)

Einstiegsprogramme für akademischen Nachwuchs

Das Traineeprogramm – der Karriereeinstieg bei der Bahn

Die DB AG hat mit ihrem Nachwuchsprogramm neue Perspektiven für Hochschulabsolventen eröffnet. Neben Ingenieuren werden mittlerweile auch zunehmend Absolventen anderer Fachrichtungen, z. B. Betriebswirte, gesucht – sofern sie Praxiserfahrung mitbringen und sich nicht davor scheuen, unternehmerische Verantwortung zu übernehmen. Besonderen Wert legen die Personalverantwortlichen auf Praxiserfahrung der Bewerber. Ein Auslandsaufenthalt erhöht zusätzlich die Chance auf eine Einstellung. Unverzichtbar sind die Fähigkeit zu Teamarbeit und Motivationsvermögen, denn Trainees sollen später einmal in Führungspositionen ihre Teams leiten können. Inhaltliche und methodische Kompetenzen spielen deshalb eine genauso große Rolle wie soziale Fähigkeiten.

TRAIN – Karriereschub für Wirtschaftswissenschaftler

Mit dem einjährigen Traineeprogramm TRAIN legen Wirtschaftswissenschaftler bei der Deutschen Bahn den Grundstein für ihre Karriere. Ist einmal der erste Schritt über das Auswahlverfahren ins Unternehmen geschafft, können sich Trainees oder Direkteinsteiger im Unternehmen je nach Neigung und Interesse voll entfalten.

In ihrer 12-monatigen Ausbildungszeit durchlaufen alle Kandidaten die Bereiche

- Unternehmensentwicklung
- Personalmanagement
- Controlling/Finanzen
- Marketing/Vertrieb

Nur wer das Unternehmen gut kennt, wird später erfolgreich sein. Diesem Leitsatz folgt der strukturierte Standortwechsel in der Traineeausbildung, eine Art Jobrotation, in der der Nachwuchs möglichst viele Bereiche des Konzerns durchläuft. Die mehrwöchig angelegten kaufmännischen Stationen in der Zentrale der DB AG und in den Regionalbereichen gehören genauso dazu wie Tageseinsätze, z. B. im ServicePoint der Bahnhöfe, im Kundenservice bei DB Dialog oder in einem der Reisezentren. An den unterschiedlichen Standorten sammeln die Teilnehmer Erfahrungen und knüpfen Kontakte. Dabei wird nicht selten die Wahl für den zukünftigen Einsatzort getroffen.

TRAIN Tec – Aus der Praxis lernen

Als einjähriges Einstiegsprogramm speziell für Ingenieure ist der technische Zweig der Traineeausbildung, TRAIN Tec, angelegt. Er vermittelt viel Praxis und verspricht Technik zum Anfassen.

Ähnlich wie bei TRAIN durchlaufen die Teilnehmer auf den Bereich zugeschnittene Schwerpunktbereiche:

- Optimierung technischer Prozesse
- Produktion/Technik
- Instandhaltung/Instandhaltungstechnik
- Anlagenmanagement

Weiterhin stehen technische Stationen in der Zentrale und im Regionalbereich auf dem Ausbildungsplan. Ergänzende Werksaufenthalte in der Instandhaltung, auf Rangierbahnhöfen und in der Infrastruktur erweitern das Know-how und den Überblick über die umfassenden technischen und betrieblichen Abläufe des operativen Bereiches. Neben umfangreichen Seminarangeboten, die mit begleitenden Trainings soziale und unternehmerische Kompetenzen festigen, ist auch der Praxistest auf der Lok unerlässlich.

Eigenständigkeit und Wohlfühlfaktor

Selbstständiges Arbeiten und Eigenverantwortung werden während der Traineezeit großgeschrieben. So bearbeitet jeder Trainee bei der DB AG ein eigenständiges Projekt, eine der Grundvoraussetzungen für die zukünftige berufliche Weiterentwicklung. Dabei spielen die Unterstützung und regelmäßiges Feedback von Führungskräften und Kollegen im Konzern eine große Rolle.

Diese Erfahrung machte auch Florian Bickert. Der 27-Jährige ist Trainee im DB-Konzern. Noch während seines Betriebswirtschaftsstudiums absolvierte er ein Praktikum bei Schenker in Singapur und verknüpfte gleichzeitig seinen dortigen Aufgabenbereich mit dem Thema der Diplomarbeit. „An der guten Betreuung hat sich bis heute nichts geändert", schildert Bickert seine Erfahrungen bei der DB AG. Er wird, wie auch seine Kollegen, während der Traineezeit von einem Paten betreut, seinem informellen und fachlichen Ansprechpartner.

Ebenso wichtig sind für den Trainee Offenheit und das „Sich-Zeit-Nehmen" der Kollegen. „Der Wohlfühlfaktor bei der DB ist hoch", gibt Bickert seinem Arbeitgeber gute Noten. Dass hier das Konzept des Unternehmens voll aufgeht, belegen Umfragen zum Entscheidungsverhalten junger Akademiker bei der Wahl des zukünftigen Arbeitgebers: Eigenverantwortliche und anspruchsvolle Tätigkeiten rangieren, zusammen mit einer modernen, offenen Kultur im Umgang miteinander, weit vor der Höhe des Gehaltes.

Herausforderung Globalität

Längst ist die Bahn nicht mehr nur in Deutschland und auf der Schiene aktiv. Der Zukauf des Logistikdienstleisters Schenker im Jahr 2003 und die Fusion mit dem US-Unternehmen BAX Global eröffnen dem Nachwuchs zusätzliche Chancen. Diese Entwicklung spiegelt sich auch in der Personalpolitik des DB-Konzerns wider. Besonderes Augenmerk des HR-Managements liegt hierbei auf der Stärkung einer internationalen Plattform und dem Ausbau der Personalentwicklung.

Die Deutsche Bahn wird internationaler

Seit einigen Jahren verstärkt die Bahn ihr Engagement beim Thema Internationalisierung: Die Anforderungen der zunehmenden Europäisierung fließen sowohl in Ausbildungs- als auch in Personalentwicklungskonzepte ein. So nehmen Auslandsentsendungen und internationale Austauschprogramme an Bedeutung zu.

Da die Zahl der Jahrgangsabsolventen in Deutschland kontinuierlich schrumpft, kommen die Nachwuchskräfte zunehmend aus dem Ausland. Um auch zukünftig Schlüsselpositionen im Unternehmen mit den geeignetsten Kandidaten besetzen zu können, setzt die DB AG auch auf internationale Austausch- und Forschungsprogramme mit ausländischen Universitäten wie der Stanford University oder dem MIT (Massachusetts Institute of Technology).

Hochschulpartner gehören zur Elite

Die Hochschulpartner des Konzerns zählen zu den Top-10 der Universitäten weltweit. Seit zwei Jahren gibt es eine Zusammenarbeit mit Stanford im Rahmen des internationalen Praktikantenprogramms, in dem Studenten die verschiedenen Bereiche des Konzerns kennen lernen.

„Die Austauschstudenten kommen vorzugsweise aus den Fachrichtungen BWL und Ingenieurwissenschaft", sagt Volker Westedt, Leiter Nachwuchsgewinnung und Hochschulmarketing der DB AG, „Studienschwerpunkte, die im Konzern sehr gefragt sind." Im Gegenzug bietet das DB-Austauschprogramm „MIT-Germany Program" den Mitarbeitern des Unternehmens einen dreimonatigen Aufenthalt am Massachusetts Institute of Technology.

„Sowohl für potenzielle Fachkräfte aus dem Ausland als auch für unsere eigenen Mitarbeiter ist dieser Austausch ein Gewinn", so Volker Westedt über das Programm. Die Zusammenarbeit schult die interkulturelle Kompetenz und fördert den Aufbau internationaler Netzwerke. „Die Mitarbeiter bekommen durch die interkulturelle Zusammenarbeit neue Impulse und oft einen anderen Blick auf ihr Unternehmen. Die Folge ist eine intensive Unternehmensbindung, die gerade bei Spitzenkräften sehr wichtig ist." Und – last, but not least – strahlt das Austauschprogramm in die befreundeten Länder aus. Jeder Teilnehmer nimmt seine eigenen Eindrücke und Erfahrungen aus Deutschland mit und sorgt als Multiplikator dafür, dass das Unternehmen als attraktiver Arbeitgeber im Ausland bekannt wird – ein unschätzbarer Vorteil für das Unternehmensimage.

Fazit

Ein einheitliches in- und externes positives Erscheinungsbild des Arbeitgebers und eine höhere Kundenakzeptanz medial nachhaltig zu platzieren, ist Ziel jeder erfolgreichen Personalkommunikation. Die Übereinstimmung von Selbst- und Fremdbild eines Unternehmens sowie eine hohe Motivation und Identifikation der Mitarbeiter werden nur durch eine differenzierte Zielgruppenansprache erreicht. Der Einsatz verschiedener Kommunikationsinstrumente und eine verbesserte Leistungskontrolle der kommunikativen Maßnahmen führen nicht nur zu Synergien, sondern helfen, den Information Overload und die Kosten zu reduzieren.

Indem die DB AG ihre HR-Themen wie den Trainee Club, das Hochschulmarketing und vielfältige Nachwuchsprogramme sowie die attraktiven Karrieremöglichkeiten im Unternehmen aktiv und öffentlichkeitswirksam vermarktet, kann sich der Konzern im Wettbewerb differenziert aufstellen und einer immer stärkeren in- und ausländischen Konkurrenz um Nachwuchskräfte und Führungspersonal Paroli bieten. In ihrem Verständnis muss sich die Personalkommunikation daher an diesen Aufgaben und Zielen orientieren und ihre Schnittstellenfunktion zwischen Konzern und Öffentlichkeit aktiv wahrnehmen. Ihr Erfolg wird an dem Image des Unternehmens in der Öffentlichkeit gemessen.

Internationale Personalentwicklung und Personalgewinnung bei Deutsche Post World Net

Joachim Kayser

Deutsche Post World Net (DPWN) ist heute ein Konzern mit 5 Unternehmensbereichen, von denen 4 weltweit operieren. Insgesamt werden über 60 Mrd. € Umsatz erzielt, das operative Ergebnis liegt bei 3,7 Mrd. €. Wir operieren unter 3 Marken: Deutsche Post, DHL und Postbank.

Die originäre Personalfunktion ist in der DPWN zwei Vorstandsressorts zugeordnet. Die Konzernführungskräfte – grob gesprochen die oberen drei Führungsebenen – werden aus dem Ressort des Vorstandsvorsitzenden geführt und betreut. Alle weiteren Konzernregelungen zu Personal sowie die operative Betreuung der sonstigen Führungskräfte in Deutschland werden vom Ressort des Personalvorstands und Arbeitsdirektors verantwortet. Die operative Personalarbeit für alle Nicht-Konzernführungskräfte außerhalb Deutschlands wird von den Divisionen selbst wahrgenommen.

Wie Bild 1 zeigt, ist 17 Jahre nach der ersten Postreform aus einer defizitären Behörde ein weltweit agierender und wirtschaftlich erfolgreicher Konzern geworden.

Erhebliche Umwälzungen und Umstrukturierungen, drastischer Personalabbau und anschließend eine Erweiterung der Geschäftätigkeit durch den Erwerb von börsennotierten Firmen wie Danzas, AEI und Exel und seinerzeit nicht börsennotierter Firmen wie DHL und der Postbank folgten einer Internationalisierungs- und Risikoausgleichsstrategie und waren der Anfang der Konsolidierung im Logistikgewerbe. Von den Kunden geforderte Lösungen wurden nun wirtschaftlich erbracht.

Der Konzern wächst derzeit organisch mit kleinen Akquisitionen im Express- und Logistikbereich.

Heute steht der Konzern in der nächsten großen Veränderungsbewegung: Mit dem Programm „First Choice" sollen der Kundenbedarf und die Kundenbeziehung in den Mittelpunkt rücken. Es geht damit um einen länger

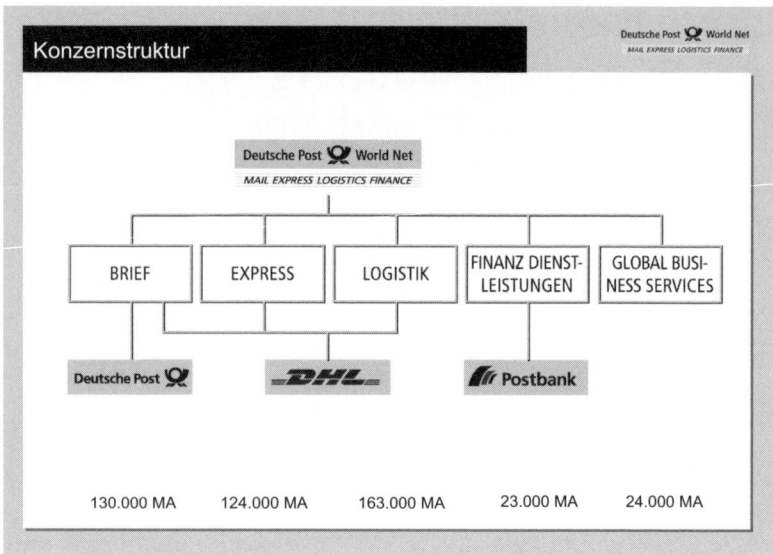

Bild 1 Konzernstruktur DPWN

angelegten Veränderungsprozess, der uns am Markt weiter vom Wettbewerb differenzieren wird.

Durch die Art des Geschäftsaufbaus (überwiegend Integration von Akquisitionen) hat DPWN heute rd. 10% der rund 7.000 Führungspositionen mit Expats besetzt. Von diesen 700 stammt nur eine Minderheit aus der Deutschen Post. Für uns sind aber nicht Pass oder Herkunftsfirma interessant, sondern die Lern- und Erfahrungsprofile. DPWN ist stolz, die im Vergleich mit Wettbewerbern mit Abstand „internationalste" Führungsmannschaft einsetzen zu können.

Eine Vielzahl verschiedener Nationalitäten, Firmen-, Ausbildungs- und Einsatzprofile hat ein einzigartiges Kompetenzbündel geformt. Dieses weiterzuentwickeln und die jeweils richtigen Personen in den verschiedenartig wachsenden Märkten einzusetzen, bleibt laufende Aufgabe. Auch, weil die Anforderungen der Kunden fortlaufend steigen.

Während DPWN im originären Paket- und Briefgeschäft in Deutschland von rd. 400.000 auf 220.000 Arbeitsplätze abbauen musste, um wirtschaftlich sinnvoll tätig sein zu können (und den Mitarbeitern weiterhin gute Einkommen sichern zu können), stieg die Mitarbeiterzahl im Konzern auf über 500.000 an. Die Mehrzahl arbeitet heute außerhalb Deutschlands. Deren grobe Verteilung in der Welt zeigt Bild 2.

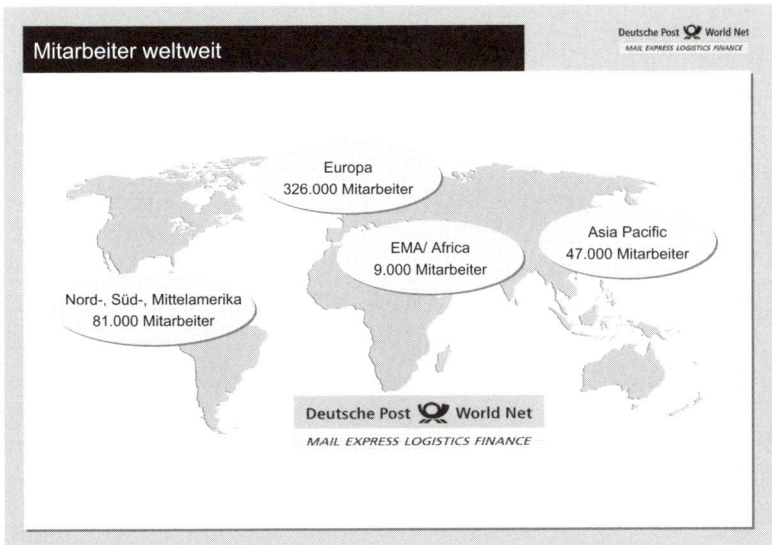

Bild 2 Mitarbeiter weltweit

Die Anzahl von Führungsebenen und Führungspositionen ist vergleichsweise gering: Es gibt 6 Führungsebenen, auf den oberen 4 Ebenen sind 7.000 Personen tätig. Damit hat Personalentwicklung und -gewinnung eine Schlüsselrolle für die Gestaltung und Bearbeitung der von DPWN bedienten Märkte.

Die HR-Herausforderungen

Wer ernsthaft HR-Arbeit leisten möchte, muss eine genaue Analyse der unternehmerischen Anforderungen vornehmen. Die DPWN unterscheidet zwischen aktuellen Strategiethemen und mittel- bis langfristigen Trends. Für die Personalarbeit sind beide wichtig, wenn diese sich zum Teil auch – vermeintlich – gegenseitig bei der Maßnahmengestaltung blockieren. Wichtige personalrelevante Strategiethemen sind derzeit (Frühjahr 2007):

• Wann und wie wird der europäische Briefmarkt gestaltet: Welche Deregulierungen erfolgen, homogen oder ungleich in den europäischen Ländern, mit welchen Auflagen?
Je nach politischer Entscheidung ergeben sich Szenarien von erheblichem Personalabbaubedarf in Deutschland bis zu weiterem Wachstum.

- Wie wird das Thema Mehrwertsteuer für Postdienstleistungen beziehungsweise bei Universaldienstleistern entschieden?
- Wie entwickelt sich die Weltwirtschaft nach Regionen weiter? Wie entwickeln sich beispielsweise bisherige Wachstumsschwerpunkte in Asien, Russland beziehungsweise in arabischen Ländern?
- Gibt es eine Fortsetzung der Bündelungs- und Verlagerungs- beziehungsweise Outsourcingmaßnahmen – auch für HR-Services?
- Künftige Konzernstruktur: Welche Unternehmensbereiche wachsen organisch, wo wird weiter zugekauft? Wo wird desinvestiert?

Der Kapitalmarkt fordert kurzfristige Renditen, damit denkt und handelt er auch weniger langfristig und risikoausgleichsorientiert. Der Druck auf die Hebung stiller Reserven, Auskehrung von Liquidität über z. B. Aktienrückkäufe und Schließung von aktuell nicht Mindestmargen erzielenden Geschäften ist noch vergleichsweise neu für die DPWN (wie auch für deutsche börsennotierte Firmen im Allgemeinen).

An längerfristigen Entwicklungen erscheinen folgende besonders relevant für HR:

- Wie werden sich Demografie und Bevölkerungswanderung auf die Nachfrage nach Produkten auswirken? Und wie auf unsere Belegschaften? Wie differenziert das in den Ländern/Regionen der Welt?
- Wie kann DPWN die Arbeitsplatzbedingungen so entwickeln, dass ältere Kräfte – gerade auch in der Produktion – länger arbeiten können?
- Wie schafft der Konzern trotz zu hohem Personalbestand in Deutschland – den rechtzeitigen Aufbau einer altersgemischten Belegschaft?
- Wie bleibt DPWN als Unternehmen einer relativ unbekannten und wenig imageträchtigen Branche attraktiv für künftige Bewerbergenerationen?
- Wie gehen die Führungskräfte mit gegenläufigen Entwicklungen um? DPWN ist beispielsweise Helfer und Nutznießer der Globalisierung und damit Förderer des weltweiten Wohlstandswachstums, verbraucht aber gleichzeitig Ressourcen (insbes. CO_2 im Transport).
- Wie stellt DPWN sicher, dass eine Welt-Belegschaft entwickelt wird, die sich als eine Gemeinschaft versteht und Brücken über Länder, Kulturen und politische Verhältnisse hinaus baut?
- Wie ist das annähernd günstigste Verhältnis von lokaler Belegschaft und international erfahrenem Mitarbeiterstamm?

Internationale Personalentwicklung

„International" – ein relativer Begriff

Der Begriff „international" ist so beschränkt aussagekräftig wie das Wort „Ausländer": Ausländer ist man fast überall auf der Welt, ebenso wird „international" häufig aus dem Blick eines (Heimat-)Landes verwendet und ebenso häufig mit „im Ausland" gleichgesetzt. Wenn DPWN von „international" spricht, ist sowohl „die Grenzen von Ländern, Territorien und Kulturen überschreitend" als auch „andere Länder, Territorien und Kulturen betreffend" gemeint – und das bei der Natur der Mehrzahl unserer Geschäfte überwiegend in globalem Maßstab.

Bei aller Globalität sehen die DPWN-Führungskräfte die wesentlichen Handlungsfelder jeweils im nationalen Rahmen. Nur eine sehr geringe Minderheit der Belegschaft, fast ausschließlich Führungskräfte, müssen selbst außerhalb ihrer Heimatländer operieren, schon deutlich mehr Kräfte benötigen Erfahrungen, zumindest Kenntnisse des internationalen Geschäfts.

Policies

Grundsätzlich legt das Management für die Unternehmenshierarchie von oben nach unten gestufte HR-Richtlinien vor. Damit soll ein hohes Maß an Einheitlichkeit erzielt und dennoch sollen lokale Bedarfe hinreichend abgebildet werden. So auch in der Personalentwicklung, vor allem in der Führungskräfteentwicklung.

Dabei ist folgender Rahmen wichtig:

- Nachfolger für Führungspositionen sollen vorrangig aus den eigenen Reihen kommen.

- Nachwuchsführungskräfte aus dem jeweiligen Einsatzland werden bevorzugt ausgewählt. Damit will DPWN den Kundenwunsch nach Nähe zum Heimatmarkt angemessen erfüllen.

- Steigerung des Anteils von lokalen Führungs(nachwuchs)kräften, und zwar so deutlich, dass lokale Führungskräfte entsprechend dem Geschäftsvolumen vertreten sind.

- Der Anteil weiblicher Führungs(nachwuchs)kräfte und weiterer unterrepräsentierter Zielgruppen soll ebenso deutlich wie der Anteil lokaler Führungskräfte erhöht werden. Verfolgt wird das Ziel, in der Logistikbranche das Unternehmen mit der größten Diversität an Führungskräften zu haben.
  Damit wird eine höhere Innovation und Produktivität ebenso ange-

strebt wie ein fairer Anteil aller Mitarbeitergruppen an der Gesamt-belegschaft.

Die Führungskräfteebene wird über weitere, operationale Ziele gesteuert. So sind folgende mittelfristige Ziele gesetzt (Auswahl):

1. Für jede Vakanz im Führungsbereich können 3 qualifizierte, mobile Nachfolger benannt werden.

2. Für jede Führungskräfteposition gibt es einen Nachfolgekandidaten.

3. Die Rate interner Besetzungen liegt bei 95 %.

4. Mit jeder Führungskraft wird mindestens einmal jährlich der weitere Werdegang besprochen – neben Leistung und Potenzial.

5. Das Personalentwicklungssystem erfasst alle Führungskräfte bis zum Vorarbeiter.

motiv8 – das Personal-Entwicklungs-System

Zur Durchsetzung der Personalentwicklungsziele setzt DPWN seit mehre-ren Jahren ein Mehrfunktionssystem unter dem Namen „motiv8" – sprich „motivate" – ein. Es kombiniert Zielsetzung und -vereinbarung, Beurteilung, Bonuszahlung, Potenzialeinschätzung, Nachfolgeplanung sowie Karriereplanung in einem Instrument. Auf der Basis eines Fähigkei-

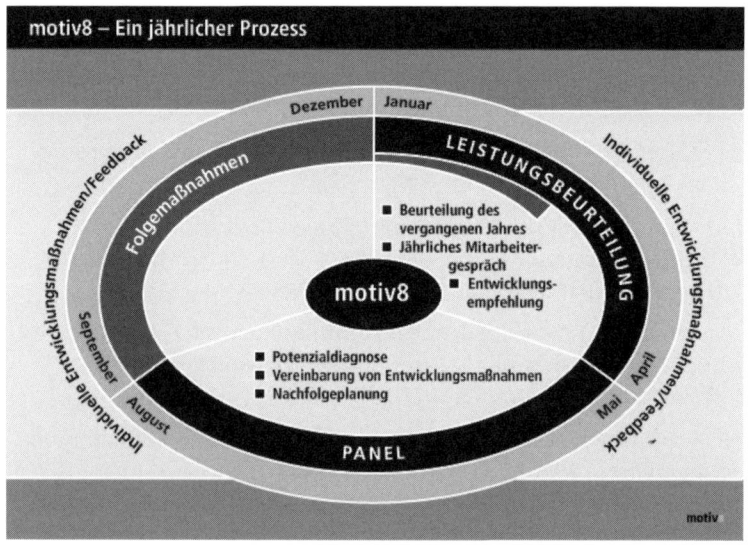

Bild 3 motiv8 – ein kontinuierlicher Prozess im Jahresrhythmus

ten-Rahmens verfügen Vorgesetzter und Mitarbeiter über ein in der Durchführung einfaches Verfahren. DPWN hat bewusst auf – vor allem von Human-Resources-Development-(HRD)-Spezialisten gewünschte – Verfeinerungen verzichtet, um das Verfahren einfach handhabbar und wertschöpfend zu gestalten. Die zugrunde liegenden Gespräche anzureizen und zu dokumentieren, ist wichtiger, als Formblätter auszufüllen.

Der Erfolg gibt dem Verfahren Recht: Vorgesetzte und Mitarbeiter sehen motiv8 als das mit Abstand wichtigste Personalentwicklungsinstrument im Konzern. Wo liegen die Gründe? Das systematische Vorgehen, das Kehren der Treppe von oben und die erkennbare Nutzung der gewonnenen Daten für die Besetzung (oder Räumung) von Stellen und für Karrierewege sind maßgebend.

Der Schlüssel im Prozess liegt dabei weniger in der Begleitung von Personalgesprächen zwischen Vorgesetzten und Mitarbeitern als vielmehr in zwei Dingen:

- Erörterung aller Führungskräfte einmal im Jahr im Führungskreis der Betreffenden unter Leitung der Vorvorgesetzten und der Führungskräfteentwicklungs-Abteilung mit Beschlüssen zu konkreten Maßnahmen.
- Systematische Nachschau der Umsetzung von Maßnahmen durch den jeweiligen Führungskreis.

Mit motiv8 stellt DPWN sicher, dass jede Führungs(nachwuchs)kraft systematisch jährlich auf Entwicklungspotenzial, auf Förderbedarf, aber auch auf Fehlentwicklungen hin überprüft wird und Rückmeldung dazu erhält. Dies sind ganz wesentliche Punkte, um glaubwürdig als guter Arbeitgeber bewertet zu werden.

Nachfolgeplanung

Ausgehend von den nach einem eigenen Bewertungssystem eingestuften Stellen für Führungskräfte im Konzern versucht das Top-Management, für jede Aufgabe sowohl eine „Sofort"- als auch eine „Dauerhaft"-Nachfolge zu planen.

Die jeweilige Regelung erfolgt auf Vorschlag des Vorgesetzten und wird im gesamten Führungskreis („Panel") mit dem Vorvorgesetzten besprochen.

In einem schnell wachsenden Unternehmen mit vielen verschiedenen Unternehmensbereichen und Ländern, mit Wachstum und mit (z. T. erfolgreichen) Abwerbeversuchen der kleineren Wettbewerber, wie sie besonders rüde durch Private-Equity-geführte Konkurrenten durchgeführt werden, wird es als wichtige Risikovorbeugung angesehen, Nachfolger zu haben oder auf Lücken aufmerksam zu werden, um Nachfolge aufzubauen.

Die Motivation hierzu ist nicht bei allen Vorgesetzten und Mitarbeitern gleich gut. Neben der zum Teil als persönliche Bedrohung wahrgenommenen Nominierung von Nachfolgern – obwohl dies verdeckt erfolgt – sind „Planspiele" ohne konkreten Anlass schwierig durchzuführen. Während für entstehende Vakanzen heute aufgrund der aufgebauten Information überwiegend zügig Besetzungsvorschläge vorgelegt werden können, sind stellenbezogene Nachfolgeplanungen vielfach noch nicht hinreichend erfolgt.

Standardisierte Werdegänge („Karrierepfade")?

Immer wieder in der Literatur auftauchend und von ambitionierten Berufsanfängern gefordert, im Konzern DPWN aber nur vereinzelt anzutreffen, sind sog. Karriereempfehlungen, also standardisierte Empfehlungen für die Art und die Dauer von Tätigkeiten, deren Ausübung zu einer gezielten Fähigkeitserweiterung und damit Qualifikation für Fach- und Führungsaufgaben führen soll. Dem Wunsch nach beruflicher Orientierung steht der Bedarf an individuellen Werdegängen entgegen. Viele Führungsnachwuchskräfte sind von den Fähigkeiten her einzigartig. Eine allgemeine Karriereempfehlung passt da in der Regel nicht.

Zwar haben mehrere große Unternehmen bestimmte Stellen als „Mussstellen" in der beruflichen Entwicklung als „zwingend" bis „sehr förderlich" bezeichnet, in der DPWN-Praxis wird das bisher immer pragmatisch gesehen, was zumutbar und was machbar ist. Denn das Topmanagement ist der Überzeugung, dass das Lernen der Führungskräfte fast ausschließlich durch angemessene Herausforderungen erfolgen sollte, gekoppelt mit guter Motivation. Daher ist – bei allem Alltagsgeschäft – bei jeder Besetzung von Führungspositionen darauf zu achten, dass die richtigen Kräfte zum Lernen in höhere Aufgaben berufen werden. Die meisten guten Werdegänge mit reifen Persönlichkeiten sind nicht aufgrund von standardisierter Karriereempfehlung entstanden, sondern Ergebnis von leidenschaftlichem Einsatz, gezielten, individuellen Aufgaben, Erfolg – und manchmal auch ein wenig Zufall oder Glück.

DPWN ist zudem – nach Jahren der Beobachtung – der Überzeugung, dass „Standards" zwar „ideal" sein können, aber eben nicht real. So hat der Vorsatz, keine(r) wird Konzernvorstand, ohne in mindestens 2 Ländern jeweils länger als 2 Jahre erfolgreich gearbeitet zu haben, zwar Charme, nur wird damit übersehen, dass in manchen Unternehmensbereichen des DPWN-Konzerns und vermutlich auch in anderen Unternehmen solche Anforderungen nicht sinnvoll erfüllt werden können. So traten im Juli

2007 zwei Führungskräfte in den Konzernvorstand der Deutschen Post ein, die sich im dominierenden Heimatmarkt spezialisiert haben. In der Abwägung „Halten und Ausbau des Stammgeschäfts im Heimatland" gegenüber „Kompetenzerwerb in anderen Kulturkreisen" helfen Standards eben nicht immer; zumal bekanntlich am besten in herausfordernden Aufgaben gelernt wird – auch bei Mitgliedern von Organen.

Corporate Staffing

Am Ende zählt nur, was hinten herauskommt. Das ist auch bei der Personalentwicklung so: Nur wenn es gelingt, Stellen mit Potenzialträgern zu besetzen und diese durch eine Einladung zum Wettbewerb um freie Stellen an den Konzern zu binden, hat Führungskräfteentwicklung letztlich eine gute Arbeit geleistet.

Eine beträchtliche Schwachstelle in der Personalentwicklung und Führungskräfteentwicklung der Deutschen Post World Net hat sich bei der Herstellung eines gut funktionierenden Vermittlungsmarktes gezeigt.

Seit Jahren gibt es bereits eine weltweite, intranetbasierte Stellenbörse. Doch wurden die meisten Führungspositionen aus verschiedenen Bereichen nicht über diese Stellenbörse besetzt. Hinzu kam, dass viele potenziell in Frage kommende Führungskräfte entweder (gerade) nicht aktiv suchten oder so angesprochen werden wollten, wie dies professionelle externe Berater tun. Viele erwarten dies als (Markt-)Wertschätzung ihrer Person. Hier spiegelt sich eine wichtige Steigerung der Anforderungen an HR wider. Auch gibt es nach wie vor gewichtige Gründe für die eingeschränkte interne Veröffentlichung von freien beziehungsweise frei werdenden oder neu geschaffenen Stellen: So sollen z. B. neue Stellen nicht sofort transparent werden (Wettbewerbsvorsprung halten) oder es sollen bisherige Stelleninhaber nichts von ihrer Ablösung wissen. In diesen Fällen muss eine gezielte und verdeckte Ansprache erfolgen.

DPWN hat sich daher von professionellen Personalberatern über den Aufbau einer internen „Führungskräftevermittlung", also „Executive Search", beraten lassen. Ergebnis ist ein neuer Bereich in HRD: „Corporate Staffing". Hier werden alle Vakanzen mit Profilen hinterlegt, es wird sehr gezielt intern gesucht und je nach Vertraulichkeitsgrad werden die entsprechenden Personen angesprochen.

Dabei gelten einfache Spielregeln:

- Alle zur Besetzung anstehenden Führungskräftepositionen sind hier zu melden.

- Vor Ansprache von Kräften wird der Vorgesetzte, in Ausnahmefällen (nur) der Vorvorgesetzte informiert.

- Konzernführungskräfte, das sind die Stelleninhaber der wichtigsten 5.000 Stellen, sind in der „Verfügungsmasse" der Konzernleitung, nicht einzelner Divisionen oder Funktionen.
- Nach Identifizierung und Ansprache geht der Kontakt auf die Abteilungen der HR-Betreuung über.

Die Stelle Corporate Staffing wurde erst kürzlich eingerichtet. Es handelt sich dabei um eine Personalberatung im Unternehmen, die interne Direktansprache betreibt. Sie kümmert sich ausschließlich um interne Führungs(nachwuchs)kräfte und arbeitet im Wesentlichen mit drei Instrumenten: Recherche (z. B. aus motiv8), Global Job Watch (die intranetbasierte Stellenbörse, mehr Information folgt später) und Direktansprache. Von Auftraggeberseite (Geschäftseinheiten) und Mitarbeitern her kann von sehr hoher Zufriedenheit berichtet werden. Im Kern wird sowohl die deutlich erhöhte Zahl an qualifizierten Bewerbern gutgeheißen als auch die Geschwindigkeit des Prozesses gelobt.

Ohne die Daten aus dem motiv8-Prozess wäre das Corporate Staffing wohl kaum sinnvoll realisierbar. Ein Punkt ist dabei bis heute nicht zufriedenstellend: motiv8 setzt bei der Karriereplanung auf die freiwillige Angabe persönlicher Ziele, Wünsche und Angaben zur Mobilität, besondere Fähigkeiten usw. durch die Führungskraft. Die Mehrzahl der erfassten Kräfte nutzt das System nicht hinreichend. Dachte DPWN früher, dass dies mit den jeweiligen Gepflogenheiten in den (Heimat-)Ländern zu tun habe, sieht das HR-Management zunehmend die Anspruchshaltung, dass solche Daten in Personalgesprächen erhoben werden sollen, statt sie durch Selbstangabe (und geplant: -eingabe) zu erfassen. Sich abzeichnende Konsequenz ist die Schulung der betreuenden HR-Abteilungen in Richtung „zukunftsorientierter Beratung" statt „abwicklungsorientierter Betreuung", damit diese Instrumente noch intensiver genutzt werden können.

Weiterentwicklungsbedarf

Da sich unsere Führungskräfteentwicklung grundsätzlich an länderübergreifenden Fähigkeitsprofilen ausrichtet, gab und gibt es Weiterentwicklungsbedarf für die Führungskräfte, die rein lokal eingesetzt werden. Hier haben die jeweiligen Geschäftseinheiten schon wesentliche Initiativen durchgeführt. Dennoch haben das Geschäftsmodell und die vermeintlich für alle notwendige „Internationalität" den Sinn für das tatsächlich Notwendige verstellt. So besteht erneut in einigen Ländern erheblicher Bedarf, Führungsverhaltensthemen zu bearbeiten – um die Führungsleistung zu erhöhen. Und das jenseits von Seminaren, in aktionsbezogenem

Lernen, auf Intervention der Betroffenen, nicht von Human Resources (Deutschland).

Weitere Schwachstelle der Wirksamkeit internationaler Führungskräfte-entwicklung beziehungsweise Personalentwicklung sind die – vom Markt – geprägten Erwartungshaltungen international mobiler Kräfte. Seit Jahr-zehnten übliche Expat-Vergütungs- und Mobilitätshilfe-Regelungen las-sen sich nicht sofort abstellen. Schon ein Herunterfahren über die Ver-tragslaufzeit auf ein den lokalen Gegebenheiten angepasstes Niveau ist nicht ohne Weiteres durchsetzbar. In den engen Arbeitsmärkten der Lo-gistik ist dies sogar nicht einmal auf absehbare Zeit denkbar.

Hohe Kosten für Entsendungen bzw. internationale Mobilität beschrän-ken gleichzeitig dringend notwendige Lernformen außerhalb der Heimat-basen. Je eher Kräfte bereit sind, auch zu den jeweiligen lokalen Bedin-gungen zu arbeiten, desto leichter sind solche Lernarbeitsverhältnisse zu etablieren. Individuell zahlt es sich über die Zeit doppelt aus: durch mehr Erfahrungen im beruflichen und privaten Bereich, die sich in Karriere und Zufriedenheit förderlich bemerkbar machen.

Internationale Personalgewinnung

Heimat- oder Zielmarkt?

Wenn das DPWN-Management über Gewinnung von Personal nach-denkt, muss eine Reihe von Fragen gestellt und möglichst der künftigen Wirklichkeit nahekommend beantwortet werden können:

- Welche Kompetenzen werden benötigt?
- In welchem Markt/welchen Märkten werden diese eingesetzt?
- Welche idealtypischen Werdegänge liefern diese Kompetenzen?
- Wo finden solche Ausbildungen statt?
- Ist DPWN attraktiv für Kandidaten?
- Mit wem konkurriert das Unternehmen um die Zielperson/-gruppe?

Da alle Einstellungen in einem Land der Welt erfolgen und – mit Aus-nahme von Trainees – auf konkrete Stellen erfolgen, wird in der überwie-genden Mehrzahl das Stellenprofil der Suche zugrunde gelegt. Für alle Su-chen gilt jedoch, dass solche Kandidaten eingestellt werden sollen, die mindestens das Potenzial für eine Weiterentwicklung haben. So soll Zu-stellpersonal einmal eine erste Leitungsaufgabe (z. B. Leitung einer Zustellgruppe oder eines Zustellstützpunktes) übernehmen können. Dies gilt auch für Führungsaufgaben: Auch dort muss über den aktuell zu besetzenden Job hinaus hinreichend Potenzial für höhere Aufgaben gegeben sein.

Bei qualifizierten Fach- und Führungsaufgaben sind heute schon alle Stellenprofile um sprachliche Fähigkeiten (mindestens Englisch) und Bereitschaft zur Mobilität über die Landesgrenze hinaus erweitert.

Beim Führungskräftenachwuchs wurden daraus spezifische Konsequenzen für unsere Mindestansprüche an Werdegänge von Bewerbern gezogen:

- Interkulturelle Erfahrung ist bereits im Elternhaus beziehungsweise in der Schul- und Studienzeit erworben worden: Wir suchen Asiaten, die in Europa und Amerika (einen Teil) ihres Studiums absolvieren, oder Amerikaner, die in Asien oder Europa gelernt haben.

- Selbstführung und Führungskompetenz sind überdurchschnittlich ausgeprägt.

- Bereitschaft zu „ABCD-Karrieren", also zum Einsatz in verschiedenen Ländern/Regionen nacheinander statt der noch überwiegend zu beobachtenden firmeninternen ABA-Werdegänge.

Da diese hohen Anforderungen weder in allen Aufgaben erforderlich sind noch alle Bewerber sie von vornherein erfüllen (möchten), kann ein Einstieg in den Konzern auch auf Landesebene ohne z. B. volle Mobilitätsbereitschaft erfolgen. Solche Kandidaten zahlen dann entweder den Preis mit einer „nur" lokalen Karriere oder entwickeln sich später, nachdem sie durch Einsätze in globalen oder regionalen Aufgaben aufgeschlossener geworden sind.

Kritischer ist die Vielzahl von Bewerbern, die erstmals durch den Eintritt in den DPWN-Konzern „international" werden möchten. Wer heute eine rein nationale Ausbildung absolviert hat, wirkt mit seiner Bewerbung für internationale Einsätze nicht mehr glaubwürdig. Es ist Aufgabe des DPWN-HR-Managements, dies potenziellen Bewerbern vor Ausbildungsbeziehungsweise Studienbeginn noch stärker zu kommunizieren.

Dabei fällt auf, dass in einigen größeren Ländern (USA, Deutschland, China) überproportional viele Studierende keine Ausbildung im Ausland anstreben, während Studierende aus anderen Ländern (z. B. Niederlande, Irland, Polen) sich umso intensiver auf Aufgaben im internationalen Umfeld vorbereiten.

Als Konsequenz geht DPWN heute an Hochschulen in Zielmärkten (z. B. Indien), um dort Kandidaten zu finden, die einen Teil ihres Werdegangs außerhalb des Zielmarktes gestaltet haben. Dabei nutzt DPWN herkömmliches Campus-Recruiting, aber auch spezifische Maßnahmen durch Firmenmessen und das lokale Marketing.

Wege der Personalgewinnung

Intern 1: Global Job Watch

Wie bereits erwähnt, nutzt DPWN eine intranetbasierte Stellenbörse unter dem Namen „Global Job Watch" zur Bekanntmachung von vakanten Stellen/Karrieregelegenheiten. Die bessere Verfügbarkeit gegenüber herkömmlichen Aushängen, die weltweit gleichzeitige Information und der große Bedarf an Stellenbesetzungen haben zu einer sehr hohen Nutzungsrate geführt. Gleichzeitig ist Global Job Watch ein internes Personalbindungsmittel, zeigt es doch auf, dass weltweit Job-Angebote bereitstehen.

Im Schnitt sind 3.000 Stellen „ausgehängt", die jeweils mindestens 14 Tage eingestellt sind. Wir überlegen, die „Aushangfrist" weiter zu erhöhen, da viele diese Angebote nicht regelmäßig ansteuern.

Die Besuchsrate beträgt ca. 400.000 Klicks pro Monat.

Während die Kosten je Besetzung und die Akzeptanz des Instruments Stellenbörse sehr gut sind, reicht es alleine nicht zur Deckung des Bedarfs beziehungsweise spricht es nicht alle internen Kandidaten an.

Zudem hat HR noch nicht hinreichend interne Kommunikation betrieben, um insbesondere neu eingetretene oder durch Akquisition hinzugekommene Mitarbeiter über diese Stellenbörse zu informieren. Oder zum „Mal-wieder-Hineinschauen" zu animieren. Jedes gute Produkt braucht „Kaufanreize" – auch eine Stellenbörse. Kurzberichte von Mitarbeitern, die über diesen Weg eine neue Herausforderung gefunden haben, sollen z. B. noch mehr Aufmerksamkeit bewirken.

Intern 2: Corporate Staffing

Wie unter 3.6 geschildert, gibt es bestimmte interne Potenzialträger, die nur über eine Direktansprache zu erreichen sind. Diese zu finden und den Kontakt zu ihnen herzustellen, ist Aufgabe der neuen Abteilung Corporate Staffing. Diese besteht erst einige Monate, mit bisher sehr gutem Erfolg. Zu einer abgewogenen Bewertung ist es allerdings noch zu früh.

Durch die Konzentration auf Führungsnachwuchs- und Führungspositionen wird gezielt im globalen Maßstab gesucht und angesprochen. Durch die Größe des Konzerns wird es selbst für die Linienverantwortlichen schwierig, schon den eigenen Bereich an Potenzialträgern hinreichend transparent zu haben. Corporate Staffing hilft hier.

Zurzeit wird das Instrument intensiv kommuniziert, insbesondere sollen die potenziellen Auftraggeber dazu bewegt werden, Corporate Staffing frühzeitig einzuschalten. Als Nebeneffekt hat sich bisher gezeigt, dass die Stellenprofile/Anforderungsbeschreibungen präziser geworden sind. Dies führt zur schnelleren Lieferung einer „Shortlist" und löst bei Auftraggebern ein Nachdenken über die tatsächlichen und künftigen Anforderungen aus – eine wichtige Beratungsleistung von HR. Zudem werden evtl. später notwendige Suchen am externen Markt durch diese Vorarbeiten erleichtert.

„Business Consulting" als Hauptzugang zu Führungspositionen

Für die Gewinnung und Vorbereitung international einsetzbarer Führungsnachwuchskräfte sieht das DPWN-Management primär die Deutsche Post Business Consulting GmbH (DPBC) vor. Dabei handelt es sich um eine interne Beratungsgesellschaft, die im Wettbewerb mit externen Beratern um Aufträge im Konzern steht.

Diese Beratungsgesellschaft wurde nicht nur zur Personalgewinnung gegründet, sondern auch, um Beratungs-Know-how im Konzern aufzubauen und das während der Beratungsprozesse erzielte neue Wissen im Konzern zu halten. DPBC ist analog einer professionellen Beratungsgesellschaft aufgebaut, mit gleichen Führungsstrukturen, Arbeitsabläufen und -bedingungen. Damit ist eine deutlich andere Arbeitskultur gegeben als im Konzern. Die DPBC-interne Personalentwicklung entspricht der einer Beratungsgesellschaft: intensives Training, halbjährliche Beurteilungen und eine regelmäßige Up-or-Out-Prüfung. Das Konzept traf auf einen Markt an sehr geeigneten Bewerbern, die wir ohne eine solche Gesellschaft kaum oder gar nicht hätten gewinnen können. Entsprechend wichtig ist, dass das Rekrutierungskonzept des Konzerns durch die DPBC umgesetzt wurde und wird. Und dass durch Standorte in Asien, Amerika und Europa schon während der Beratungstätigkeit sowohl weiter interkulturelle Kompetenz erworben wird als auch Standards des Konzerns vermittelt werden.

Die DPBC „liefert" bei einem Personalbestand von über 100 Beratern fast 40 Führungskräfte pro Jahr – mit spezifischem Wissen, und durch die Vorauswahl auf Zielpositionen im internationalen Management bestens vorbereitet.

Employer Branding

Als Konzern mit mehreren Marken (Deutsche Post, DHL, Postbank, Exel) war für die Personalgewinnung sehr wichtig, wie der Auftritt auf den Personalmärkten erfolgen soll. Da die Postbank überwiegend nur in einem Land (Deutschland) tätig ist und dort Personal in einem speziellen Markt gewinnt, tritt sie unter der Marke „Postbank" auf, mit Hinweis auf die Konzernzugehörigkeit, weil diese in Zeiten von Umbrüchen im Bankenmarkt – vor allem durch Akquisitionen/Übernahmen durch nicht-deutsche Banken – ein wichtiges Zeichen für Stabilität durch den Mehrheitsaktionär Deutsche Post setzt und damit das bedeutende Sicherheitsmotiv von Bewerbern im Bankenmarkt erfüllt.

Für die vier weiteren Unternehmensbereiche wird die allgemeine Markenbekanntschaft auch für das „Employer Branding" genutzt: Jeder eigenständige Auftritt würde nicht verstanden und die Wirkung verpuffen. So sucht DPWN in Deutschland überwiegend unter der Marke „Deutsche Post". Außerhalb Deutschlands wird die Dachmarke „DHL" eingesetzt, die insgesamt stärkste Marke im Konzern. Die unterschiedlichen Assoziationen der potenziellen Kandidaten zu den Marken „Deutsche Post" und „DHL" werden zur Segmentierung und Parallelansprache genutzt.

Insgesamt sollen alle Personalgewinnungsmaßnahmen die Markenpolitik unterstützen. DPWN ist auf gutem Weg, aber von der Markenattraktivität/Identifikation mit Internationalität, wie z. B. bei Lufthansa oder Unilever, noch ein Stück entfernt. Wobei sich die Attraktivität nach Regionen und zum Teil sogar nach Ländern deutlich differenziert. So ist DHL ausgerechnet im Land ihrer Gründung (USA) bisher nur unterdurchschnittlich bekannt und attraktiv für Bewerber, während sie in Asien und dem arabischen Raum als eine der führenden Marken für „Internationalität" wahrgenommen wird. DPWN setzt auf eine homogene Markenpolitik, der Begriff „Employer Branding" ist da eigentlich fehl am Platz – möglicherweise ist es einfach nur eine Erfindung der Beratungsindustrie. Sinnigerweise gibt es ja auch keine eigenen „Brandings" für die Kapital- und Zulieferermärkte. Für das Arbeitgeberprofil (treffgenauere Bezeichnung) hat DPWN schon einiges investiert. Weitere Profiländerungen stehen an.

Zu den bereits etablierten Attributen wie „Internationalität", „Solidität", „Finanzkraft", „Leistungskultur" und „hohe Veränderungsgeschwindigkeit/Change Management" sollen vor allem „echte Diversity", „Gestaltungsfreiraum" und „hohe ethische Standards" hinzutreten. Auch dies wird über die allgemeine Markenaufladung erfolgen.

Employer of Choice

Wie viele Unternehmen versucht auch DPWN, sich als „Employer of Choice" zu positionieren. Dies ist innerhalb der Logistikfachwelt und bei Kandidaten aus der Logistik auch eindeutig gelungen. Außerhalb dieses Bereichs dagegen ist die Wahrnehmung noch eher durchschnittlich.

Im Zuge der Aufwertung von Logistik als einer der für die weitere Optimierung betrieblicher Abläufe/Kostenpositionen verbliebenen Funktionen hat sich die Einstellung gegenüber Logistikfirmen allgemein verbessert. Es gelingt der DPWN auch, sehr gute Bewerber zu gewinnen – und vor allem zu halten –, und das bei sehr niedrigen Fluktuationsraten. Was fehlt, ist eine Attraktivität derart, dass Bewerber von sich aus DPWN als Arbeitgeber suchen. Blindbewerbungen erfolgen überwiegend aus der eigenen Branche bzw. von der Logistikseite der Kunden. Und von jenen externen Beratern, die durch Tätigkeit im Konzern ein zutreffendes Bild der Chancen (und Risiken) einer Tätigkeit in der DPWN haben.

Ein passendes Kommunikationskonzept muss die Brücke zwischen IST und Wahrnehmung schlagen. Für viele Bewerber erschließt sich die Welt der Logistik – bis auf die sichtbaren Transportmittel – kaum. Welche komplexen Aufgaben dort zu leisten sind und dass die Arbeit dort auch materiell attraktiv ist, muss noch viel intensiver vermittelt werden.

Einzelne Faktoren der Arbeitgeber-Attraktivität bedürfen allerdings auch der weiteren deutlichen Verbesserung. So ist die Logistikindustrie – anders als das Briefgeschäft – nach wie vor scheinbar für weibliche Kräfte wenig interessant. Bisher sind dort nur wenige Frauen in Führungspositionen. Sorgen macht aber das geringe Interesse weiblicher Berufsanfänger und von Young Professionals. Hier sind die Hausaufgaben erst zum Teil gemacht, z. B. durch gezielte Mentorenprogramme. Wahrscheinlich müssen wir über Quereinsteiger auf oberer Ebene zeigen, dass Frauen auch in diesem Segment gleiche Chancen haben.

Retention – die beste Form der Personalgewinnung?

Die scheinbar ideale Lösung für jede Personalgewinnung ist die Kombination von „Null-Fluktuation" und „Besetzung aller Positionen aus eigenen Reihen". Wohl nur eine Scheinlösung. Zum einen müssen auch für die „Besetzung aus eigenen Reihen" irgendwo Ersatzkräfte eingestellt werden. Zum anderen führen Wachstum und Änderung der Anforderungen im Markt (Produkte, Prozesse, Service, ...) zwangsläufig zu Bedarf an Einstellungen. Sicher ist eine geringe Fluktuation per se gut, Kompetenz wird gehalten, Wechselkosten werden vermieden. Gefährlich wird es, wenn auch Leistungsschwächere bleiben, wenn nicht hinreichend Anreize für Weiterentwicklung und Steigerung der Leistung gesetzt werden.

Jedem Personaler kann nur angeraten werden, sich genau anzusehen, wie sich das Kompetenz- und Leistungsbild einer Belegschaft im Zeitablauf ändert und welche Maßnahmen ergriffen werden müssen.

Aus Sicht und Erfahrung der DPWN ist steter Zufluss von neuen Kräften in jeder Marktsituation sehr förderlich – gleich ob durch Firmenerwerb oder Direkteinstellung. Phänomene wie Betriebsblindheit, Lernplateaus und Burn-out entstehen nicht, wenn neuer Geist das Bestehende konstruktiv herausfordern darf.

Deshalb ist neben der Personalgewinnung vor allem die gezielte Rotation bzw. Versetzung von Führungskräften und qualifizierten Fachkräften häufig maßgeblich für das Voranbringen von Organisationseinheiten. Hierauf – statt auf Retention-Maßnahmen – Wert in der täglichen Arbeit zu legen, ist vordringliche Aufgabe aller Personal- und Kommunikationsabteilungen. Vor allem die Gewinnung von Mitarbeitern (potenzieller) Kunden oder die Abgabe eigener Mitarbeiter in diese Richtung erscheint sinnvoll für die kundenorientierte Weiterentwicklung des eigenen Unternehmens.

Personalgewinnung in schrumpfenden Märkten

Während viele über die demografische Entwicklung als künftige Herausforderung für die Personalarbeit sprechen und sich Gedanken machen, wie dem beizukommen wäre (!), ist Knappheit an Arbeitskräften weder neu noch inaktuell. In den 60er Jahren beklagten Deutschland (Ost und West) und andere Länder eine Knappheit an Arbeitskräften. Die Lösungen „Gastarbeiter" (West) und „hohe Frauenarbeitsquote" (Ost) könnten, ergänzt um Instrumente wie (Lebens-)Arbeitszeit und effektivere oder kürzere Ausbildungen, auch heute greifen. Wenn der politische Wille da wäre.

Die Wanderung der Erwerbsbevölkerung hat aktuell schon zu dramatischen Auswirkungen geführt. So findet DPWN in Polen nicht mehr hinreichend geeignete Nachwuchskräfte, weil viele in den Westen (insbesondere nach England) abgewandert sind. Zwar ist das noch kein allgemeiner Mangel, aber die Migration wird entscheidender auf den Arbeitsmarkt wirken als die Demografie. Stellt sich die Frage, ob deutsche Unternehmen hinreichend auf diese Zielgruppen ausgerichtet sind. DPWN ist es bisher nicht. Zwar hat das Unternehmen sehr viel Erfahrung mit der ersten Generation von Arbeitsmigranten in Deutschland und Frankreich, jedoch ist der Konzern bisher weder auf neue Zielgruppen eingestellt und vorbereitet, noch haben die meisten Regierungen erkannt, dass auch die Öffnung der Arbeitsmärkte zu Wohlstandsmehrung in der Welt führt. Deren kurzfristige Klientelpolitik produziert Globalisierungsgegner. Ein Unternehmen, das so intensiv zur Wohlstandserhöhung durch globale Verbindungen führt wie die DPWN, wird hier politisch Einfluss nehmen müssen – aus schierem Eigeninteresse und vor allem im Interesse unserer Kunden weltweit.

Fazit: Es gibt nichts Gutes, außer man tut es

Vieles ist in den Unternehmen und speziell von HR gut gemeint, aber nicht gut umgesetzt. Während allgemeine Ziele noch vergleichsweise gut vermittelt werden, sind vor allem die Details der Anwendung von Personalinstrumenten zu wenig bekannt.

Wenn wir einmal gute Instrumente entwickelt haben, dann müssen wir mehr tun, als dieses unseren Führungskräften und Mitarbeitern in einer einmaligen Aktion mitzuteilen. Wirksame Kommunikation lebt von einem Mix an Instrumenten, der Wiederholung und vor allem einer gewissen Interaktion. Vor allem wenn wir Verhaltens- oder Einstellungsänderungen erreichen wollen, brauchen wir eine offene Kommunikation, die gezielt informiert und Rückmeldungen zulässt.

Jede Führungskraft könnte sich den Spruch von Erich Kästner zu eigen machen: „Es gibt nichts Gutes, außer man tut es."

Wir müssen lernen, besser zu kommunizieren. Dann findet unsere Kommunikation auch die gewünschte Beachtung und Wertschätzung bei unseren Mitarbeitern und es gelingt uns, Ziele und Instrumente so zu transportieren, dass eine Umsetzung möglich ist – zum Wohle unserer Kunden.

„Finance Award" – nachhaltiges Personalmarketing der Postbank für den „Next War for Talents"

Thomas Teetz

Die Postbank

Die Postbank Gruppe ist – als Teil des Deutsche-Post-World-Net-Konzerns – mit 14,6 Millionen Kunden, rund 22.000 Beschäftigten und 4.300 mobilen Beratern einer der großen Finanzdienstleister Deutschlands. Ihr Schwerpunkt ist das Retailgeschäft mit Privatkunden, außerdem ist sie auch im Geschäft mit Firmenkunden aktiv. In ihrem Geschäftsfeld „Transaction Banking" erbringt die Postbank darüber hinaus Back-Office-Dienstleistungen für andere Finanzdienstleistungs-Unternehmen. Im Juni 2004 ging die Deutsche Postbank AG an die Börse, seit September 2006 ist sie im DAX gelistet.

Das Wachstum der Postbank Gruppe ist seit Jahren ungebrochen, so hat sie seit dem Jahr 2000 im Inland knapp fünf Millionen Kunden netto hinzugewonnen, die Hälfte davon durch den Erwerb von BHW. Die Postbank hat sich zum Ziel gesetzt, ihre Vertriebskraft kontinuierlich zu steigern und ihre Marktstellung auszubauen. Gemeinsam mit BHW und ihren neuen Filialen will sie die Nummer eins in Deutschland werden: als Finanzpartner für alle Privatkunden und als Servicepartner für Unternehmen.

Erfolgsfaktor Mensch

Ein dauerhaftes, erfolgreiches Wachstum basiert auf engagierten, kompetenten Mitarbeitern und muss daher durch geeignete Maßnahmen zur Mitarbeitergewinnung, -förderung sowie -bindung nachhaltig unterstützt werden.

Geschäftsfelder der Postbank

Privatkundengeschäft

- Zahlungsverkehr
- Einlagen- und Kreditgeschäft
- Anleihen und Investmentfonds
- Versicherungen und Bausparverträge
- Vermögensaufbau und Vorsorge

Firmenkundengeschäft

- Zahlungsverkehr
- Gewerbliche Immobilienfinanzierung und klassische Unternehmensfinanzierungen für den Mittelstand
- Factoring und Leasing sowie umfassendes Anlagemanagement
- Umfassendes Anlage- und Bilanzstrukturmanagement

Neben internen Personalentwicklungsmaßnahmen sind zielgerichtete Kommunikationsmaßnahmen erforderlich, geeignete potenzielle Mitarbeiter frühzeitig anzusprechen und an das Unternehmen zu binden.

Diese persönliche Bindung kann sich umso stärker entwickeln, wenn über die Ansprache hinaus ein Austausch mit der gewünschten Zielgruppe entsteht. Dazu eignen sich inhaltliche Konzepte, die den Beteiligten klare Mehrwerte bieten, ein gegenseitiges frühzeitiges Kennenlernen erlauben und den persönlichen Bezug zum potenziellen zukünftigen Arbeitgeber nachhaltig stärken. Der Einsatz eines Talent Relationship Managements erlaubt anschließend, die identifizierten Talente zum Einstieg in die bereits bekannte Unternehmensorganisation zu motivieren.

Mit Blick auf den bereits begonnenen „Next War for Talents" müssen die im Unternehmen vorhandenen Talente durch ein starkes Arbeitgeberimage sowie ein stimmiges Umfeld an die Organisation gebunden werden. Ebenso müssen geeignete Kommunikationsmaßnahmen den Employer Brand stärken, externe Talente adressieren und sie auf das Unternehmen aufmerksam machen.

Vor diesem Hintergrund hat die Postbank ein Konzept entwickelt, das sich als „nachhaltige interaktive HR-Kommunikation" bezeichnen lässt. Zentrales Element dieser erfolgreichen Strategie ist der Postbank Finance Award®.

Anforderungen an eine erfolgreiche Human-Resources-Kommunikation

Herausforderungen

Zeitgemäße Human-Resources-Kommunikation sieht sich den Herausforderungen unserer multioptionalen Gesellschaft gegenüber. Um die Wahrnehmung der Postbank als attraktiver Arbeitgeber zu schärfen, muss eine entsprechende Differenzierung auf dem Arbeitsmarkt erfolgen. Diese sollte nicht nur mit der Gesamtwahrnehmung der Postbank Gruppe harmonieren, sondern sie auch ergänzen. Die Marke Postbank steht heute für innovative Produkte und Dienstleistungen und hat sich deutlich von ihrem alten Image gelöst.

Ziel der Postbank ist die Bildung einer klaren und zugleich differenzierten Arbeitgebermarke, die sowohl das Finanzdienstleistungsprofil der Bank im Konzern Deutsche Post World Net als auch die starke Marktposition adäquat widerspiegelt und auf dieser Basis insbesondere von der gewünschten Zielgruppe positiv wahrgenommen wird. Es gilt also, durch interaktiven Zielgruppenaustausch eine Marke aufzubauen, die dauerhaft die Top-Kandidaten anspricht.

Motivation und Zielgruppe der Initiative

Heute sind verstärkt Ansätze und Instrumente gefragt, die in Ergänzung zu den klassischen Vorgehensweisen passende Talente auf innovative Weise ansprechen und wirksam binden. Ziel einer nachhaltigen HR-Kommunikation muss es daher sein, frühzeitig zu potenziellen Bewerbern Kontakt aufzunehmen. Dies geschieht idealerweise zu einem Zeitpunkt,

Bausteine einer nachhaltig interaktiven HR-Kommunikation

- Frühzeitige Kontaktaufnahme erzielen
- Interesse innerhalb der Zielgruppe wecken
- Aufmerksamkeit über die Zielgruppe hinaus schaffen
- Networking ermöglichen
- Bindungsangebote machen
- Benefits bieten
- Ehrlichkeit und Verlässlichkeit in der Interaktion sicherstellen
- Multiplikatoren (intern/extern) dauerhaft einbinden

zu dem berufliche Werdegänge noch nicht festgelegt sind und die Kandidaten sich noch in einer Orientierungs- und Entscheidungsphase befinden.

Um die Streuungen möglichst gering zu halten, sollten Multiplikatoren mit dem nötigen Know-how eingebunden werden. Dennoch ist auch eine „qualitative Streuung" sinnvoll, damit ein breites Spektrum an Erfahrungen und Know-how in den Kompetenz-Pool einfließt.

Die Zielgruppe der Aktivitäten sind Studierende, die Interesse für die Finanzwirtschaft aufbringen und idealerweise erste Berührungspunkte mit dieser Thematik hatten.

Dies trifft in besonderem Maße auf Studierende der Wirtschaftswissenschaften zu, die bereits durch den Großteil ihres Studiums, z. B. mittels Praktika, über eine solide Wissensbasis auf dem Gebiet der Finanzwirtschaft verfügen. Um jedoch die Möglichkeiten nicht zu früh zu stark zu begrenzen, wird ein interdisziplinärer Ansatz verfolgt, der es auch interessierten Studierenden anderer Fachrichtungen ermöglicht, die Angebote wahrzunehmen und sich in deren Verlauf erforderliche Grundlagenkenntnisse anzueignen. Dies gewährleistet einen weiteren Horizont und ermöglicht einen frischen, unvoreingenommenen Blick auf Strukturen und Prozesse der Finanzwirtschaft.

Charakteristika der Zielgruppe

- Fachliches Interesse und Potenzial
- Erfolgsorientierung und überdurchschnittliches Engagement
- Teamfähigkeit
- Belastbarkeit
- Eigeninitiative/Macher
- Aufgeschlossenheit gegenüber neuen Entwicklungen
- Visionäre Denker

Konzeptansatz

Diese Zielgruppe spricht man wirkungsvoll und fokussiert über eine intensive Auseinandersetzung auf inhaltlicher und auf kommunikativer Ebene an. Das Interesse der Zielgruppe wird geweckt, indem man branchenrelevante Fragestellungen thematisiert und so den inhaltlichen Bezug zu Branche und Unternehmen herstellt. So werden gezielt jene Personen angesprochen, die eine natürliche Affinität zur Finanzwirtschaft haben – unabhängig von ihrem originären Studienfach. Der thematische Bezug bietet außerdem die Möglichkeit, Fähigkeiten gezielt zu entwickeln und so spezifische Talente für den Personalbedarf des Unternehmens zu entdecken.

Die gezielte, aktive Vermittlung unternehmensrelevanter Inhalte und die dauerhafte, zielgerichtete Interaktion mit der jeweiligen Fokusgruppe ermöglichen außerdem ein intensives Kennenlernen und bewirken damit nachhaltig die persönliche Bindung an die Postbank sowie ihre positive Wahrnehmung.

Der Auf- und Ausbau eines Images findet stets über einen längeren Zeitraum statt und benötigt daher entsprechende Kontinuität. „Dauerhafte Präsenz" und eindeutig kommunizierte „Werte der Unternehmenskultur" sind also neben den zuvor genannten Faktoren „Inhalte" und „Interaktion" von zentraler Bedeutung für den Aufbau einer Arbeitgebermarke.

Der Postbank Finance Award als nachhaltiges Personalmarketinginstrument

Hochschulwettbewerb

Mit dem jährlich wiederkehrenden Finance Award hat die Postbank ein Instrument entwickelt, das die vorgestellten Anforderungen erfüllt und stufenweise die gezielte Ansprache und Motivation sowie auch die Bindung von Top-Talenten ermöglicht.

Der Finance Award ist als Hochschulwettbewerb konzipiert und soll unter dem wiederkehrenden Motto „Banking der Zukunft" eine breite, aber zugleich auch fokussierte Zielgruppenansprache ermöglichen.

Hochschullehrer mit finanzwirtschaftlichem Schwerpunkt – unabhängig von der Studienrichtung – fungieren dabei als Multiplikatoren, die ein Team aus geeigneten Studierenden zusammenbringen und dieses über den Wettbewerbszeitraum mit Unterstützung durch die Postbank betreuen. Des Weiteren besteht eine Zusammenarbeit mit den Career Services der Hochschulen, die durch klassisches Marketing ergänzt wird.

Im Rahmen des Wettbewerbs lobt die Postbank ein Preisgeld von insgesamt 70.000 Euro aus, um Forschung und Lehre zu unterstützen. Das Konzept sieht vor, dass 80 Prozent des Geldes den Lehrstühlen der drei bestplatzierten Hochschulteams zugute kommen, während die verbleibenden 20 Prozent als Motivation direkt an die studentischen Teammitglieder ausgezahlt werden.

Durch dieses Konzept wird im Studium frühzeitig Kontakt zu leistungsorientierten Studierenden mit Interesse an der Finanzbranche aufgenommen, so dass sich als Folge daraus eine Beziehung zwischen den Teilnehmern und dem potenziellen Arbeitgeber Postbank entwickeln kann. Dies verspricht nachhaltige Auswirkungen auf das zukünftige Recruiting.

Durch den Postbank Finance Award erhalten die Teilnehmer die Gelegenheit, ihr im Studium erworbenes fachliches Know-how sowie ihre methodischen Kenntnisse anzuwenden und zu erweitern. Im Fokus steht dabei die inhaltliche Auseinandersetzung mit einer aktuellen finanzwirtschaftlichen Fragestellung sowie die Erarbeitung von Konzepten und Lösungsvorschlägen im Team. Dabei sind nicht nur Fachkenntnisse, sondern auch Kreativität und neue Impulse gefragt. Durch die andauernde intensive Teamarbeit findet nicht nur ein Wissens- und Ideenaustausch unter den Teilnehmern statt, sie entwickeln zudem auch ihre sozialen Kompetenzen weiter. Die Postbank wird so im interaktiven Austausch zu einer Art Karrierepartner für die betreute Zielgruppe.

Die Besetzung der Jury durch renommierte Vertreter der Bereiche Wirtschaft, Wissenschaft und Medien steigert das öffentliche Interesse und damit auch direkt die Wahrnehmung und den Wirkungsgrad der Aktivitäten.

Die Kooperation mit der Frankfurter Allgemeinen Zeitung sichert dem Postbank Finance Award eine etablierte breite Medienpräsenz und informiert eine wirtschaftlich interessierte Leserschaft über die Aktivitäten der Postbank. So wird nicht nur die umfangreiche Zielgruppe erreicht, son-

Fakten zum Postbank Finance Award

- Modus: jährlich wiederkehrender Hochschulwettbewerb
- Inhaltliche Ausrichtung: finanzwirtschaftlich orientiert
- Zielgruppe: Lehrende und Studierende aller Fachrichtungen
- Preisgeld: insgesamt 70.000 EUR
- Medienpartner: Frankfurter Allgemeine Zeitung
- Publizierung: Alle Wettbewerbsbeiträge werden in einem Jahrbuch publiziert
- Teilnehmerfeld: Seit dem Start 2003/04 haben mehr als 200 Teams mit über 700 Studierenden von 72 Hochschulen teilgenommen; 15 Hochschullehrer haben sogar schon drei- bzw. viermal teilgenommen

Bisherige Themen des Postbank Finance Award

2007: „Das optimale Informationssystem aus internen & externen Ratings für die Finanzwirtschaft."

2006: „Neue Wege für das deutsche Bankensystem?"

2005: „Private Altersvorsorge und Lebenszyklusstrategien: Ein neues Geschäftsfeld für Banken?"

2004: „Die Entwicklung des Retailbanking im Spannungsfeld von Kundenwünschen und Rentabilitätsanforderungen".

dern auch eine Leserschaft über Alters- und Zielgruppengrenzen hinweg. Großes zielgruppenübergreifendes Interesse dokumentieren die zahlreichen Nachfragen von Privatpersonen und Unternehmen bezüglich der eingereichten Wettbewerbsbeiträge. Diese Rückmeldungen sowie die Berichterstattung in Printmedien deuten darauf hin, dass der Finance Award die Wahrnehmung der Postbank positiv beeinflusst und damit ihre Position im Wettbewerb um qualifizierte Arbeitskräfte erheblich stärkt.

Die Postbank kann sich in diesem Rahmen als aufgeschlossener Karrierepartner präsentieren und wird durch den Wettbewerb verstärkt wahrgenommen. Bei formalen und organisatorischen Fragen steht sie als zuverlässiger Ansprechpartner zur Verfügung. Die Preisverleihung als zentrale Abschlussveranstaltung bildet ein „Highlight" des jährlichen Wettbewerbs. Dort finden Kontaktaufbau und intensive Kontaktpflege statt, indem Studierende mit Führungskräften der Postbank ins Gespräch kommen, diskutieren und Networking betreiben können.

Ingesamt betrachtet, wird auf diese Weise über einen längeren Zeitraum eine direkte Kommunikation – als eine dauerhafte Interaktion – zwischen den Teilnehmern und der Postbank eingeleitet. Neben dem Austausch auf inhaltlicher Ebene ermöglicht der Hochschulwettbewerb damit auch ein Kennenlernen auf persönlicher Ebene.

Durch intensive Kontaktpflege im Anschluss an das Event wird immer wieder deutlich, wie wertvoll die Anregungen und Kontakte für die persönliche Studien- und Karriereplanung des Einzelnen sind und welche Bereicherung die inhaltliche Arbeit und Interaktion im Team sowie mit der Postbank und ihren Mitarbeitern ist. Alle genannten Aspekte werden von den Beteiligten als Mehrwerte wahrgenommen und verstärken dadurch die Attraktivität der Postbank als Arbeitgeber. Eine durchweg positive Bewertung findet sich auch in der Tatsache, dass sich Studierende und Lehrende wiederkehrend, zum Teil sogar mit gewisser Regelmäßigkeit, am Wettbewerb beteiligen.

Talent Relationship Management

Der Finance Award dient nicht nur der Ansprache und Motivation von Top-Talenten, sondern stärkt auch gezielt das Arbeitgeberimage der Postbank. Entscheidend ist aber vor allem die Identifikation von „Right Potentials", die durch ihre Teilnahme bewiesen haben, dass sie den Anforderungen der Postbank grundsätzlich entsprechen. So haben die Studierenden durch ihre Wettbewerbsteilnahme hohe Leistungsbereitschaft und außerordentliches Engagement sowie Lösungsorientierung und Teamgeist demonstriert. Diese Eigenschaften sind neben fachlicher Kompetenz und dem gemeinsamen Interesse an Finanzthemen von zentraler Bedeutung für die Postbank.

Die mit Hilfe des Finance Awards erreichte „Identifizierung" der passenden Talente schafft somit eine gute Ausgangsposition, um im Anschluss an den Wettbewerb die Kontakte zu dieser Fokusgruppe zu intensivieren und so eine weitere Bindung zu erzielen.

Dies erfolgt in Form von Follow-ups (nachbereitenden Veranstaltungen), die eine Plattform zum Austausch mit anderen Studierenden und Führungskräften bilden. Zum Beispiel greift das jährlich stattfindende „Zukunftsforum Banking" das Thema des Wettbewerbs auf und ermöglicht den Teams unter anderem, ihre Konzepte mit Experten aus der Praxis zu diskutieren.

So entsteht über den Wettbewerbszyklus des Finance Awards hinaus auf dieser Basis eine Community, die sich gegenseitig bereichern und vom Networking und Austausch über aktuelle Finanzthemen profitieren kann. Auf diese Weise profiliert sich die Postbank konsequent als interessanter Arbeitgeber im Finance-Bereich.

Die Initiative „Keep in Contact" im Mutterkonzern Deutsche Post World Net komplementiert das Talent Relationship Management der Postbank noch um weitere Möglichkeiten. So können die Mitglieder internationale Kontakte knüpfen und branchenübergreifend Praxiserfahrung sammeln.

Auch unternehmensintern erzeugt der Finance Award entsprechende Aufmerksamkeit. Die erreichte Verbindung von Theorie und Praxis, von Hochschule und Finanzwirtschaft wird vonseiten der Führungskräfte ausdrücklich begrüßt und schlägt sich in großem Interesse an den Wettbewerbsbeiträgen sowie den damit verbundenen Diskussionen nieder. Dies trägt auch intern zu einer erhöhten Identifikation mit dem Arbeitgeber bei.

Zusammenfassung

Aufgrund der demografischen Entwicklung in Deutschland sowie der Abwanderung von Top-Talenten ins Ausland sind Arbeitgeber gezwungen, sich frühzeitig um geeignete Nachwuchskräfte zu bemühen. Das neben Ansprache und Motivation von Top-Kandidaten zu erreichende Ziel ist dabei verstärkt die frühzeitige Bindung geeigneter Kandidaten an das Unternehmen. Die Postbank hat unter dieser Zielsetzung das interaktive Konzept des Postbank Finance Awards entwickelt.

Dieses als Hochschulwettbewerb konzipierte Personalmarketinginstrument spricht geeignete Kandidaten ohne große Streuungsverluste direkt über die Hochschulen an, initiiert eine intensive Auseinandersetzung mit einem vorgegebenen, aktuellen Thema der Finanzwelt und zeichnet die besten Arbeiten als Preisträger aus. In der zweiten Stufe greift ein nachhaltiges Talent Relationship Management, welches „Right Potentials" weitergehend betreut und langfristig an die Postbank als potenziellen Arbeitgeber bindet. Durch die breite Kommunikation der Aktivitäten wirkt der Wettbewerb auch intern auf das Arbeitgeberimage.

Insgesamt erweist sich der Postbank Finance Award somit als ganzheitliches Personalmarketinginstrument mit interaktivem Fokus, das nicht auf unmittelbares Recruiting abzielt, sondern die Postbank langfristig als starke Arbeitgebermarke im Wettbewerbsumfeld und in den Fokusgruppen Hochschulabsolventen sowie Hochschullehrer positioniert.

Personalkommunikation im E.ON Energie-Konzern

Stephanie Schütte

Energie ist ein wichtiger Antrieb unserer modernen Gesellschaft. Die aktuellen Diskussionen über Energiepreise und Klimawandel machen klar: Ein Energieversorgungsunternehmen wie E.ON steht vor den ungeheuren Herausforderungen, heute und in Zukunft stets das Gleichgewicht zwischen Versorgungssicherheit, Umweltverträglichkeit und Wirtschaftlichkeit der Energieerzeugung zu halten.

E.ON, ein attraktiver Arbeitgeber?

Rational gesehen ist die Energiewirtschaft mit Sicherheit eine Branche, die potenzielle Bewerber als attraktiven Arbeitgeber betrachten. Gerade E.ON gilt als extrem erfolgreiches Unternehmen, das seinen Mitarbeitern große Arbeitsplatzsicherheit bietet. Auch für seine stetig steigende Internationalität und das damit verbundene Wachstum ist der Energieriese bekannt. Viele wissen auch, dass der Konzern gerade im Erzeugungsbereich sehr innovativ ist. Und, last but not least, macht sich eine Anstellung bei E.ON im Lebenslauf jedes Berufstätigen recht gut.

Emotional betrachtet ist die Sicht der Öffentlichkeit – und damit auch die vieler potenzieller Bewerber – eine andere: Die Sympathiewerte und damit das Image der Energiebranche sind nicht besonders hoch. Die Versorger werden nicht als Unternehmen betrachtet, die für ethische Werte stehen. Im speziellen Fall von E.ON kommt außerdem hinzu, dass die Marke selbst zwar einen sehr hohen Bekanntheitsgrad hat, die Bekanntheit des Unternehmens als attraktiver Arbeitgeber jedoch eher gering ist. Dies sind die Ergebnisse einer Marktforschungsstudie, die die E.ON AG in Auftrag gegeben hat.

Die Gesellschaft

Die E.ON Energie AG ist im Jahr 2000 durch die Fusion von Preussen-Elektra und Bayernwerk entstanden. Beide Unternehmen waren Töchter der Konzerne Veba und Viag, die sich im selben Jahr zum E.ON-Konzern zusammenschlossen.

Die E.ON AG in Düsseldorf führt als Corporate Center den Gesamtkonzern und ist für die strategische Ausrichtung des Unternehmens verantwortlich. E.ON Energie ist das größte der fünf Tochterunternehmen der E.ON AG. Als Market Unit kümmert sie sich mit etwa 46.000 Beschäftigten im In- und Ausland um die Geschäftsführung in ihrer Fokusregion Zentraleuropa. E.ON Ruhrgas, E.ON UK, E.ON Nordic und E.ON US sind weitere Tochterunternehmen des Corporate Centers, die für das integrierte Marktmanagement auf ihren Heimatmärkten zuständig sind.

E.ON Energie wiederum ist die Muttergesellschaft von etwa 20 Gesellschaften im In- und Ausland. Dazu gehören Erzeugungsunternehmen wie E.ON Kernkraft und E.ON Kraftwerke sowie Dienstleistungsgesellschaften (E.ON IS und E.ON Facility Management) und Regionalversorgungsunternehmen (E.ON Avacon, E.ON Bayern). Neben Deutschland ist das Unternehmen vor allem in Polen, Tschechien, Ungarn, Bulgarien, Rumänien und der Slowakei sowie in den Benelux-Staaten, der Schweiz und Österreich aktiv.

Personalkommunikation – was meinen wir damit?

Unter dem Anspruch „Wir tun Gutes und reden darüber" sind wir Ende 2002 bei E.ON Energie mit dem Thema Personalkommunikation an den Start gegangen.

Damals haben unsere Personalbereiche, in erster Linie unser Personalvorstand und die Leiterin des Bereichs Personalpolitik, erkannt, …

- … wie wichtig es ist, Personalthemen qualitativ hochwertig zu kommunizieren und zu vermarkten,
- … dass es wichtig ist, Personalkommunikation zu betreiben, um als interner und externer Employer of Choice zu gelten (Retention),
- … dass Personalkommunikation notwendig ist, um die Transparenz und Verständlichkeit der Personalarbeit zu erhöhen.

Entsprechend sind wir in einem kleinen Team mit dem Ziel angetreten, das eigene Unternehmen als interessanten und potenten Arbeitgeber darzustellen. Neben der Steigerung des Images ist ein weiteres Ziel unse-

rer Personalkommunikation die Erhöhung der Transparenz der Personalarbeit.

Wichtig war es uns, neben diesen Zielen eine Art Marke für den Personalbereich aufzubauen bzw. die Personalarbeit selbst wie eine Marke im
Sinne des Marketings zu etablieren.

Dabei wirkt die Personalkommunikation immer sowohl nach außen als
auch nach innen.

Unser Anspruch an die Personalkommunikation

Personalkommunikation sollte ...

- ... strategisch orientiert sein, das heißt die Unternehmens- bzw.
  Personalstrategie unterstützen,

- ... die Arbeit der Personalbereiche verstärkt unter werblichen
  Aspekten vermarkten,

- ... dienstleistungsorientiert sein,

- ... Transparenz über die Personalarbeit im Konzern schaffen.

Aus diesen Überlegungen heraus haben wir eine *Vision* formuliert. Diese
lautet:

> *Mit einer zielgruppen-, nutzenorientierten und emotionalen*
> *Ansprache schaffen wir Vertrauen für die Personalarbeit*
> *im E.ON Energie-Konzern und machen deutlich:*
> *E.ON Energie bietet seinen Mitarbeitern ein Umfeld*
> *mit Zukunftsperspektiven.*

Abgeleitet aus dieser Vision ist unsere *Mission,* anders ausgedrückt, unser
Geschäftsauftrag, entstanden:

> *Wir kennen die Prozesse, Projekte, Themen und*
> *Produkte der Personalbereiche im E.ON Energie-Konzern,*
> *stellen sie bestmöglich dar und vermarkten sie*
> *nach innen und nach außen.*

Wen wollen wir ansprechen?

Für die Personalkommunikation haben wir bei E.ON Energie sowohl interne als auch externe Zielgruppen identifiziert.

Interne Zielgruppen

- Mitarbeiter und Führungskräfte des E.ON Energie-Konzerns
- Interne Fachöffentlichkeit (zum Beispiel Personalleiter der Konzerngesellschaften, Personalbereiche, Betriebsräte)

Externe Zielgruppen

- Potenzielle Bewerber (Schüler, Studenten, Young Professionals, Professionals)
- Externe Fachöffentlichkeit (zum Beispiel Medienvertreter, Veranstalter von Fachforen, Gewerkschaften, Verbände, Politiker)
- Von E.ON beauftragte Headhunter (als Multiplikatoren)

In Zusammenhang mit den Zielgruppen ist noch einmal hervorzuheben, dass wir uns als Dienstleister aller unserer Personalbereiche mit einer hohen Kunden- und Nutzenorientierung betrachten. Wir arbeiten entsprechend abteilungs- und konzernübergreifend.

Personalkommunikation – wie gehen wir vor?

Entsprechend unserer Vision, unserer Mission, unserem Anspruch und unseren Zielen und Zielgruppen haben wir uns überlegt, was Personalkommunikation für uns bedeutet. Zweierlei war uns wichtig:

- Botschaften über Medien themenspezifisch an die Zielgruppen zu bringen;
- Medien zu schaffen, um Botschaften zu transportieren und zu multiplizieren.

Anhand dieser beiden Punkte haben wir damit begonnen, eine Strategie für unsere Personalkommunikation zu entwickeln. Im Vordergrund steht ein integrierter Kommunikationsansatz. Konkret bedeutet dies, dass wir mit unseren Medien und Maßnahmen sowohl unsere internen als auch unsere externen Zielgruppen erreichen können. Unser Ziel ist ein ausgewogener Medien- und Maßnahmenmix, der es zulässt, Synergien zu realisieren.

Zum Ende eines jeden Jahres fragen wir in den Personalbereichen des Konzerns nach, welche Themen in den kommenden Monaten auf der Agenda stehen. Zugleich sind wir inzwischen so etabliert und gefragt, dass die einzelnen Bereiche meistens von selbst mit Anfragen auf uns zukommen. Auf Grund dieser Abfragen und Aufträge entwickeln wir einen

Themen-, Maßnahmen- und Zeitplan. Dieser wiederum ist die Grundlage für die Erstellung des Jahresbudgets für die Personalkommunikation.

Wichtigstes Element unserer Kommunikationsstrategie ist ein Medienbaukasten.

Unser Medienbaukasten

Den Medienbaukasten haben wir so konzipiert, dass wir die Themen aus dem Personalbereich anlassbezogen an alle unsere Zielgruppen – sowohl die internen als auch die externen – kommunizieren können. Bei der Zusammenstellung unseres Medienbaukastens haben wir mit einem ausgewogenen Medienmix darauf geachtet, einen ganzheitlichen Kommunikationsansatz zu ermöglichen.

Wir stellen nun zuerst die Bestandteile unseres Medienbaukastens vor und gehen in den darauf folgenden Abschnitten detaillierter auf unsere wichtigsten Medien ein.

Die Medien der internen Personalkommunikation

1. *Blitzlicht*
   „Blitzlicht" ist der übergeordnete Titel für einen Medienkanon aus dem Personalbereich. Das „Blitzlicht" wird als „Blitzlicht"-Newsletter, als „Blitzlicht Info", „Blitzlicht Brief", „Blitzlicht News", „Blitzlicht Video", etc. publiziert. Es wird zielgruppen-, anlass- und themenbezogen als Print- oder Online-Medium erstellt.

2. *Personal- und Sozialbericht*
   Der Personal- und Sozialbericht ist ein integratives Medium, das einmal im Jahr unter einem bestimmten Motto erscheint und an alle in- und ausländischen Mitarbeiter des E.ON Energie-Konzerns sowie die externe Öffentlichkeit verteilt wird.

3. *Personalwelt im Intranet*
   Mit der Personalwelt haben wir einen Auftritt im Intranet geschaffen, der neben einer magazinartigen Onlinedarstellung der Personalthemen auch Instrumente wie Employee Self Services oder eine Wissensdatenbank in Form eines Personallexikons enthält.

4. *Konzernmedien*
   Von Seiten der Personalkommunikation beliefern wir regelmäßig konzernübergreifende Medien, wie beispielsweise die Mitarbeiterzeit-

schrift „E.ON World", den Management-Newsletter „Come.On Management" oder den Projekt-Newsletter E.ON@Future.

5. *Veranstaltungen*
Das Team der Personalkommunikation organisiert und kommuniziert nicht nur Veranstaltungen aus dem Personalbereich, wie zum Beispiel ein Fachforum zum Thema Vereinbarkeit von Beruf und Privatleben. Es ist auch in konzernübergreifende Events, wie die Führungskräftetagung, involviert. Zu den Aufgaben der Personalkommunikation gehört außerdem die Moderation von Veranstaltungen, Workshops oder Seminaren.

6. *Vorträge und Reden*
Regelmäßig bereitet die Personalkommunikation Vorträge und Reden für das Top-Management der E.ON Energie-Personalbereiche vor. Insbesondere die Erstellung der Reden des Personalvorstands gehört zu den Hauptaufgaben der Personalkommunikation.

Die Medien der externen Personalkommunikation

7. *Broschüren, Plakate, Flyer, Stellenanzeigen, Messestände etc.*
für das externe Personalmarketing
Die Personalkommunikation arbeitet sehr eng mit dem externen Personalmarketing zusammen. Gemeinsam mit unseren Agenturen entwickeln wir hier integrierte Kommunikationskonzepte mit den entsprechenden Medien und Maßnahmen.

8. *Presse- und Öffentlichkeitsarbeit*
Im Bereich der Presse- und Öffentlichkeitsarbeit agiert die Personalkommunikation mit den Maßnahmen der klassischen Unternehmens-PR. Zu unserem Repertoire gehört neben dem Versand von Pressemitteilungen auch die Organisation von Pressekonferenzen oder die Platzierung von Artikeln und Interviews in den Medien.

9. *Organisation von externen Veranstaltungen*
Als attraktiver Arbeitgeber präsentieren wir uns auch, wenn wir uns bei öffentlichen Veranstaltungen darstellen. So nehmen wir nicht nur an vielen Messen, vor allem an Hochschulmessen, teil, Repräsentanten unseres Unternehmens treten auch immer wieder als Redner auf. Ebenso veranstalten wir an den Standorten unseres Konzerns Foren zu aktuellen Themen, beispielsweise der Vereinbarkeit von Beruf und Privatleben.

Unser Grundprinzip

Im Vordergrund unserer Arbeit mit diesem Medienbaukasten steht ein Grundprinzip: Wir erreichen unsere Zielgruppen nur dann, wenn wir offen, ehrlich und glaubwürdig kommunizieren. Ebenso essenziell ist eine emotionale Ansprache, mit der wir die Identifikation unserer Zielgruppen mit dem Unternehmen steigern können. Großen Wert legen wir daher auf die Kommunikation mit und über unsere eigenen Mitarbeiter. Als Testimonials (so bezeichnen wir Mitarbeiter, die sich als Repräsentanten unseres Unternehmens zur Verfügung stellen) treten sie in nahezu allen Medien, die wir publizieren, in Erscheinung – in Wort und Bild.

Unsere Ressourcen

Die Vielfalt der Aufgaben macht deutlich, dass sie mit den uns zur Verfügung stehenden internen Ressourcen – unser Team besteht aus zwei Kommunikatoren – nicht zu bewältigen ist. Daher haben wir in den letzten Jahren ein externes Autorennetzwerk aufgebaut. Sehr intensiv arbeiten wir außerdem mit zwei Agenturen und zwei Fotografen zusammen.

Interne Personalkommunikation

Das Hauptaugenmerk unserer Personalkommunikation richtet sich auf die interne Kommunikation.

Die Ziele der internen Personalkommunikation sind:

- Vermittlung von Informationen über aktuelle Personalthemen,
- Schaffung von Transparenz über die Personalarbeit im E.ON Energie-Konzern,
- Erhöhung der Identifikation der Mitarbeiter mit dem Unternehmen,
- Bindung der Mitarbeiter,
- Integration der in- und ausländischen Konzerngesellschaften.

Einige Produkte unserer internen Personalkommunikation werden nachfolgend herausgegriffen und näher erläutert.

Der Blitzlicht-Medienkanon

Das wichtigste Produkt der internen Personalkommunikation ist unser Blitzlicht-Medienkanon. Dieser soll unterschiedliche Informationen aus dem Personalbereich medial klammern und strategisch-inhaltlich besser als bisher ordnen. Die klare Medienpräsenz trägt so zum Markenaufbau „Personal" bei, sie stellt Medien in einen Zusammenhang und bietet einen Orientierungsrahmen.

Der Blitzlicht-Medienkanon besteht aus verschiedenen Elementen, die sich durch jeweils eigenständige Charakteristik ihren eigenen Platz im internen Kommunikations-Mix des Personalressorts schaffen. Die Titel- und Reihenkennung ist mit *Blitzlicht* – als „Gattungsbegriff" und „Label" – markiert. Die typisierende Kennzeichnung des jeweiligen Mediums erfolgt durch eine orientierende Unterzeile. Die Medienarchitektur besteht aus Print- und Online-Medien; die Module sind kombinierbar.

Die Blitzlicht-Medienarchitektur

Print-Medien

- Blitzlicht: Neues aus dem Personalbereich

  Unsere konzernweite Kampagne zur Prävention von Diabetes mellitus haben wir mit einem Print-Newsletter aus unserem Blitzlicht-Medienkanon gestartet. In Interviews mit Experten, Erfahrungsberichten von Diabeteskranken, einem Diabetestest usw. weisen wir unsere Mitarbeiter auf die Ursachen, Gefahren und den Umgang mit Diabetes mellitus hin. Der Clou: Jeder inländische Mitarbeiter des E.ON Energie-Konzerns erhält mit diesem Newsletter vier Teststreifen, durch die er und seine Familie schnell und unkompliziert erfahren, ob einer von ihnen an Diabetes erkrankt ist. Um sicherzugehen, dass jeder Mitarbeiter ein Exemplar des Blitzlichts erhält, haben wir diese Ausgabe an die jeweilige Heimatadresse versendet.

- Blitzlicht Info: Aktuelles aus dem Personalbereich bzw.
  Aktuelle Personalie

  Mit diesem Medium informieren wir unsere Mitarbeiter zum Beispiel über neue Betriebsvereinbarungen oder neue betriebliche Regelungen. Ebenso dient die Blitzlicht Info dazu, Personalveränderungen in den Reihen des Top-Managements zu kommunizieren.

- Blitzlicht Brief: Der Personalvorstand informiert

  Mit einem „Blitzlicht Brief" hat unser Personalvorstand beispielsweise die Mitarbeiter des Konzerns dazu aufgefordert, gesellschaftliche Verantwortung zu übernehmen. In seinem Schreiben weist er auf die Möglichkeiten hin, die das Unternehmen seinen Mitarbeitern in Sachen soziales Engagement bietet. Gleichzeitig zeigt er die Möglichkeiten auf, die die Beschäftigten haben, wenn sie sich engagieren wollen.

Online-Medien

- Blitzlicht News

  Mit dem Online-Newsletter „Blitzlicht News" kommunizieren wir an bestimmte Zielgruppen, wenn es beispielsweise darum geht, sie in regelmäßigen Abständen über den Verlauf von Projekten oder Veränderungsprozessen zu informieren und auf dem Laufenden zu halten.

- Blitzlicht Extra

  Das „Blitzlicht Extra" wendet sich ebenfalls an bestimmte Zielgruppen. So haben wir beispielsweise über dieses Medium alle unsere Personaler und Führungskräfte über unser neues Praktikantenbindungsprogramm „on.board" informiert. Hier haben wir beschrieben, welche Voraussetzungen Kandidaten für dieses Programm mitbringen müssen, wie die Teilnehmer ausgewählt werden und was das Unternehmen ihnen bietet. Genauso wie ein Personalentwickler darin seine Meinung zu „on.board" äußert, tun dies auch Praktikanten.

  Das „Blitzlicht Extra" wird als PDF-Datei per E-Mail an die jeweiligen Zielgruppen verschickt.

- Blitzlicht Video

  Mit einer Videobotschaft informiert unser Personalvorstand beispielsweise über wichtige Veränderungs- oder Restrukturierungsprojekte. Dies ist sehr effektiv, da er durch diese Medienform die Möglichkeit hat, die Zielgruppen persönlich anzusprechen. Auf Grund der Dezentralität des E.ON Energie-Konzerns wäre diese direkte Ansprache sonst nicht möglich. Die Videobotschaft erhalten die Mitarbeiter zusammen mit einem kurzen Anschreiben per E-Mail.

Der Personal- und Sozialbericht

Während wir mit dem Blitzlicht-Medienkanon unsere Mitarbeiter bzw. bestimmte Zielgruppen in erster Linie über aktuelle Themen informieren möchten, verfolgen wir mit unserem einmal jährlich erscheinenden Personal- und Sozialbericht, als einem unserer wichtigsten Medien in der Mitarbeiterbindung und -integration, andere Ziele.

Die Ziele des Personal- und Sozialberichts

- Wir wollen uns sowohl intern als auch extern profilieren und ein positives Arbeitgeberimage aufbauen.
- Wir wollen Transparenz über die Personalarbeit im E.ON Energie-Konzern schaffen.

- Wir wollen den Mitarbeitern im gesamten Konzern zeigen: Wir sind eine große Familie – nur zusammen sind wir stark. Daher sollen Vertreter aus möglichst all unseren Gesellschaften zu Wort kommen.

- Wir wollen eine Botschaft senden, die deutlich zum Ausdruck kommt und mit unserer Unternehmenskultur übereinstimmt. Sie zieht sich wie ein roter Faden durch den Bericht.

- Wir wollen den Menschen, konkret den Mitarbeiter unseres Unternehmens, in den Mittelpunkt unseres Berichts stellen.

Denn: Unternehmenserfolg ist langfristig nur mit engagierten, motivierten, zufriedenen und begeisterten Mitarbeitern möglich, die sich mit dem Unternehmen identifizieren.

Mit dem Personal- und Sozialbericht bieten sich einem Unternehmen die besten Voraussetzungen dafür, all diese Ziele zu erreichen. Denn anders als beispielsweise bei Geschäftsberichten besteht hier keine Berichtspflicht. Das heißt, der Phantasie sind weder inhaltlich noch gestalterisch Grenzen gesetzt. Auch für die Berichtsstruktur und den Sprachduktus gibt es keine festen Gepflogenheiten.

Für uns bedeutet dies, dass wir einen Bericht oder, besser gesagt, ein Magazin gestalten, das sich an publizistisch-journalistischen Ansprüchen orientiert.

Die Zielgruppen des Personal- und Sozialberichts

Mit dem Personal- und Sozialbericht wollen wir alle unsere Mitarbeiter im In- und Ausland erreichen. Er richtet sich außerdem an potenzielle Mitarbeiter, Medienvertreter, die Wirtschaft sowie die interessierte Öffentlichkeit.

Seit zwei Jahren lassen wir den Personal- und Sozialbericht in alle Landessprachen unseres Konzerns übersetzen – denn jeder Mitarbeiter soll die Möglichkeit haben, so viel wie möglich über die jeweils anderen zu erfahren.

So entsteht der Personal- und Sozialbericht

Im Herbst jedes Jahres setzen wir uns mit unserem Personalvorstand zu einer ersten Redaktionskonferenz zusammen. Wir diskutieren darüber, welche Themen uns in den vergangenen Monaten bewegt haben, und entwickeln gemeinsam ein Motto und erste Themenvorschläge für den nächsten Personal- und Sozialbericht. Die in diesem Gespräch entwickelten Ideen bilden die Basis für den Redaktionsplan. Dabei muss dieses Motto nicht unbedingt in direktem Zusammenhang mit der aktuellen

Personalarbeit stehen. Genauso kann es sich um eine unternehmenskulturell oder strukturell bedingte Leitlinie handeln.

Sobald das Motto, der Redaktions- und der Themenplan festgelegt sind, präsentieren wir das Ergebnis unseren Personalleitern und unseren Betriebsratsspitzen. Denn ohne deren tatkräftige Unterstützung wäre es nicht möglich, den Personal- und Sozialbericht zu produzieren. Wir benötigen den Input und die Nominierung von Testimonials aus allen unseren Gesellschaften. Nur dann kann es gelingen, ein integratives Medium zu schaffen, mit dem wir alle Mitarbeiter des Konzerns erreichen. Um unseren Ansprechpartnern auch visuell zu verdeutlichen, in welche Richtung der neue Personal- und Sozialbericht geht, stellen wir ihnen außerdem ein erstes Layout-Konzept vor, das wir gemeinsam mit einer externen Agentur entwickelt haben.

Sobald unsere Gesellschaften ihre Kandidaten nominiert haben, beginnen wir mit den Recherchearbeiten. Dabei ist uns wichtig, dass wir den Personal- und Sozialbericht selbst erstellen und nicht an externe Autoren vergeben. Aus folgenden Gründen: Redakteure, die selbst im Unternehmen tätig sind, haben einen besseren Einblick in die Unternehmenskultur sowie bevorstehende Herausforderungen. Entsprechend sensibel werden sie mit den Gesprächspartnern umgehen. Hinzu kommt, dass sich für die unternehmensinternen Journalisten bei den Recherchearbeiten gute Möglichkeiten ergeben, den Konzern und seine Mitarbeiter kennen zu lernen. Dieses Wissen können sie für weitere Publikationen nutzen.

Da wir die Personalkommunikation bei E.ON Energie an journalistischen Qualitätsansprüchen ausrichten, ist es für uns selbstverständlich, dass wir die Recherchen vor Ort durchführen. Kaltinterviews gibt es bei uns nicht. Auch die Fotos werden von professionellen Fotografen direkt vor Ort erstellt. Denn die Erfahrung zeigt: Ein Personal- und Sozialbericht lebt von und mit den Fotos, die er enthält. Ein stringentes Fotokonzept mit einer einheitlichen und durchgängigen Bildsprache ist daher unentbehrlich.

Das Faktenheft des Personal- und Sozialberichts

Unser Personal- und Sozialbericht steht jedes Jahr unter einem anderen Motto und erhält damit immer wieder ein neues Gesicht. Gleichwohl gibt es eine Konstante: das Faktenheft. Hier finden unsere Leser in komprimierter, übersichtlicher und handlicher Form grafisch aufbereitet die wichtigsten Daten und Zahlen aus unseren Personalbereichen.

Dieses Heft ist in vielen Unternehmen der eigentliche Personal- und Sozialbericht und auch uns besonders wichtig. Personalaufwand, Gesamtbelegschaft, Qualifikations- und Altersstruktur, Krankenquote, Schwerbehindertenzahlen, Unfallquoten, Frauenanteil sind nur einige der Grafiken, die wir in diesem Faktenheft veröffentlichen. Sie spiegeln unsere Belegschaft und deren Entwicklung im Zeitverlauf wider.

Beispiele für den Personal- und Sozialbericht

Personal- und Sozialbericht 2005: Mit Energie Grenzen überwinden

Für die Ausgabe des Personal- und Sozialberichts 2005 haben wir als Leitmotiv das Motto unserer Führungskräftetagung gewählt, die wir Ende November 2005 im bulgarischen Varna veranstaltet haben. Dieses Motto lautete „Mit Energie Grenzen überwinden".

Doch mit dem Titel allein war es nicht getan. Die wirklich spannende Frage drehte sich darum, wie wir diesen mit Inhalt füllen. Grenzen überwinden können Menschen auf vielfältige Art und Weise. Sie können persönliche Grenzen überwinden, genauso auch unternehmerische oder technische und nicht zuletzt geografische. Ausgehend von dieser Idee haben wir damit begonnen, überall in unserem Konzern Menschen zu suchen, die dies tun oder getan haben. Die Resonanz war groß. Die Personal- und Kommunikationsbereiche in all unseren Gesellschaften haben zahlreiche Mitarbeiter als Grenzgänger identifiziert.

Im nächsten Schritt haben wir uns Gedanken darüber gemacht, wie wir das Thema umsetzen. Sollen wir die Texte von den Grenzgängern selbst schreiben lassen? Sollen wir die Personalbereiche damit beauftragen? Oder die Kommunikationsbereiche? Dann wäre ein Personal- und Sozialbericht entstanden, der sich hinsichtlich des redaktionellen Konzepts nicht von seinen Vorgängern unterschieden hätte. Unser Ziel war es, etwas grundlegend Neues zu schaffen. Ein Medium, das einen Mehrwert bringt und gleichzeitig zum Lesen animiert.

Eine Reise durch den Konzern

Nach und nach ist so die Idee entstanden, die Redakteure des Personal- und Sozialberichts sowie zwei Fotografen, die sich die Arbeit aufgeteilt haben, auf eine Reise durch den E.ON Energie-Konzern zu schicken. Ihr Auftrag: einen Bericht zu erstellen, der das Motto „Mit Energie Grenzen überwinden" auf zweierlei Art und Weise transportiert. Einerseits durch Interviews und Gespräche mit den zuvor identifizierten Grenzgängern, andererseits durch die persönlichen Erfahrungen, Erlebnisse und Eindrücke aus den Ländern, in denen unser Konzern zurzeit aktiv ist.

In knapp fünf Wochen hat dieses Team per Auto und Flugzeug mehr als 10.000 Kilometer zurückgelegt – von Tschechien über die Slowakei und

Ungarn bis hin nach Rumänien und Bulgarien. Es hat Deutschland von Norden nach Süden durchquert und zwischendurch einen Abstecher in die Niederlande gemacht. Entstanden ist eine Art Reisetagebuch, das verschiedene Aspekte beinhaltet: Informationen über das jeweilige Land und die Landesgesellschaften, Impressionen der verschiedenen Unternehmensstandorte und Arbeitsbedingungen vor Ort, Eindrücke der Mentalitäten und Kulturen. Im Mittelpunkt der Tagesberichte stehen jedoch die Grenzgänger und ihre Projekte. Anschaulich wird das Ganze durch die zahlreichen Bilder.

Facetten und Eindrücke aller Regionen

Ziel dieses Berichts war es, unseren Lesern ein Bild von den unterschiedlichen Standorten und den Menschen unseres Unternehmens zu vermitteln. Denn kaum jemand wird selbst Gelegenheit haben, fast alle Regionen des E.ON Energie-Konzerns kennen zu lernen. Wichtig war uns, jedem einzelnen Mitarbeiter bewusst zu machen, wie groß unser Unternehmen ist und welche Facetten es zu bieten hat. Nur dann können wir weiter zusammenwachsen.

Für all diejenigen, die selbst einmal in eines der vorgestellten Länder reisen werden – sei es beruflich oder privat –, haben wir ein besonderes Extra produziert: In einer kleinen Broschüre mit dem Titel „City Highlights", die dem Personal- und Sozialbericht beiliegt, hat die Redaktion Hotels, Restaurants, Bars, Cafés, Kulturtipps und andere nützliche Informationen aus den jeweiligen Städten zusammengestellt. Alle Tipps wurden von Mitarbeitern ausgewählt – es handelt sich also um wirkliche Insidertipps. Aus Zeitgründen war es unserem Redaktionsteam leider nicht möglich, die „City Highlights" für alle Standorte unseres Konzerns zu sammeln. Daher haben wir uns dazu entschieden, uns auf die jeweilige Landeshauptstadt zu beschränken, auch wenn diese in einigen Fällen nicht Konzernhauptsitz ist. Lediglich in Deutschland haben wir mit München eine Ausnahme gemacht, da sich dort die Hauptverwaltung für den gesamten E.ON Energie-Konzern befindet.

Personal- und Sozialbericht 2006: Der Mensch hinter dem Mitarbeiter

Unter dem Titel „Der Mensch hinter dem Mitarbeiter" präsentieren wir im Personal- und Sozialbericht 2006 Mitarbeiter aus allen Gesellschaften unseres Konzerns – insgesamt 23 Personen.

Unser Redaktions- und Fotografenteam hat diese Mitarbeiter jeweils einen Tag lang begleitet. So sind 23 Fotoreportagen entstanden. Die Geschichten erzählen einerseits den Arbeitsalltag der vorgestellten Personen, andererseits nehmen sie aber auch Bezug auf deren Privatleben. Denn wir wollten einen Blick hinter die Kulissen werfen. Wir wollten den Menschen in den verschiedensten Facetten zeigen. Wir wollten erfahren, was sich beispielsweise hinter dem Controller, dem Schichtarbeiter in einem unserer Kraftwerke oder dem Mitarbeiter in einer Netzleitstelle verbirgt. Entstanden sind außerordentlich spannende und interessante Reportagen mit quicklebendigen Bildern.

Der Motivator

„Immer volle Kraft voraus – anders wäre mein Arbeitsalltag nicht zu bewältigen. Tagtäglich spreche ich mit den unterschiedlichsten Personen über die verschiedensten Themen. Im Vordergrund steht für mich dabei, immer authentisch, offen und ehrlich zu sein und so die Menschen in unserem Konzern für die Sache zu begeistern."
Hartmut Geldmacher, Mitglied des Vorstands und Arbeitsdirektor der E.ON Energie AG

7.55 Uhr ++ Prinzregentenstraße 7, München. Gerade noch rechtzeitig kommt Hartmut Geldmacher an. Hier tagt heute der Stiftungsrat der Bayerischen Eliteakademie. Die Eliteakademie bietet herausragenden Studenten die Möglichkeit, sich parallel zu ihrem Studium für Führungsaufgaben in der Wirtschaft zu qualifizieren. Im Vordergrund steht dabei ein ethisch-moralisch geprägter Führungsansatz.

8.00 Uhr ++ Geldmacher ist der Vorsitzende des mit Professoren, Ministern, Rektoren und Wirtschaftsführern hochkarätig besetzten Stiftungsrates. Er leitet die heutige Sitzung, in der es um die zukünftige Strategie der Akademie geht. „Ehrenamtliche Tätigkeiten wie die bei der Eliteakademie machen mir großen Spaß. Denn mir ist es wichtig, Kontakte zu knüpfen und mich aktiv um den hochbegabten Nachwuchs zu kümmern. Schließlich und endlich hängt die Zukunft Deutschlands davon ab, dass wir junge Leute wie diese auf ihrem Weg in die Arbeitswelt unterstützen", sagt er.

11.00 Uhr ++ Check-in, Flughafen München. Direkt nach der Sitzung des Stiftungsrates ist der Arbeitsdirektor zum Flughafen gefahren. „Ich sitze fast so oft in einem Flugzeug wie auf meinem Bürostuhl", schmunzelt er. Heute ist Geldmacher auf dem Weg nach Hameln, wo der Konzernbetriebsrat des E.ON Energie-Konzerns zu einer seiner regelmäßig stattfindenden Sitzungen zusammenkommt. Hier ist Geldmacher immer wieder ein gern gesehener Gast.

11.45 Uhr ++ Im Flugzeug bereitet sich der 52-Jährige auf die Termine der nächsten Tage vor. Immerhin vier Vorträge muss er in dieser Woche noch halten. „Als Arbeitsdirektor kümmere ich mich weniger um das operative Geschäft. Neben zahlreichen repräsentativen und ehrenamtlichen Aufgaben bin ich in vielen Gremiensitzungen und Projektbesprechungen als Entscheidungsträger vertreten", so Geldmacher. „Großen Wert lege ich auf den regelmäßigen Austausch mit unseren Mitarbeitern. Ich möchte wissen, was die Menschen in unserem Konzern bewegt."

Bild 1a Auszug aus dem Personal- und Sozialbericht 2006
„Der Mensch hinter dem Mitarbeiter"

Dies haben wir in erster Linie den Menschen zu verdanken, die wir begleiten durften. Sie haben sich nicht gescheut, uns ihren Alltag in allen Facetten zu zeigen. Wie die Tage ablaufen würden, war im Vorfeld eher ungewiss.

Das Gerüst dieses Personal- und Sozialberichts bildet unsere Wertschöpfungskette. Strom kommt nicht einfach aus der Steckdose, Erdgas nicht

14.00 Uhr ++ Mit dem Konzernbetriebsratsvorsitzenden Klaus Dieter Raschke bespricht der Arbeitsdirektor für die Unternehmensgruppe wichtige Entscheidungen. Geldmacher: „Die gute Zusammenarbeit mit unseren Mitbestimmungsgremien ist von großer Bedeutung. Mitbestimmen heißt Mitgestalten, und in diesem Sinne binden wir unsere Arbeitnehmervertreter in alle Prozesse ein."

14.30 Uhr ++ „In den Sitzungen der Betriebsratsgremien kann es schon einmal heiß hergehen. Gleichwohl sind die Diskussionen immer konstruktiv und kooperativ", beschreibt Geldmacher die Stimmung. In der heutigen Sitzung diskutiert das 24-köpfige Gremium über die derzeit laufenden Veränderungsprojekte im E.ON Energie-Konzern.

19.30 Uhr ++ Auch Vorstände müssen manchmal abschalten. Geldmacher kann dies am besten bei einer seiner Touren mit dem Rennrad rund um den Starnberger See. Seine Stammstrecke führt etwa 40 Kilometer lang durch die sanften Hügel, Wälder und Wiesen. Er sagt: „Ich liebe es, mich auf dem Rad auszupowern und dabei gleichzeitig neue Energie zu tanken."

Steckbrief	
Name:	Hartmut Geldmacher
Alter:	52
Gesellschaft:	E.ON Energie
Wohnort:	München
Beruf:	Mitglied des Vorstands und Arbeitsdirektor der E.ON Energie AG
Berufsausbildung:	Diplom-Kaufmann
Betriebszugehörigkeit:	27 Jahre
Hobbys:	Fahrrad fahren, Kunst & Kultur, Vinologie

Bild 1b Auszug aus dem Personal- und Sozialbericht 2006 „Der Mensch hinter dem Mitarbeiter"

einfach aus der Leitung. Viele unterschiedlichste Prozesse müssen ständig im Hintergrund laufen und koordiniert werden, um sicherzustellen, dass der Kunde zuverlässig mit Energie versorgt wird.

Unsere Gesellschaften sorgen in ihren jeweiligen Aufgabenfeldern dafür, diese Versorgungssicherheit zu gewährleisten. Die Leistungen der einzelnen Gesellschaften sind eng miteinander verzahnt und lassen sich in fünf

Bild 1c Auszug aus dem Personal- und Sozialbericht 2006
„Der Mensch hinter dem Mitarbeiter"

große Sparten, die die fünf Glieder der Wertschöpfungskette bilden, einteilen. Im Einzelnen gehören dazu die Erzeugung, die Übertragung, der regionale Vertrieb im Inland wie im Ausland, der Handel und Vertrieb an Großkunden sowie die energiespezifischen Dienstleistungen.

Jede einzelne Leistung, jeder einzelne Mitarbeiter trägt dazu bei, dass wir Millionen von Menschen in unseren Versorgungsgebieten täglich mit Energie versorgen können. Und natürlich ist auch jeder unserer Mitarbeiter Kunde und Verbraucher. Deswegen haben wir zum Schluss des Berichts eine Collage zusammengestellt, auf der wir unsere Protagonisten als private Stromkonsumenten zeigen.

Herausforderungen der internen Personalkommunikation

Vom Start der Personalkommunikation in 2002 bis zum heutigen Zeitpunkt hat sich in Sachen interner Personalkommunikation bei E.ON Energie viel getan. Unseren Zielen, das Image des Personalbereichs zu steigern sowie die Transparenz der Personalarbeit zu erhöhen, sind wir ein gutes Stück näher gekommen. Gleichwohl sollte sich jedes Unternehmen, das sich überlegt, eine Personalkommunikation zu etablieren, darüber im Klaren sein: Von heute auf morgen funktioniert das nicht. Es ist ein Prozess, für den man einen langen Atem benötigt.

Das sind die größten Herausforderungen:

- Schaffung von Medien, die die Zustimmung aller Entscheidungsträger finden.

- Interne Kommunikation mit journalistischem Anspruch in einem Unternehmen zu etablieren.

- Vertrauen der Mitarbeiter für die Qualität der Medien aus dem Personalbereich schaffen.

Externe Personalkommunikation

Neben der internen spielt bei uns auch die externe Personalkommunikation eine Rolle. Hier arbeiten wir in erster Linie mit den typischen Mitteln der Öffentlichkeitsarbeit. Zu gegebenen Anlässen versenden wir Pressemitteilungen oder veranstalten Pressekonferenzen. Auch laden wir hin und wieder Journalisten zu Events ein. Für diese Aktivitäten haben wir eigens einen Presseverteiler mit den Vertretern der Personalpresse erstellt. Die Palette reicht dabei von Journalisten von Fachzeitschriften und -magazinen über Vertreter von Job- und Karrierebeilagen bis hin zu Personal-Redakteuren von Wirtschaftsmagazinen.

Selbstverständlich beantworten wir immer wieder Presseanfragen zu Personalthemen, und unser Personalvorstand sowie unsere Fachexperten stehen Medienvertretern jeglicher Art gerne zu Interviews zur Verfügung.

Wie bei der internen Personalkommunikation halten wir auch bei der externen Personalkommunikation einen ganzheitlichen Kommunikationsansatz für richtig und relevant.

Mit unserer externen Personalkommunikation verfolgen wir insbesondere zwei Ziele:

• Wir wollen uns als attraktiver Arbeitgeber in der Öffentlichkeit präsentieren und damit potenzielle Bewerber auf uns aufmerksam machen.

• Wir wollen öffentlich darstellen, dass wir mit unserer Personalarbeit Benchmarks setzen.

Das nachfolgende Beispiel verdeutlicht, welche Maßstäbe wir an unsere externe Personalkommunikation setzen.

Eine Pressekonferenz der besonderen Art

Mitte des Jahres 2006 haben wir uns dazu entschieden, mit einem Thema an die Öffentlichkeit zu gehen, das uns in den Monaten zuvor intensiv beschäftigt hatte: der betrieblichen Gesundheitsförderung. Sinn und Zweck dieser Pressekonferenz war es, eine Kooperation von E.ON Energie mit dem Bundesgesundheitsministerium zu vermarkten.

Zum Hintergrund

Diese Kooperation war das Resultat der Öffentlichkeitskampagne „Bewegung und Gesundheit", die das Gesundheitsministerium im vergangenen Jahr initiiert hat. Eine Aktion im Zuge dieser Kampagne ist die Verteilung von Schrittzählern an die deutsche Bevölkerung. Auch wir haben Schrittzähler verteilt: insgesamt 33.000 Stück an unsere Mitarbeiter in Deutschland.

Um Bewegung im Alltag nicht nur für die eigenen Mitarbeiter zu fördern, hat E.ON Energie der Kampagne darüber hinaus 5.000 Schrittzähler zur Verfügung gestellt. Außerdem hat der Konzern an vier Standorten 3.000-Schritte-Spaziergänge dauerhaft ausgeschildert.

Die Veranstaltung

Diese Kooperation mit der Kampagne „Bewegung und Gesundheit" stellten wir mit einer eindrucksvollen Pressekonferenz in der Berliner Repräsentanz des E.ON Konzerns „Unter den Linden" der Öffentlichkeit vor. Moderiert wurde die Veranstaltung von Waldemar Hartmann.

Den Konferenzraum ließen wir mit einem roten Teppichboden auslegen. Außerdem platzierten wir elf Aufsteller, auf denen Testimonials aus dem E.ON Energie-Konzern zu sehen waren, entlang der Raumseite. Auf jedem Aufsteller äußerte sich ein Testimonial dazu, welchen Nutzen ihm der Schrittzähler persönlich bietet. Die Aufsteller verteilten wir anschließend an die Gesellschaften, deren Mitarbeiter hier vertreten waren. Um eine Art Sportstudio-Atmosphäre zu schaffen, ließen wir als Sitzgelegenheiten für die Journalisten rote Bänke bauen. Das Podium selbst bestand aus einem roten Tisch. Die Podiumsteilnehmer saßen auf Barhockern.

Auf dem Podium saßen neben der Bundesgesundheitsministerin auch der Vorstandsvorsitzende von E.ON Energie sowie der Personalvorstand. Ebenfalls mit von der Partie waren zwei Spitzensportler. Symbolisch für die nach der Pressekonferenz dauerhaft auszuschildernden 3.000-Schritte-Spaziergänge hat Bundesgesundheitsministerin Ulla Schmidt einen „Mir nach"-Wegweiser überreicht. Auch zwei Mitarbeiter standen den Medienvertretern für Fragen zur Verfügung.

Ihren Abschluss fand die Veranstaltung mit einem gemeinsamen 3.000-Schritte-Spaziergang durch Berlin Mitte, bei dem sowohl die Bundesministerin als auch unsere Vorstände Schrittzähler an die Berliner Bürger

Bild 2 Foto von der Pressekonferenz

verteilten. An diesem Spaziergang nahmen auch die elf Testimonials des E.ON Energie-Konzerns teil. Bestückt mit Bauchkästen, verteilten auch sie Schrittzähler. Während der Pressekonferenz gaben sie außerdem an einer Bar vor der Repräsentanz Fruchtcocktails und Regenjacken aus.

Herausforderungen der externen Personalkommunikation

Die externe Personalkommunikation stellt die Akteure vor größere Herausforderungen als die interne. Immer wieder macht sich bemerkbar, dass es schwierig ist, gute Nachrichten in den Medien zu platzieren. Denn meistens gilt hier nach wie vor die Devise „Nur schlechte Nachrichten sind gute Nachrichten". Wenn beispielsweise ein Unternehmen Personal abbaut, wird darüber in den Medien ausführlich berichtet. Personalaufbau hingegen stößt auf keine oder nur wenig Beachtung. Noch schwieriger ist es, Themen wie die Vereinbarkeit von Familie und Beruf oder die betriebliche Gesundheitsförderung zu veröffentlichen. Und diese Liste ließe sich ohne Probleme weiter fortsetzen.

Bei den Aktivitäten der externen Personalkommunikation bzw. des externen Personalmarketings muss den handelnden Personen bewusst sein, dass ein positives Arbeitgeberimage nicht ad hoc aufgebaut werden kann. Kommunikation wirkt in diesem Kontext vorbereitend und begleitend – oft auch als Signalgeber.

Das sind die größten Herausforderungen:

- Positive Nachrichten in den Medien zu platzieren.
- Ein Netzwerk in der Medienlandschaft aufzubauen.
- Die Zielgruppen des externen Personalmarketings zielgruppengerecht anzusprechen.
- Die Medien zu identifizieren, die von den Zielgruppen gelesen werden.
- Eine Agentur zu finden, die sich damit auskennt, Anzeigen aus dem Personalbereich in geeigneter Art und Weise zu platzieren.
- Wege zu finden, sich von anderen Unternehmen im positiven Sinne abzuheben.

Integrierte Personalkommunikation

Wir versuchen unsere Aktivitäten der internen und der externen Personalkommunikation miteinander zu verknüpfen. Wichtig ist uns dabei ein ganzheitlicher Kommunikationsansatz mit einem ausgewogenen Medienmix. In diesem Zusammenhang sprechen wir von integrierter Personalkommunikation.

Diesen Ansatz verfolgen wir aus folgenden Gründen:

- Indem wir die interne und die externe Personalkommunikation miteinander verknüpfen, wollen wir Synergien nutzen.
- Wir wollen die Identifikation unserer Mitarbeiter mit dem Unternehmen steigern, indem wir sie in unsere externen Aktivitäten einbeziehen.
- Wir setzen unsere Mitarbeiter als Multiplikatoren ein.
- Wir zeigen, dass wir ein attraktiver Arbeitgeber sind, wenn wir unsere Mitarbeiter als Testimonials in der Öffentlichkeit zu Wort kommen lassen.
- Wenn wir dieselben Medien für unsere internen und unsere externen Auftritte nutzen, senken wir die Kosten unserer Personalkommunikation.

Ein Beispiel soll verdeutlichen, wie wir unseren Ansatz der integrierten Personalkommunikation umsetzen.

Unsere Kampagne „E.ON sucht Ingenieure"

Das Konzept hinter der Kampagne

E.ON Energie sucht mehr als 500 Ingenieure. Die Herausforderung dabei: Wir sind nicht die Einzigen. Aus diesem Grund haben wir im Jahr 2006 eine offensive Kampagne gestartet. Mit dieser Kampagne wollen wir uns als attraktiver Arbeitgeber bei der Zielgruppe Ingenieure ins Gespräch bringen und diese für uns gewinnen. Die Grundidee: in Form von Geschichten positive Botschaften zu vermitteln.

Die Botschafter sind unsere eigenen Mitarbeiterinnen und Mitarbeiter. In Ergänzung zu deren „Testimonials" haben wir Eigenschaften gesucht, die sie als Personen auszeichnen. Ebenfalls stärker beschäftigen wird uns in Zukunft das Thema „Frauen in Ingenieurberufen". Wir haben uns daher entschieden, auch Frauen in der Kommunikation gezielt anzusprechen. So haben wir beispielsweise den „Zukunftsgestalter", den „Energieverantworter", die „Teamdenker" oder die „Powerfrau" gefunden. Denn genau diese Eigenschaften erwarten wir auch von unseren Bewerbern.

Energie | Verantworter

Martin Fischer, E.ON Kraftwerke

„Ohne Verantwortung geht bei uns gar nichts. Wenn auch Sie international denken und die Energieversorgung vor Ort sicherstellen wollen, dann kommen Sie zu uns. Der Zukunftsmarkt Energie wartet auf Sie!"

www.eon-sucht-ingenieure.de

e·on | Energie

Bild 3 Beispiel aus der E.ON Kampagne „der Energieverantworter"

Bei der Umsetzung des Konzepts haben wir einen ganzheitlichen Kommunikationsansatz gewählt, weil wir wissen, dass unsere Zielgruppen verschiedene Kanäle verwenden.

Zielgruppen der Kampagne

Menschen, die ...

- ... Verantwortung übernehmen,
- ... an vielfältigen Aufgaben interessiert sind,
- ... die Zukunft aktiv mitgestalten möchten,
- ... serviceorientiert denken und handeln,
- ... gerne im Team arbeiten.

Maßnahmen der externen Personalkommunikation

Ende April 2006 sind wir mit der Kampagne an den Start gegangen. Sechs Motive haben wir in den bekannten Rekrutierungsmedien (Karriere, FAZ Hochschulanzeiger, VDI Karriereführer Ingenieure etc.) geschaltet. Gleichermaßen haben wir neue Medien für die Platzierung unserer Anzeigen gesucht – beispielsweise Zugbegleiter.

In den Anzeigen haben wir auf unser Internetspecial www.eon-sucht-ingenieure.de verwiesen.

Diese Internetseite ist von der E.ON Energie-Karriereseite losgelöst. Basis sind unsere Mitarbeiter mit deren Testimonials. Der Bewerber erfährt Wesentliches über die Arbeitswelt von E.ON Energie – in Berichten, aber auch in Videos; daneben haben wir auch spielerische Elemente eingebaut, beispielsweise ein Internetspiel mit Bezug auf das Thema Ingenieure, um insbesondere der Forderung unserer Zielgruppe nach „Infotainment" gerecht zu werden.

Begleitend dazu haben wir Poster, auf denen unsere Testimonial-Mitarbeiter bei der Arbeit zu sehen sind und sich zu ihrer Arbeit äußern, eingesetzt sowie Plakate (18/1) und Großflächenplakate (Blow-ups) an den Standorten unserer Zieluniversitäten aufgehängt. Auch unsere Messestände haben wir entsprechend der Kampagne gestaltet. Des Weiteren haben wir Werbemittel, wie zum Beispiel so genannte Edgar Cards, T-Shirts oder Kaffeebecher verteilt.

Verknüpfung der externen mit der internen Personalkommunikation

Alle Maßnahmen, die wir in der externen Kommunikation eingesetzt haben, haben wir auch intern genutzt.

- Wir haben in allen uns zur Verfügung stehenden Medien über die Ingenieurkampagne berichtet.
- Wir haben die Plakate und Blow-ups in unseren Konzerngesellschaften aufgehängt (sowohl innerhalb als auch außerhalb der Gebäude).
- Wir haben die Anzeigen in unserer Mitarbeiterzeitschrift „E.ON World" platziert.
- Wir haben im Intranet auf unser Webspecial www.eon-sucht-ingenieure verlinkt.
- Wir haben die eingesetzten Werbemittel in unserem Werbemittelshop zum Verkauf angeboten – mit großem Erfolg.
- Wir haben die Testimonials als Auskunftgeber auf Messen und anderen öffentlichen Veranstaltungen eingesetzt.

Die Erfolge der Kampagne

In den vielen Gesprächen mit potenziellen Mitarbeitern haben wir immer wieder festgestellt: So schlecht, wie wir manchmal in der Öffentlichkeit gesehen werden, sind wir in deren Wahrnehmung nicht. Den Interessenten ist sehr wohl bewusst, dass wir spannende Aufgaben zu bieten haben. Dies machen auch die Zahlen deutlich: Insgesamt haben wir im vergangenen Jahr im In- und Ausland fast 500 neue Ingenieure eingestellt und damit unser Ziel erreicht.

Auch intern ist die Kampagne sehr gut angekommen. In all unseren Gesellschaften wurden die Plakate aufgehängt, die Testimonial-Mitarbeiter erhalten äußerst positives Feedback und die angebotenen Werbemittel, insbesondere die T-Shirts, sind wahre Verkaufsschlager.

Ausblick

Fünf Jahre Personalkommunikation bei E.ON Energie. Wir haben viel erreicht. Dies stellen wir insbesondere immer dann fest, wenn wir Gelegenheit haben, unsere Aktivitäten bei Netzwerktreffen mit Vertretern aus anderen Konzernen vorzustellen. Wobei an dieser Stelle erwähnt werden sollte, dass es sich bei diesen Treffen vorrangig um Treffen interner Kommunikatoren handelt. Einen ganzheitlichen und integrierten Kommunikationsansatz der internen und externen Personalkommunikation, wie wir ihn verfolgen, gibt es in den wenigsten Unternehmen vergleichbarer Größe.

Gleichwohl liegt noch ein großes Stück Arbeit vor uns. Nach wie vor ist es uns nicht im gewünschten Sinne gelungen, die Personalarbeit bei E.ON Energie als Marke zu etablieren. Die Qualität, der Dienstleistungsanspruch und die Kundenorientierung der Personalarbeit werden von den meisten Mitarbeitern immer noch unterbewertet. Auch wenn wir kontinuierlich daran arbeiten, die Arbeit der Personalbereiche zu kommunizieren, ist vielen Beschäftigten nicht bewusst, was die Mitarbeiter der Personalbereiche bei E.ON Energie wirklich leisten.

Bei unserer Arbeit gilt allerdings die Devise: Steter Tropfen höhlt den Stein. Und nur, wenn wir am Ball bleiben und unsere Medien den Wünschen und Bedürfnissen unserer Zielgruppen weiter anpassen, werden wir am Ende des Tages auch den letzten unserer Mitarbeiter erreichen. Selbiges gilt im Übrigen auch für unsere Aktivitäten der externen Personalkommunikation.

Arbeiten, wo die Welt sich trifft – die Rekrutierungswege der Fraport AG

Sven Roth

Airport Management ist keine Tätigkeit, der man an jedem beliebigen Ort in der Republik nachgehen kann. Nur an wenigen Orten besteht die Möglichkeit, an einem internationalen Flughafen zu arbeiten. Die Fraport AG ist mit 30.000 Mitarbeiterinnen und Mitarbeitern der größte Arbeitgeber in dieser Branche und neben dem Hauptstandort Flughafen Frankfurt an vielen nationalen und internationalen Standorten aktiv. Seit 2001 ist Fraport als einziger Flughafenbetreiber an der Börse gelistet und gehört dort dem M-Dax an.

Fraport ist außerdem ein Full Service Provider im Airport-Business und bietet Dienstleistungen im Bereich Aviation (Start- und Landeentgelte etc.), Ground Handling (Flugzeugabfertigung), Retail and Properties (Immobilien: Bau und Vermarktung) sowie Know-how-Transfer im Rahmen von External Activities (Beratung) an. Sicher ist den wenigsten bekannt, dass Fraport eine eigene Klinik am Flughafen betreibt, die zwei voll ausgestattete Operationssäle für Notfälle vorhält.

Der Vorstandsvorsitzende des Unternehmens, Dr. Wilhelm Bender, hat unlängst verkündet, dass sich Fraport in den kommenden Jahren verstärkt in der Immobilienentwicklung engagieren wird. Am Standort Frankfurt entsteht eine komplette Airport City, die über eine unschlagbare Anbindung an die verschiedenen Verkehrsträger verfügt. Außer Wohneinheiten wird man dort zukünftig vermehrt Hotels, Einzelhandel, Gastronomie und Wellness-Oasen vorfinden. Das Investitionsvolumen für die geplanten Maßnahmen wird 4 Milliarden Euro betragen und gehört somit europaweit zu den größten Projekten dieser Art.

Der Arbeitgeber Fraport, mit seinem Hauptsitz Flughafen Frankfurt, wird immer mit dem Duft der großen weiten Welt in Verbindung gebracht. Wer einmal Kerosin geschnuppert hat, kommt nur sehr schwer von der Flughafenwelt los.

Die Branche

Die Branche Transport/Verkehr/Logistik, zu der die Fraport AG zählt, nimmt in der globalisierten Welt eine Schlüsselrolle ein. In der heutigen Zeit, in der die Produktionsstätten weltweit verteilt sind, ist die Aufgabe der Logistik-Unternehmen, die Güter termingerecht an ihren Bestimmungsort zu liefern. Dabei liegt es an diesen Unternehmen, die Infrastruktur so zu nutzen, dass die Transportkosten moderat bleiben. Aufgrund der teilweise sehr großen Entfernungen wird zunehmend das Flugzeug als Transportmittel eingesetzt.

Dabei kommt den Flughafenbetreibern eine zentrale Rolle zu. Sie stellen die Infrastruktur zur Verfügung, sodass der Frachtumschlag unter den verschiedenen Verkehrsträgern effektiv abgewickelt werden kann. Gerade die Intermodalität, also die Verknüpfung der verschiedenen Verkehrsträger, ist hier die Aufgabe, an deren Umsetzung die Flughäfen gemessen werden.

Die Beschäftigtenstruktur in dieser Branche ist sehr heterogen. Von ungelernten Hilfsarbeitern, die in der Lagerhaltung oder der Flugzeugbeladung eingesetzt werden, bis hin zum hochqualifizierten Infrastrukturplaner ist eine Vielzahl von Berufsbildern zu finden.

Die Zielgruppen in der Personalkommunikation

Die heterogene Beschäftigtenstruktur führt dazu, dass Fraport an allen Fronten des Arbeitsmarktes aktiv ist. Im Personalmarketing wurden vier Zielgruppen definiert, die adäquat angesprochen werden. Diese sind Auszubildende beziehungsweise Schüler, Studenten, Absolventen und Professionals.

In der Gruppe der potenziellen Auszubildenden findet der erste Kontakt sehr früh statt, indem Schülerinnen und Schüler für Praktikums- und Ausbildungsplätze bei Fraport gewonnen werden. Jährlich kommen 300 Schülerpraktikanten zu Fraport, bei rund 1.500 Bewerbungen – und 110 Auszubildende bei 4.500 Bewerbungen.

Studenten können den Arbeitgeber Fraport auf unterschiedlichste Weise kennenlernen: über Praktikumsplätze, Studentenjobs und Unterstützung bei wissenschaftlichen Arbeiten (Studienarbeit, Diplomarbeit, Bachelor- beziehungsweise Master-Thesis). Auch hier betreut Fraport 300 Praktikanten und 60 wissenschaftliche Arbeiten. Den größten Anteil bilden die Werkstudenten. Insgesamt finanzieren über 600 Studenten mit der Tätigkeit bei Fraport ihr Studium.

Für Absolventen, die gerade ihr Studium abgeschlossen haben, stehen zwei Einstiegsmöglichkeiten zur Verfügung. Zum einen bietet Fraport ein Traineeprogramm an, durch das die Absolventen in zwölf Monaten auf ihren Einsatz vorbereitet werden. Zum anderen können sich die Absolventen auf eine ausgeschriebene Stelle bewerben – im Sinne des klassischen Direkteinstiegs.

Aus der Zielgruppe der Professionals (Bewerber mit Berufserfahrung) kommen jährlich ca. 150 neue Mitarbeiterinnen und Mitarbeiter ins Unternehmen. Momentan liegt der Fokus auf den Ingenieurberufen, da diese Zielgruppe im Rahmen des Flughafenausbaus verstärkt benötigt wird.

Die Herausforderungen

Fraport befindet sich momentan in einem spannenden Wettbewerbsumfeld. Die hohen Treibstoffkosten der Fluggesellschaften und die Konkurrenz durch die Low-Cost-Airlines führen zu einem hohen Kostendruck bei den Airlines. Das hat zur Folge, dass die Dienstleistungen, die für die Airlines erbracht werden, zu reduzierten Kosten angeboten werden müssen. Dadurch sinken die Margen in den Geschäftsfeldern Aviation und Ground Handling.

In diesem Zusammenhang ist wichtig, dass der Flughafen Frankfurt ein sehr guter Immobilienstandort mit ausgezeichneter Infrastruktur ist. Neben einem Bahn-/ICE-/S-Bahn-Anschluss verlaufen die beiden Autobahnen A 3 und A 5 direkt am Flughafen. Die Intermodalität, das heißt die Möglichkeit zur Verwendung verschiedener Verkehrsmittel, ist in dieser Form einmalig für einen europäischen Flughafen.

Um die geplante Weiterentwicklung des Standorts Frankfurt realisieren zu können, ist das Unternehmen momentan auf Ingenieure aller Fachrichtungen angewiesen. Aus diesem Grund ist Fraport verstärkt auf dem Arbeitsmarkt aktiv. Es gilt einerseits, das Know-how in diesem Bereich zu intensivieren, und andererseits, Manpower aufzubauen, um die anstehenden Aufgaben bewerkstelligen zu können.

Dabei fokussiert Fraport meist auf Bewerber mit Berufserfahrung, da häufig zeitkritische Projekte zu bewältigen sind, die eine lange Einarbeitungsphase unmöglich machen. Auch „Best Agers" werden bei der Rekrutierung berücksichtigt. Teilweise sind neu eingestellte Kollegen schon älter als 50 Jahre. So werden auch Ingenieure eingestellt, die 57 Jahre alt sind. Für diese Bewerber ist das in der Regel der letzte Wechsel im Arbeitsleben. Doch es ist wichtig, daran zu denken, dass ein „Best Ager" dem Arbeitgeber oft noch mehr als zehn Jahre zur Verfügung steht. Im Gegensatz dazu wird gern außer Acht gelassen, dass gerade junge, ambitionierte Kollegen eher bereit sind, nach 2 bis 3 Jahren das Unternehmen wieder zu verlassen, um einen Karriereschritt zu machen.

Die Strategie des internen und externen Personalmarketings

An erster Stelle versucht Fraport seine Mitarbeiterinnen und Mitarbeiter an das Unternehmen zu binden. Gerade in einer hochspezialisierten Branche führen Abgänge von Mitarbeitern immer auch zu einem Know-how-Verlust, der nur schwer kompensiert werden kann. Um die Stimmung unter den Beschäftigten zu erheben, wird jährlich eine Mitarbeiterbefragung durchgeführt, deren Ergebnisse ebenso wie die aus den Ergebnissen abgeleiteten Maßnahmen kommuniziert werden.

Im internen Stellenmarkt besteht für alle Mitarbeiter die Möglichkeit, sich in neuen, interessanten Tätigkeitsfeldern zu entwickeln. Außerdem verfügen alle Mitarbeiterinnen und Mitarbeiter über ein Bildungsguthaben von jährlich 600 €, das sogar für fachfremde Weiterbildungsangebote eingesetzt werden kann. Das Modell sieht vor, dass der Arbeitgeber das entsprechende Budget zur Verfügung stellt und die Beschäftigten ihre Freizeit einbringen.

Um die Wettbewerbsfähigkeit nachhaltig zu gewährleisten und die externe Fluktuation zu kompensieren, ist Fraport auch auf dem externen Arbeitsmarkt aktiv, um dort die dem Bedarf entsprechenden Kandidaten zu identifizieren und einzustellen.

Kommunikation

Interne Kommunikation

Die interne Kommunikation genießt bei Fraport einen hohen Stellenwert. Eine eigene Abteilung ist einerseits für die diversen Kommunikationskanäle verantwortlich, berät andererseits aber auch Bereiche, die anlassbezogene Kommunikationsmaßnahmen planen. Gerade bei dem hohen Anteil an operativen Mitarbeiterinnen und Mitarbeitern ist es nicht möglich, die komplette Kommunikation über die elektronischen Medien zu betreiben. Tabelle 1 gibt einen Überblick über die internen Kommunikationskanäle.

Tabelle 1 Interne Kommunikationskanäle

Medium	Periodisch	Sporadisch
Print	Mitarbeiterzeitschrift (alle 2 Wochen)	Informationen zu Veranstaltungen (Kulturbesuche, vergünstigte Eintrittskarten usw.)
Intranet	Skynet. Einbindung externer und interner Nachrichten sowie von Bereichsinformationen und Richtlinien.	Anlassbezogene Kommunikation, wie z. B. Fraportlauf oder Veranstaltungen (Jugend forscht)
E-Mail	Pressemitteilungen, anlassbezogene Informationen, Newsletter	
Direkte Kommunikation	Wöchentliche Abteilungsmeetings, offene Sprechstunde bei Top-Führungskräften	Betriebsversammlungen, Ideenmanagement

Tabelle 2 Externe Kommunikation

Zielgruppe	Abteilung/Bereich	Informationen	Medien
Kapitalmarkt, potenzielle Investoren	Investor Relations	Quartals- und Geschäftsbericht, Ad-hoc-Mitteilungen	Homepage, Broschüren, Events
Anwohner in Flughafennähe, Vereine, Interessenten bzgl. des Flughafenausbaus	Unternehmenskommunikation	Informationen zum Thema Flughafenausbau in der Rhein-Main-Region, Unterstützung von kulturellen Veranstaltungen sowie Sponsoring im Sportbereich	Homepage, Flyer, Broschüren, DVDs, direkte Kommunikation in der Region mit geschulten Mitarbeitern im Infomobil
Vermarktung des Flughafens und der Dienstleistungen des Unternehmens	Zentrales Marketing	Dienstleistungen, die Fraport anbietet, Informationen für Airlines	Homepage, Veranstaltungen, Broschüren, Messen, Events
Vermarktung der Retailing- und Mietangebote	Handels- und Vermietungsmanagement	Informationen über die Formalitäten und Abläufe für Interessenten, die ein Ladengeschäft, ein Hotel oder Ähnliches am Standort betreiben möchten	Homepage, Broschüren, Flyer, Messen, Events
Mitarbeiterinnen und Mitarbeiter sowie Bewerberinnen und Bewerber	Personalmarketing	Informationen über den Arbeitgeber Fraport, Einstiegsmöglichkeiten	Homepage, Broschüren, Messen, Events

Die Rekrutierungswege der Fraport AG

Externe Kommunikation

Die externe Kommunikation ist bei Fraport nicht in einer Abteilung zentralisiert. Die verschiedenen Zielgruppen werden durch unterschiedliche Abteilungen angesprochen, welche die entsprechenden Informationen vorhalten. Es ist eine große Herausforderung, aus unterschiedlichen Abteilungen heraus mit verschiedenen Interessengruppen homogen zu kommunizieren. Ohne eine stringente CI- beziehungsweise CD-Richtlinie wäre dies nicht zu bewerkstelligen. Die Richtlinien enthalten Manuals für alle verwendeten Kommunikationsinstrumente, die intern genauso wie von externen Dienstleistern (Agenturen usw.) genutzt werden und einen einheitlichen Auftritt sicherstellen.

Tabelle 2 gibt einen Überblick über die externen Kommunikationskanäle.

Die Kommunikation im Bereich Human Resources wird durch das Personalmarketing übernommen. Auf diesen Bereich soll im weiteren Verlauf näher eingegangen werden.

Rekrutierung

Employer Branding

Selbstverständlich ist es wichtig, als guter und beliebter Arbeitgeber auf dem Arbeitsmarkt wahrgenommen zu werden. Es gibt Branchen, bei denen das Produktimage stark auf das Employer Branding „einzahlt". Gerade hier gilt: „Erfolg macht sexy." Aus diesem Grund sind erfahrungsgemäß Automobilhersteller (BMW, Audi, Porsche) und Global Champions (IBM, Siemens) überproportional in den Top Ten der Arbeitgeberrankings zu finden. Des Weiteren ist maßgeblich, z. B. für die Bekanntheit eines Unternehmens, ob es im Bereich B2B (Business-to-Business) oder B2C (Business-to-Customer) tätig ist.

Für Fraport bestand eine große Herausforderung darin, dass aufgrund des Börsengangs im Jahr 2001 der Unternehmensname geändert werden musste. Die Umfirmierung machte aus dem am Arbeitsmarkt etablierten Arbeitgeber Flughafen Frankfurt/Main AG die Fraport AG. Gerade am Anfang war ein hoher Aufwand notwendig, um den neuen Namen auf dem Arbeitsmarkt zu positionieren. Im Jahr 2001 war Fraport noch so unbekannt, dass der Arbeitgeber in keinem Arbeitgeberranking auftauchte. Durch permanente Kommunikation auf Messen, in Printpublikationen und im Internet wurde der Bekanntheitsgrad stetig erhöht. Mittlerweile ist der Name auf dem Arbeitsmarkt bekannt und erreicht in den Rankings Platzierungen zwischen 20 und 40.

Rekrutierungskanäle

Um die Zielgruppen auf dem Arbeitsmarkt gezielt anzusprechen oder Vakanzen schnell zu besetzen, reicht es heute nicht mehr aus, einfach nur Stellenanzeigen in den Tageszeitungen zu schalten. Noch vor 6 bis 7 Jahren hatten die Verlage eine Monopolstellung in diesem Bereich, der auch wirtschaftlich hochinteressant war.

Mit der Verbreitung des Internets etablierte sich ein Medium, das die Printmedien in einen starken Wettbewerb drängte. Gerade die Vorteile, über die das Internet verfügt, stellten eine hohe Attraktivität für das Recruiting dar (Tabelle 3).

Tabelle 3 Zeitungen versus Internet

Zeitungen	Internet
Stellenanzeigen sind nur einen Tag in der relevanten Zeitung.	Stellenanzeigen im Internet sind mehrere Wochen verfügbar.
regional begrenzt	weltweit erreichbar
teuer	günstig
feste Erscheinungstermine	flexible Erscheinungstermine
Inhalte sind nur in Schriftform möglich.	Neben schriftlichen Informationen können Audio- und Videodateien wiedergegeben werden.

Printmedien

Anfang des Jahrzehnts gab es nicht wenige Fachleute, die das Ende der Stellenanzeigen in Printmedien propagierten. Dass es nicht ganz so dramatisch gekommen ist, wird durch den Umfang des Stellenmarkts in den großen überregionalen Zeitungen deutlich. Mittlerweile hat er wieder einen beachtlichen Umfang erreicht.

Allerdings ist es natürlich auch so, dass sich der Stellenmarkt sehr schnell in den elektronischen Medien etabliert hat und ein Gleichgewicht zwischen den beiden Medien hergestellt wurde.

Auch Fraport hat immer schon Stellenanzeigen in Zeitungen geschaltet. Das geschieht natürlich nicht mehr in dem Umfang wie noch vor einigen Jahren. Dennoch spielen sie gerade bei der Rekrutierung von Führungspositionen eine wichtige Rolle, da diese Zielgruppe wesentlich besser über Zeitung und Zeitschriften erreichbar ist als über die elektronischen Medien.

Für solche Fälle ist es wichtig, sich entweder in den Medien auszukennen, z. B. mit den verschiedenen Zeitungen, oder eine Agentur damit zu beauftragen, eine Medienempfehlung auszusprechen. Nur so besteht die Chance, die jeweilige Zielgruppe zu finden und sie optimal anzusprechen. Damit die Ansprache auch wirkungsvoll ist, beauftragt Fraport in diesem Bereich eine Agentur mit der Gestaltung der Anzeigen. Denn gerade bei den kostenintensiven Printmedien ist es sehr ärgerlich, wenn man entweder im falschen Medium inseriert oder die Zielgruppe mit der Anzeige nicht anspricht.

Fraport arbeitet schon seit einiger Zeit mit einer Kreativagentur, welche die Anzeigen im Sinne von CI/CD entwickelt. Neu ist, dass wir seit diesem Jahr mit einer zweiten Agentur zusammenarbeiten, die uns in der Medienauswahl für die Anzeigen unterstützt.

Die Anzeigen werden zunehmend in Fachpublikationen geschaltet. Zwar ist deren Auflage und damit die Reichweite nicht sehr hoch, allerdings ist die Treffgenauigkeit in der Zielgruppe relativ hoch. Die Quantität der Bewerbungen wird in der Regel geringer als bei Anzeigen in den großen Tageszeitungen sein, dafür ist die Qualität meist wesentlich besser.

Elektronische Medien

Rekrutierung ohne elektronische Medien ist heute kaum vorstellbar. Das Internet hat sich in vielen Bereichen des Lebens und der Arbeitswelt einen festen Platz erobert und ist damit zu einem festen Bestandteil der Rekrutierungsaktivitäten geworden. Doch es ist nicht nur die hohe Akzeptanz dieses Mediums, die für die Nutzung des Internets spricht. Zu den weiteren Vorteilen des Internets zählt, dass es ein ortsungebundenes Medium ist und dass ein Unternehmen seine Zielgruppe darüber weltweit ohne Schranken erreichen kann. Außerdem ist die Kommunikation im Internet kostengünstiger und effizienter als auf den konventionellen Wegen. Fraport hat sich im Personalmarketing und in der Rekrutierung dazu entschlossen, die elektronischen Medien in den Mittelpunkt ihrer Arbeitgeberkommunikation zu stellen.

Jobbörsen

Seit 2001 ist Fraport im Bereich des E-Recruitings aktiv. Anfänglich hatte Fraport bei mit einer kommerziellen Jobbörse ein Probeabo gebucht. Ein gutes Argument für die zukünftige Nutzung war es dann, dass über dieses Probeabo eine Leitungsfunktion bei Fraport besetzt werden konnte. In dieser Zeit wurden die Stellen auch auf der Homepage ausgeschrieben. Damals war Human Resources auf der Homepage jedoch noch nicht sehr präsent.

Heute stellt sich die Situation anders dar. Die Homepage wurde konsequent weiterentwickelt, so dass sie heute zielgruppenspezifische Informationen bereithält und durch interaktive Angebote angereichert wurde. Es ist gelungen, die Fraport Homepage so weit zu verbessern, dass sie ihre Platzierung in einer regelmäßigen Untersuchung der HR-Bereiche von Unternehmens-Homepages durch die FH Wiesbaden von Platz 102 auf 27 steigern konnte.

Neben der eigenen Homepage gibt es fünf weitere kommerzielle Jobbörsen, in denen Fraport Stellenanzeigen veröffentlicht. Aufgrund der günstigen Konditionen werden alle Stellen des Unternehmens auf diesen Jobboards geschaltet.

Des Weiteren nutzen wir die Bewerberpools der kommerziellen Anbieter, um ein gezieltes Matching unserer Anforderungen mit den vorhandenen Profilen durchzuführen. Der Vorteil bei diesem sogenannten Searching liegt darin, dass man nur auf Kandidaten stößt, die von den Qualifikationen her für die entsprechende Stelle in Betracht kommen. Je detaillierter das Matching, desto weniger Kandidaten erscheinen in der Trefferliste. Auch unter zeitlichen Gesichtspunkten ist diese Rekrutierungsmethode wirtschaftlicher als das Schalten einer Stellenanzeige, auf die 100 Bewerbungen eingehen.

Eine interessante Zielgruppe auf dem Arbeitsmarkt sind latent wechselwillige Bewerber. Diese Personen haben einen Job, mit dem sie grundsätzlich zufrieden sind. Allerdings wären sie bereit, für einen Karriereschritt oder eine bessere Vergütung den Arbeitgeber zu wechseln. Solche Bewerber erreicht ein Unternehmen nicht über Stellenanzeigen.

In diesem Bereich ist das Internet eine optimale Rekrutierungsplattform. Es gibt z. B. Fachforen, in denen sich Experten regelmäßig zu Fachthemen austauschen. Meist besteht die Möglichkeit, in einem solchen Forum Werbebanner zu schalten.

Wenn es dem Unternehmen gelingt, ein pfiffiges Werbebanner zu gestalten, das auf Jobs hinweist, kann es gelingen, Besucher des Forums zu einem Klick auf den konkreten Job zu bewegen. Wenn ein Besucher die Stellenanzeige erst einmal vor Augen hat, wird er sie sicher auch lesen. Im Idealfall können auf diesem Weg Personen für das Unternehmen gewonnen werden, die dieses Ziel eigentlich nicht vor Augen hatten, als sie das Forum besuchten.

Dies ist aber nur eines von vielen Beispielen dafür, auf welch unterschiedlichen Wegen Unternehmen im Internet mit Kreativität erfolgreich rekrutieren können.

Web 2.0

Unter dem Begriff Web 2.0 verbirgt sich keine neue Technologie. Vielmehr basiert diese aktuelle Bezeichnung für das Internet auf dem Wechsel des Nutzungsverhaltens der im Internet aktiven Personen. Von Beginn an lag der unschlagbare Vorteil des Internets darin, dass man sich in relativ kurzer Zeit Informationen zu einem beliebigen Thema beschaffen konnte. Die Inhalte wurden meist von Unternehmen, Verbänden oder sonstigen Experten in das Internet eingestellt. In der jüngsten Vergangenheit hat sich dieser Sachverhalt geändert. Auch die Nutzer teilen sich und ihre Privatsphäre der Allgemeinheit mit. Dies geschieht in vielfältiger Form.

So gibt es Foren, in denen Nutzer der Öffentlichkeit mitteilen, welche spezifischen Erfahrungen sie mit Produkten oder Dienstleistungen gemacht haben. Das kann sich natürlich auch auf die Erfahrung mit einem Arbeitgeber beziehen. Aus diesem Grund ergeben sich gerade im Umfeld von Web 2.0 auch Ansatzpunkte für das Recruiting.

Indirekte Rekrutierunginstrumente

In der Welt des Web 2.0 bieten sich verschiedene Möglichkeiten, das Unternehmens- und Arbeitgeberimage positiv zu gestalten. Das führt meist zu keiner direkten Reaktion in Form einer Bewerbung. Vielmehr verankert man sich mit diesen Instrumenten im Idealfall als „Employer of Choice" in den Köpfen der potenziellen Bewerber. Somit haben diese Instrumente einen längeren zeitlichen Fokus und eignen sich nur selten dazu, dringende Personalbedarfe zu decken.

Im Folgenden wird exemplarisch auf zwei Instrumente ausführlich eingegangen, mit denen Fraport bereits praktische Erfahrungen sammeln konnte.

Da der Begriff „Podcast" noch nicht so geläufig ist, wird er hier zunächst erklärt. Die Bezeichnung Podcast wurde erst 2004 von Ben Hammersley geprägt und 2005 von der Firma Apple aufgegriffen, als sie ihr neues Produkt (eine Hardware – unter anderem zur Nutzung von Podcasts) in Anlehnung an Podcast als „iPod" bezeichnete. Unter einem Podcast versteht man entweder eine Audio- oder Videodatei, die man wahlweise auf dem Computer konsumieren oder auf einen MP3-Player kopieren kann, um die Dateien unterwegs anzuhören oder anzusehen.

Fraport hat sich sehr früh entschieden, diesen Weg im HR-Bereich zu gehen, und gehörte damit zu den Pionieren in diesem Bereich. Die ersten Podcasts wurden in Zusammenarbeit mit Studenten der FH Wiesbaden aufgenommen. Themen waren:

- Die Fraport AG stellt sich vor

- Wie bewerbe ich mich richtig?

- Praktikum/Diplomarbeit

- Technische Ausbildungsberufe

- Kaufmännische Ausbildungsberufe

- Ingenieure bei Fraport

Durch diese Projektstruktur war es uns möglich, erste Erfahrungen mit dem Thema zu sammeln. Es ist von elementarer Bedeutung, dass neben professionellen Sprechern auch Mitarbeiterinnen und Mitarbeiter in den Podcasts zu Wort kommen. Zu empfehlen ist, dass die Beschäftigten den Fragenkatalog erst kurz vor den Aufnahmen erhalten, damit sie sich die Antworten nicht vorformuliert aufschreiben und anschließend bei der Aufnahme ablesen. Allerdings sollten die Mitarbeiter die Fragen kennen, damit sie nicht während der Aufnahme durch eine spontan gestellte Frage überrumpelt werden. Der Fragebogen umfasste pro Zielgruppe ca. 20 Fragen. In einem Podcast wurden dann zwischen fünf und acht inhaltliche Fragen gestellt. Aus insgesamt 4,5 h Rohmaterial wurden sechs Podcasts mit einer Gesamtlänge von 29 Minuten erstellt.

Mitarbeiterinnen und Mitarbeiter sollten frei sprechen können und der Arbeitgeber sollte auch dann nicht einschreiten, wenn ein Sachverhalt einmal negativ dargestellt werden sollte. Nur so werden die Podcasts von den Hörern als authentisch wahrgenommen und somit eine große Glaubwürdigkeit erzeugt. Wer diese Authentizität in seinem Unternehmen politisch nicht durchhalten kann, sollte auf den Einsatz von Podcasts im HR-Bereich verzichten. Die Hörer würden das ohne Zweifel erkennen und dem Unternehmen wohl unterstellen, dass es aus bestimmten Gründen keine Mitarbeiterinnen und Mitarbeiter zu Wort kommen lässt.

Für Fraport sind die Podcasts zu einer Erfolgsstory geworden. In den ersten drei Monaten hatten wir über 10.500 Abrufe der Podcasts auf der Fraport-Homepage. Diese Zahl ist umso beachtlicher, als wir keinerlei Werbung dafür gemacht haben. Die tatsächliche Zahl der Hörerinnen und Hörer liegt deutlich höher, da wir zu jeder Messe CDs mitnehmen, auf denen wir die Podcasts platziert haben.

Im Bild 1 wird deutlich, dass die Nutzung der Podcasts sehr regelmäßig ist. Auffällig ist, dass die Frequenz an den Wochenenden erheblich nachlässt.

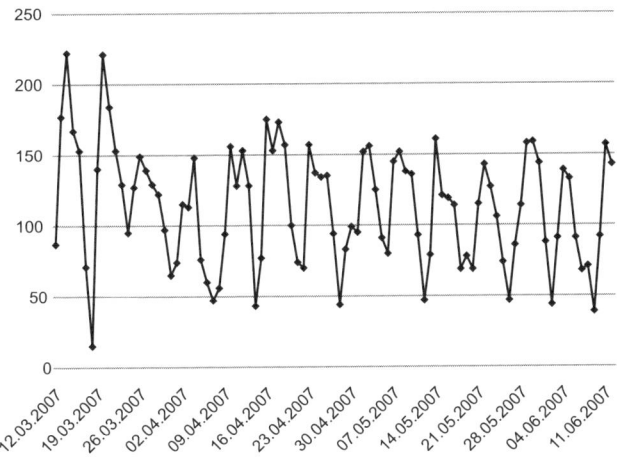

Bild 1 Page-Impressions der Podcasts

Durchschnittlich rufen täglich 115 Nutzer die Podcasts auf der Homepage ab, was unsere internen Erwartungen übertroffen hat. Besonders beeindruckend ist, dass die Podcasts stabil genutzt werden, ohne dass wir zusätzliche Kommunikationsmaßnahmen durchführen.

Aufgrund des Erfolgs haben wir uns entschieden, an diesem Thema weiterzuarbeiten und das Angebot auf der Homepage zu erweitern. Die nächsten Podcasts werden sich mit dem Thema „Traineeprogramm" befassen. Voraussichtlich werden 3 Mitarbeiterinnen und Mitarbeiter zu Wort kommen, die sich entweder noch im Traineeprogramm befinden oder bereits einer anschließenden Beschäftigung nachgehen.

Blogs

Ein Blog ist eigentlich nichts anderes als ein Tagebuch, das in einem anderen Medium geführt wird. Der große Unterschied zu dem Büchlein in der Schublade ist die Reichweite, die ein Blog erzielt.

Schrieb man Tagebücher in der Vergangenheit primär für sich selbst, lässt man in den Blogs die gesamten Internetnutzer an seinem Leben teilnehmen. Auch der Arbeitgeber ist ein fester Bestandteil in vielen Blogs. Dabei kommen zwei Alternativen in Betracht.

In einem Praktikantenblog schreibt ein Student seine Erfahrungen über das Praktikum bei einem Arbeitgeber nieder. In regelmäßigen Abständen von 2 bis 3 Tagen werden die Erfahrungen in Form von Beiträgen dokumentiert. Sofern die Eindrücke und die Tätigkeit positiv dargestellt werden, führt das ohne Frage zu einem positiven Arbeitgeberimage beim Leser.

Einer unserer Praktikanten hat einen solchen Blog auf der Website eines externen Dienstleisters geführt. Wir wurden im Vorfeld von dem Dienstleister gefragt, ob wir einen Studenten haben, der sich an dem Projekt beteiligen möchte. Wir befragten intern die Studenten, die sich momentan im Praktikum befinden, und bekamen eine positive Rückmeldung. Auf eine Zensur der Beiträge haben wir bewusst verzichtet. Erstens hätten wir damit die Aussagen des Praktikanten inhaltlich verändert und zweitens hätte die Glaubhaftigkeit darunter gelitten. Trotzdem wussten wir, wo der Blog zu finden war. Aus diesem Grund waren wir immer im Bilde, was über Fraport geschrieben wurde. Da der Praktikant ein sehr interessantes Aufgabengebiet hatte und auch das Team sehr nett war, ist ein durchweg positiver Blog entstanden, der das Image von Fraport somit ausschließlich positiv beeinflusst hat.

Die zweite Alternative ist unerfreulicher Natur. Es gibt in vielen Unternehmen Beschäftigte, die einen Blog führen. Diese Leute dokumentieren oft ihren gesamten Tagesablauf in den elektronischen Tagebüchern. Wenn dort negativ über den Arbeitgeber berichtet wird, führt das bei den Lesern dazu, dass sie die Meinung oft adaptieren. Da es sich um private Erfahrungen handelt, genießen diese eine hohe Glaubwürdigkeit.

Das Unangenehme an diesem Sachverhalt ist, dass man nicht umfassend weiß, wer in welcher Art und Weise über das Unternehmen berichtet.

Arbeitgeber haben in der Vergangenheit versucht, positive Blogs aus den eigenen Reihen formulieren zu lassen, damit das gewünschte Bild in der Internet Community entsteht. Über kurz oder lang kommt aber immer die Wahrheit ans Licht. Das wird natürlich in Foren diskutiert.

Mit der Absicht, sich positiv zu positionieren, wird genau das Gegenteil erreicht. Man wird als Lügner wahrgenommen, der sicher gute Gründe hat, seine Mitarbeiterinnen und Mitarbeiter nicht zu Wort kommen zu lassen.

Fraport wird in naher Zukunft Blogs auf der firmeneigenen Homepage einsetzen. Sehr wahrscheinlich werden wir mit der Zielgruppe der Praktikanten anfangen, um Erfahrungen zu sammeln. Es ist gut vorstellbar, dass drei Praktikanten ihre Erfahrungen in einem Blog dokumentieren.

Wenn die Seitenaufrufe deutlich machen, dass auf der Homepage ein Markt für Blogs gegeben ist, werden wir sicher auch andere Zielgruppen in Form von Blogs zu Wort kommen lassen. Allerdings ist eine Grundvoraussetzung, dass sich die Autoren freiwillig für die Blogs melden. Unter Zwang würde der Blog entweder sehr negativ formuliert oder nur sehr schlecht gepflegt.

Für Unternehmen ist es von Vorteil, auf der Homepage solche Möglichkeiten zu bieten. Schließlich zahlt es positiv auf das Arbeitgeberimage ein, wenn man seinen Beschäftigten die Gelegenheit einräumt, zu Wort zu kommen. Und das gilt sicher auch noch, wenn ein Autor sich mal kritisch zu einem einzelnen Thema äußert. Auf alle Fälle werden die Erfahrungen so nicht in einem Blog dokumentiert, den man als Unternehmen nicht kennt, sondern auf der eigenen Homepage. Dadurch ist man in der Lage, die Inhalte zu lesen und kritische Anmerkungen dazu zu nutzen, die Umstände zu analysieren und eventuell zu ändern, die Ursache der kritischen Anmerkung sind.

Direkte Rekrutierungsinstrumente

Bei der direkten Rekrutierung geht es darum, die potenziellen Bewerber gezielt anzusprechen und sie zu einer Reaktion, einer Bewerbung, zu bewegen. Neben der klassischen Stellenanzeige bietet das Web 2.0 auch hier vielfältige Möglichkeiten.

Fraport wird sich zukünftig in diesem Bereich stärker engagieren. Durch die guten Erfahrungen, die mit Podcasts gesammelt wurden, wird demnächst auch der Schritt zur Videoanzeige einem Test unterzogen. Dieses Instrument wird nicht für alle Stellen eingesetzt werden, sondern nur bei singulären Positionen, die schwer zu besetzen sind.

Networking-Plattformen

Durch den Wandel in der Nutzung des Mediums vom Informations- zum Interaktionsmedium ist ein verstärkter Drang entstanden, gewisse Daten der Allgemeinheit zur Verfügung zu stellen. Dazu stellen Networking-Plattformen die technische Infrastruktur zur Verfügung. Auf der bekanntesten Plattform, Xing, kann jedes Mitglied individuell festlegen, wer welche persönlichen Daten sehen darf. Neben persönlichen Daten sind dort auch Informationen zum gegenwärtigen Arbeitgeber und der momentanen Position zu finden.

Anhand dieser Informationen können Unternehmen die Business-Plattformen zur aktiven Bewerberansprache nutzen. Es können gezielt die Personen angesprochen werden, die in einer gewissen Position sind oder bei einem bestimmten Arbeitgeber arbeiten. Von Personalberatungsunternehmen werden solche Plattformen sehr stark in Anspruch genommen.

Video-Stellenanzeigen

Dieses Rekrutierungsinstrument wird von einigen Dienstleistern angeboten. Der hohe Verbreitungsgrad von Breitband-Internetverbindungen macht es für Arbeitgeber besonders interessant.

Die Video-Stellenanzeige kann unterstützend eingesetzt werden, indem der Link auf das Video entweder direkt in die Stellenanzeige integriert oder auf derselben Seite wie die Stellenanzeige platziert ist.

Darüber hinaus ist aber auch denkbar, dass die Videos auf eigens dafür bestimmte Seiten eingestellt werden.

Der große Vorteil des Videos ist, dass im Zusammenhang mit der Stelle einerseits das Unternehmen kurz in Bild und Ton dargestellt werden kann, andererseits kann der potenzielle Arbeitsplatz visualisiert und Kollegen und Vorgesetzte können vorgestellt werden. Dadurch ist eine größere emotionale Bindung an die Stelle möglich.

Gerade im Sinne der multimedialen Informationsbeschaffung und der sinkenden Lesebereitschaft in den jüngeren Zielgruppen werden Video-Stellenanzeigen in Zukunft ein fester Bestandteil im Personalmarketing-Mix der Unternehmen werden.

Ausblick

Der Arbeitsmarkt hat sich von einem Arbeitgebermarkt, wie er noch vor zwei Jahren existierte, in einen Arbeitnehmermarkt gewandelt. Besonders in den technischen Fachrichtungen besteht schon jetzt ein Nachfrageüberhang auf der Seite der Unternehmen.

Aufgrund der geburtenschwachen Jahrgänge werden die Hochschulen in den kommenden Jahren weniger Absolventen hervorbringen. Des Weiteren werden die geringen Studienanfängerzahlen in den technischen Studiengängen zu einem War for Talents führen.

Da Fraport mittelfristig einen hohen Bedarf an Ingenieuren und Informatikern hat, müssen wir versuchen, uns auf dem engen Markt zu behaupten.

Qualifizierte Bewerber werden unter verschiedenen Arbeitgebern auswählen können. Schon heute gibt es über 50.000 unbesetzte Ingenieurstellen in Deutschland. Da eine Besserung nicht in Aussicht ist, gilt es, sich jetzt schon darauf einzustellen.

Neben dem Aufbau eines starken Employer Branding wird es zukünftig entscheidend für den Rekrutierungserfolg sein, dass man kreative und unkonventionelle Wege verfolgt. Nur so sind Unternehmen in der Lage, sich auf dem Arbeitsmarkt von der Konkurrenz abzugrenzen und Bewerber individuell anzusprechen.

Für Fraport heißt das konkret, dass wir versuchen werden, die Instrumente, die uns das Web 2.0 bietet, in die Rekrutierung zu übertragen, und Talente, die wir über ein Praktikum identifizieren, schon frühzeitig an das Unternehmen zu binden, um die Personalbedarfe der Zukunft optimal besetzen zu können.

Wege aus der Demografiefalle – Herausforderungen in der Versicherungsbranche am Beispiel der Gothaer Versicherung

Thomas Barann und Dr. Petra Dick

Personalsituation[1]

Im Zuge von Deregulierung und Globalisierung ist die deutsche Versicherungswirtschaft seit einigen Jahren verschärftem Wettbewerb und steigendem Kostendruck ausgesetzt. Dies manifestiert sich u. a. in einer Verschlankung von Strukturen und Prozessen sowie einem damit verbundenen Personalabbau. So hat die Assekuranz im Jahr 2005 ca. 3 % ihres Personals abgebaut. Gleichwohl finden immer noch rund 700.000 Menschen Beschäftigung im Versicherungsgewerbe, davon ca. 45 % als nebenberuflich Tätige. Zugleich zeichnet sich die Versicherungswirtschaft durch eine traditionell hohe Frauen- und Teilzeitquote aus: Die Frauenquote betrug 2005 im Innendienst 53,5 %, die Teilzeitquote erreichte mit 18,6 % aller Innendienstmitarbeiter ein Rekordhoch.

Entwicklung der Altersstruktur

Der durch Alterung und Schrumpfung der Bevölkerung charakterisierte demografische Wandel hat auch in der Versicherungsbranche schon deutliche Spuren hinterlassen: Seit den 90er Jahren steigt der Altersdurchschnitt der angestellten Versicherungsmitarbeiter kontinuierlich an. 2005 wurde mit einem Mittelwert von 40,2 Jahren erstmals seit Beginn der statistischen Aufzeichnungen die Grenze von 40 Jahren überschritten.[2] Wie Bild 1 zeigt, ist das Gros der in der Versicherungswirtschaft Beschäftigten heute älter als 35 Jahre. Die größte Gruppe bildet dabei die mittlere Altersklasse der 36- bis 45-Jährigen – auch, weil ältere Mitarbeiter verstärkt

---

1. Vgl. Gesamtverband der deutschen Versicherungswirtschaft e. V. (Hrsg.) (2006): Jahrbuch 2006. Die deutsche Versicherungswirtschaft. Berlin
2. Vgl. ebenda

Altersgruppen	Dt. Versicherungs-wirtschaft 2005	
< 26 Jahre	10,7 %	
26 - 35 Jahre	22,4 %	
36 - 45 Jahre	33,9 %	
46 - 55 Jahre	25,4 %	66,9 %
> 55 Jahre	7,6 %	
Gesamt	100 %	
Durch-schnittsalter	40,2 Jahre	

Bild 1 Altersstruktur in der deutschen Versicherungswirtschaft[3]

vom Personalabbau der letzten Jahre betroffen waren und weniger junge Mitarbeiter eingestellt wurden.[3]

Der Trend zur „Überalterung" setzt sich aller Voraussicht nach fort. Die Prognose für 2010 lautet:[4]

- Das Durchschnittsalter der Belegschaften wird auf 42 Jahre ansteigen.
- 40% der Beschäftigten werden älter als 50 Jahre und 17,2% sogar älter als 60 Jahre sein.

Erschwerende Bedingungen

Der skizzierte demografische Trend wird von zwei Entwicklungen flankiert, die seine Brisanz erhöhen.

Steigende Nachfrage nach qualifizierten Mitarbeitern[5]

Kompetenzanforderungen und Qualifikationsniveau in Versicherungen sind bereits heute hoch. So verfügten 2005 74,4% der in Versicherungsunternehmen Beschäftigten über eine abgeschlossene Berufsausbildung. 43,4% der Beschäftigten konnten Abitur, Abschluss einer höheren Fachschule/Fachhochschule oder Hochschulabschluss vorweisen.[6] Zukünftig

---

3. Vgl. Arbeitgeberverband der Versicherungsunternehmen in Deutschland (2006): Flexible Personalstatistik 2005
4. Vgl. Schuppe, D. (2004): In die Zukunft blicken. Sonderdruck aus: Versicherungswirtschaft 22/2004
5. Vgl. Höhn, K. (2005): Ergebnisse der BWV-Zukunftswerkstatt: VGA-Jahrestagung 21. April 2005 in Ulm
6. Vgl. Gesamtverband der deutschen Versicherungswirtschaft e. V. (Hrsg.) (2006): Jahrbuch 2006. Die deutsche Versicherungswirtschaft. Berlin

werden die Anforderungen weiter steigen. Verantwortlich hierfür sind insbesondere komplexere Aufgabenstellungen, differenzierterer Versicherungsbedarf, erklärungsbedürftigere Versicherungsprodukte sowie zunehmend informierte und kritische Kunden. Zentrale Kompetenzen für Versicherungsmitarbeiter werden dabei vor allem Beratungs- und Verkaufskompetenz, Servicekompetenz, Produktwissen, Technikkompetenz, vernetztes Denken und Handeln sowie Strategie und Planung sein.

Sinkendes Bewerberpotenzial für eine Versicherungsausbildung

Zentrale Zielgruppe für eine Versicherungsausbildung sind in der Regel (Fach-)Abiturienten. Wenngleich deren Zahl voraussichtlich noch bis 2011 ansteigt, werden aufgrund einer zunehmenden Studienneigung schätzungsweise 75 % bis 85 % ein Studium aufnehmen und damit nicht für eine Versicherungsausbildung zur Verfügung stehen. Ab 2012 setzt schließlich eine demografisch bedingte Abnahme der (Fach-)Abiturientenzahlen ein.[7] Im Zuge dieser Entwicklungen wird der Wettbewerb auf dem externen Arbeitsmarkt weiter zunehmen.

Folgerungen

Die skizzierten Entwicklungen haben weit reichende Konsequenzen:

- Eine schrumpfende und alternde Bevölkerung steht einer steigenden Nachfrage nach qualifizierten Arbeitskräften gegenüber.

- Bei Pensionierung der heute stark vertretenen mittleren Jahrgänge droht ein massiver Kompetenzverlust.

Vor diesem Hintergrund lassen sich drei *zentrale Herausforderungen* für die Personalarbeit identifizieren:

- Förderung und Erhalt von Leistungsfähigkeit, Motivation und Image älterer Mitarbeiter,

- Schaffung und Erhalt von Entwicklungsperspektiven für Mitarbeiter jüngeren und mittleren Alters,

- Erhalt von Erfahrungswissen im Unternehmen.

---

7. Vgl. Sekretariat der Ständigen Konferenz der Kultusminister der Länder in der Bundesrepublik Deutschland (Hrsg.) (2005): Prognose der Studienanfänger, Studierenden und Hochschulabsolventen bis 2020. Bonn

Herausforderungen und Lösungsansätze in der Gothaer

Der Gothaer Konzern – Eckdaten

Die Gothaer zählt mit rund 3,9 Milliarden Euro Beitragseinnahmen und über 3,5 Millionen versicherten Mitgliedern zu den großen deutschen Versicherungskonzernen und ist einer der größten Versicherungsvereine auf Gegenseitigkeit in Deutschland.

Der Gothaer Konzern bietet Versicherungsleistungen in den Sparten „Schaden/Unfall", „Leben" und „Kranken" sowie Dienstleistungen im Bereich Vermögensberatung und persönliche Vorsorgestrategien. An der Konzernspitze steht die Gothaer Versicherungsbank. Die finanzielle Steuerung des Konzerns erfolgt über die Gothaer Finanzholding AG. Träger des operativen Geschäfts sind die Gothaer Allgemeine Versicherung AG, die Gothaer Lebensversicherung AG, die Gothaer Krankenversicherung AG, die ASSTEL Versicherungsgruppe sowie die Janitos Versicherung AG. 2006 waren im Durchschnitt 5.730 Mitarbeiter bei der Gothaer beschäftigt. Hauptstandort des Gothaer Konzerns ist Köln.

Personalwirtschaftliche Herausforderungen

Zu den größten und vordringlichsten strategischen Herausforderungen der Personalarbeit im Gothaer Konzern zählen die folgenden Aufgabenfelder.

Sicherstellung der Managementnachfolge

Das Alter der Gothaer Beschäftigten liegt noch über dem Durchschnitt der deutschen Versicherungswirtschaft. Dies hat erhebliche Auswirkungen auf die Nachfolgeplanung – auch und gerade im Management: So stehen bei einer im Wesentlichen unveränderten Anzahl an Führungsfunktionen bis 2016 über 100 altersbedingte Neubesetzungen von Führungspositionen an.

Da in vielen Bereichen zu wenig Potenzialträger für weitergehende Aufgaben vorhanden sind und der interne Pool der Managementnachwuchskräfte oft nicht ausreicht, um den Neubesetzungsbedarf in den beiden oberen Führungsebenen zu decken, steigt das Risiko, Managementpositionen nicht schnell genug oder nur mit hohem Aufwand (extern) besetzen zu können.

Gewinnung und Bindung qualifizierter Mitarbeiter

Neben der Besetzung von Führungsfunktionen avanciert auch die Gewinnung und Bindung qualifizierter Mitarbeiter ohne Führungsverantwortung zunehmend zur Herausforderung. Hierfür sind – unabhängig von demografischen Veränderungen – zwei Trends verantwortlich: Zum einen steigen aufgrund komplexer werdender Aufgaben und verstärkt benötigter Fachspezialisierung die Anforderungen an die Bewerber. Gleichzeitig wird die Rekrutierung schwieriger. Wesentliche Ursachen hierfür sind:

- geringe Wechselbereitschaft angesichts der instabilen Wirtschaftslage,

- vergleichsweise geringe Arbeitgeber-Attraktivität der Versicherungsbranche – insbesondere bei Hochschulabsolventen,

- Presseberichte über die Versicherungsbranche aufgrund aktueller Strukturveränderungen und damit verbundener Personalmaßnahmen sowie

- unzureichende Qualität der Ausbildung durch Schulen und Hochschulen.

Fazit

Die Gothaer-interne Situation verstärkt die Risiken der demografischen Entwicklung – insbesondere den Verlust an Erfahrungswissen bei Pensionierung größerer Mitarbeitergruppen und den Mangel an qualifiziertem Nachwuchs. Der Handlungsbedarf ist erkannt. Diesem begegnet die Gothaer mit verschiedenen Ansätzen.

Lösungsansatz 1:
Hochschulabsolventenprogramm „Management start up"

Um langfristig qualifizierten Führungsnachwuchs sicherstellen zu können, hat die Gothaer 2005 die bereits bestehenden Managemententwicklungsprogramme um einen weiteren Baustein – das so genannte Management-start-up-Programm – ergänzt. Dieses richtet sich an Hochschulabsolventen. Ziel ist es, durch ein attraktives Programm junge Talente zu gewinnen, zu binden und langfristig zu Führungsnachwuchskräften zu entwickeln. Wesentliche Charakteristika des Management-start-up-Programms sind:

- *Vertriebsorientierung:* Sieben der 14 Teilnehmer werden für den Vertrieb rekrutiert. Alle anderen Teilnehmer absolvieren ebenfalls einen mindestens dreimonatigen Aufenthalt im Vertrieb.

- *Flexibilität:* Das Programm ermöglicht eine systematische Entwicklung über Abteilungsgrenzen hinweg – z. B. durch regelmäßige Rotationen.

- *Langfristige Entwicklung:* Das Programm bietet neben „Learning on the Job" auch Seminare und Netzwerkbildung. Ein Entwicklungs-Assessment-Center nach zwei Jahren hilft bei der weiteren Orientierung.

- *Frauenförderung:* Zielsetzung ist die Rekrutierung von mindestens 50% Frauen.

Die ersten Erfahrungen sind durchwegs gut:

- Das Programm erweist sich als attraktiv: So gab es im ersten Jahrgang 1108 Bewerbungen auf 14 Stellen.
- Der Frauenanteil beträgt 50%. Hiermit ist ein wichtiger Grundstein für eine Erhöhung des Frauenanteils in Führungspositionen gelegt.
- Die Resonanz bei Teilnehmern und involvierten Fachbereichen ist ausgesprochen positiv.

Lösungsansatz 2:
Nachfolgeplanung auf der Basis von Job Families

Volatile Strukturen erschweren die Nachfolgeplanung

Wie bereits eingangs erwähnt, finden in der Versicherungswirtschaft seit einiger Zeit Veränderungen größeren Ausmaßes statt. Auch die Gothaer befindet sich seit 2001 in einem Prozess der Neuausrichtung. Mit dem „Gothaer Zukunftsprogramm", einem 4-Phasen-Modell, das auf die Verbesserung der Kosten- und Ertragssituation, die Stärkung der Marke und den Ausbau der vertrieblichen Leistungskraft abzielt, begegnet der Konzern mit Erfolg den verschärften Markt- und Wettbewerbsbedingungen. Damit gehen auch strukturelle Veränderungen einher, die eine mittel- und langfristige Nachfolgeplanung erschweren.

Keinen Ausweg aus dieser Problematik sehen wir darin, bei der Stellenbesetzung ausschließlich auf „Generalistentum" zu setzen – auch nicht bei Führungsfunktionen. Denn auch Führungskräfte benötigen für eine erfolgreiche Ausübung ihrer Funktion solides fachliches Know-how.

„Job Families" erleichtern die Nachfolgeplanung in volatilen Strukturen

Job Families sind Bündelungen inhaltlich verwandter Aufgaben und Funktionen, die vergleichbare erfolgskritische Fähigkeiten von den Funktionsinhabern fordern. Tabelle 1 illustriert dies am Beispiel der Gothaer Job Family „Produktentwicklung Personenversicherungen", die Funktionen aus unterschiedlichen Bereichen und Abteilungen einschließt.

Job Families sind unabhängig von bestehenden Strukturen und bleiben daher auch bei Umstrukturierungen stabil. Bei der Gothaer wurden bislang 14 Job Families identifiziert (siehe Bild 2).

Aufgrund ihrer Unabhängigkeit von bestehenden, häufig volatilen Strukturen bilden sie eine geeignete Basis für

- eine systematische Entwicklungs- und Nachfolgeplanung,

- eine zielgerichtete fachliche Entwicklung im Rahmen des Management-start-up-Programms sowie

- einen strukturierten Aufbau von Laufbahnkonzepten.

Tabelle 1
Merkmale der Job Family „Produktentwicklung Personenversicherungen"

Kernsatz	Die Produktentwicklung umfasst die Steuerung und Umsetzung aller Aktivitäten, die mit der Entwicklung (einschl. Kalkulation), Pflege und dem Controlling der Produkte zusammenhängen. Dies schließt die Abstimmung zu den Themen DV-Umsetzung, Vertriebseinführung, Profitabilität, Wettbewerbsanalyse und Prozesse mit ein.
Typische Aufgaben	• Produktbezogene Markt- und Wettbewerbsbeobachtung • Produktcontrolling und -pflege • Entwicklung neuer Produkte in Abstimmung mit allen relevanten Schnittstellen • Profit Testing • Tarifkalkulation • Steuerung der EDV-Umsetzung und Konzeption der Verarbeitungsprozesse • Entwicklung von Annahmerichtlinien
Erfolgskritische Skills	• Produktbezogenes Fach-Know-how und vertiefte Spartenkenntnisse • Kenntnisse zu Tarifentwicklungen, Verarbeitungsprozessen und technischen Systemen • Vertiefte versicherungsmathematische Kenntnisse; Kenntnisse aktuarieller Methoden • Grundlegendes Wissen zu Instrumenten und Prozessen des Vertriebs • Ausgeprägte Projektmanagement-Skills • Analytisches und konzeptionelles Denken • Kooperation und „Networking" (Schnittstellenmanagement) • Kommunikation und Überzeugungskraft • Durchsetzungskraft und Integrationsfähigkeit • Vertriebsaffinität
Schnittstellen	Job Families: Marketingorientierte Tätigkeiten, Vertrieb, Kranken Fabrik, Leben Fabrik[*]

[*]Die Begriffe „Kranken Fabrik" und „Leben Fabrik" bezeichnen die operativen Bereiche der Kranken- und Lebensversicherung.

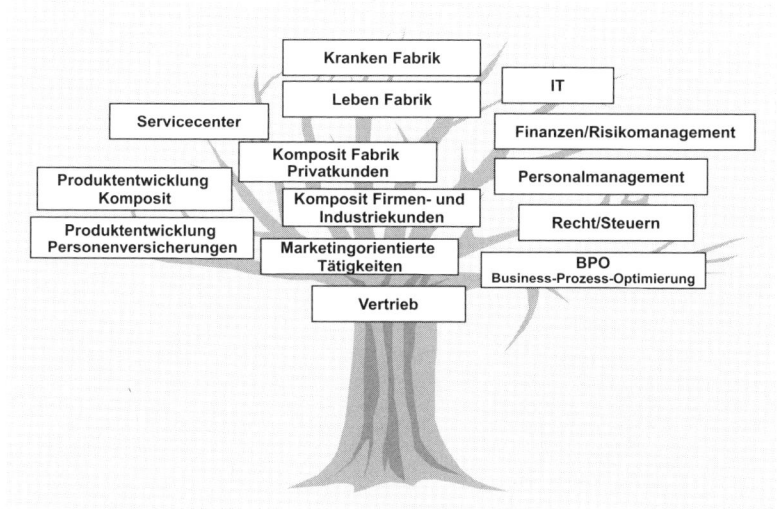

Bild 2 Übersicht Job Families

Lösungsansatz 3: Erschließung der Zielgruppe „Frauen" – Projekt „Frauen im Management"

Bei der Vielzahl der Veröffentlichungen zu Problemen und Lösungsbeiträgen im Kontext des demografischen Wandels wird erstaunlich wenig Augenmerk auf die Zielgruppe „Frauen" gelegt, die – wie eine Gegenüberstellung statistischer Zahlen in Tabelle 2 veranschaulicht – ein großes, bislang zu wenig genutztes Potenzial beinhaltet.

Trotz hoher Erwerbsbeteiligung und hohem Bildungsniveau sind Frauen im Management immer noch stark unterrepräsentiert. Zwar ist der Frauenanteil in Führungspositionen in der deutschen Wirtschaft seit 1995 kontinuierlich gestiegen, allerdings in kleinen Schritten und beginnend von einem sehr niedrigen Ausgangsniveau (8,2 %). Mit dem aktuellen Wert von insgesamt 15,4 % hinkt Deutschland im internationalen Vergleich immer noch hinterher. Weltweit liegt der Frauenanteil im Management bei 22 %, in der Europäischen Union bei 17 %.[8]

Der Gothaer Konzern bildet diesbezüglich keine Ausnahme. Obwohl die Gothaer über eine hohe Anzahl qualifizierter Frauen verfügt, ist auch hier der Frauenanteil in Führungspositionen – auch im Branchenvergleich – gering. Vor dem Hintergrund der aktuellen Herausforderungen avanciert

---

8. Vgl. www.hoppenstedt.de

Tabelle 2 Statistische Kennzahlen[*]

Frauenanteil bei …	
Vorständen in deutschen Großunternehmen 2007	3,0 %
Führungskräften 2007	
• in deutschen Unternehmen insgesamt	15,4 %
• in deutschen Großunternehmen	11,8 %
• in deutschen mittelständischen Unternehmen	17,2 %
• Erwerbstätigen 2005	44,9 %
• Hochschulabsolventen 2005	49,5 %
• Abiturienten 2005/2006	55,2 %

[*]Vgl. www.hoppenstedt.de zu den Frauenanteilen bei Vorständen und Führungskräften 2007;
Statistisches Bundesamt, www.destatis.de, zu den Frauenanteilen bei Erwerbstätigen,
Hochschulabsolventen und Abiturienten 2005/2006

die gezielte Erschließung der Zielgruppe „Frauen" für Managementpositionen jedoch zum kritischen Erfolgsfaktor.

Deshalb wurde Anfang 2007 das *Projekt „Frauen im Management"* aufgesetzt, mit dem die folgenden *Zielsetzungen* verknüpft sind.

Spürbare Erhöhung des Frauenanteils im Management

Bis 2016 soll in allen Strukturebenen[9] eine Steigerung des Frauenanteils gegenüber dem Stand von 2005 erreicht werden:

• Strukturebene 1: von 5,6 % auf 15 %

• Strukturebene 2: von 5,9 % auf 20 %

• Strukturebene 3: von 30,1 % auf 40 %.

Steigerung des Unternehmenswertes

Eine gezielte Karriereförderung für Frauen verspricht eine Steigerung von Produktivität, Rentabilität und Unternehmenswert. Maßgeblich hierfür sind folgende Effekte:

• bessere Nutzung des vorhandenen Humankapitals und Führungspotenzials,

• Steigerung von Zufriedenheit und Engagement der Mitarbeiterinnen,

---

9. Strukturebene 1 = Leitung Hauptabteilung, Niederlassung oder Organisationsdirektion
Strukturebene 2 = Leitung Abteilung, Vertriebsdirektion oder Maklerdirektion
Strukturebene 3 = Gruppenleitung

- Erhöhung von Flexibilität, Kreativität und Innovationskraft sowie effektivere Problemlösung durch Förderung von Vielfalt und Heterogenität („Diversity") anstelle von geschlechtsspezifischen Monokulturen,

- Gewinnung und Bindung qualifizierten Personals durch Verbesserung des Arbeitgeberimages und

- Verbesserung der Kundenzufriedenheit durch positive Beeinflussung des Unternehmensimages.

Das Projekt „Frauen im Management" konzentriert sich auf *drei Handlungsfelder:*

1. *Rekrutierung und Entwicklung*
   Wie Untersuchungen belegen, fließen in Personalauswahl- und Personalbeurteilungsprozesse stereotype und pauschalierende Vorstellungen über geschlechtsspezifische Eigenschaften, Verhaltensweisen und Kompetenzen und ihre Kompatibilität mit betrieblichen Anforderungen ein und beeinflussen somit Urteile mit weit reichenden Konsequenzen wie Einstellungen, Beförderungen oder Entwicklungsmaßnahmen. Auch wenn diese Vorgänge nicht in diskriminierender Absicht, sondern unbewusst geschehen, gehen sie nicht selten zu Lasten von Frauen – beeinträchtigen z. B. ihre Chancen, für Führungsaufgaben ausgewählt oder gezielt gefördert zu werden. Mit einer Überprüfung der gängigen Auswahl- und Beurteilungspraxis sowie einer Sensibilisierung von Führungskräften und weiteren an Auswahl- und Beurteilungsprozessen beteiligten Personen sollen die Voraussetzungen für eine Identifikation und Förderung von Führungspotenzial bei Mitarbeiterinnen und Bewerberinnen verbessert werden.

2. *Mentoring-Programm*
   Mit der Einführung eines institutionalisierten Mentoring-Programms wollen wir insbesondere weiblichen Nachwuchskräften und Potenzialträgern Karriereförderung im Unternehmen jenseits der hierarchischen Beziehungen bieten.

3. *Flexibilisierung der Karrierepfade*
   Dieses Handlungsfeld setzt schließlich am Spannungsfeld „Beruf und Familie" an, das eine wesentliche Barriere für weibliche Karrieren darstellt. Ziel ist es, verschiedene, sich möglichst ergänzende Ansätze zu konzipieren, die die Vereinbarkeit von Familie und Karriere fördern und bessere Karrieremöglichkeiten für Potenzialträgerinnen schaffen. Hierzu gehören neben veränderten bzw. ergänzten Laufbahn- und Karrierekonzepten Flexibilisierungsansätze bezüglich des Mitarbeitereinsatzes und Unterstützung bei der Kinderbetreuung.

Lösungsansatz 4:
Gesundheitsmanagement – GoFit-Mitarbeiterprogramm

Mit einem höheren Anteil älterer Mitarbeiter und einer zunehmenden Arbeitskräfteverknappung steigt auch die Bedeutung von betrieblichen Gesundheitsdienstleistungen.

Krankheitsstatistiken zeigen regelmäßig, dass Mitarbeiter über 50 zwar nicht häufiger, aber deutlich länger krank sind als ihre jüngeren Kollegen. So ist beispielsweise dem aktuellen Gesundheitsreport der DAK[10] zu entnehmen, dass 41% der Arbeitsunfähigkeitstage der DAK-Versicherten in 2006 auf die Altersgruppe 50+ entfallen. Damit verbunden sind hohe betriebswirtschaftliche, aber auch volkswirtschaftliche Kosten. So schätzte die Bundesanstalt für Arbeitsschutz und Arbeitsmedizin[11] – trotz moderater Krankenstände – den krankheitsbedingten Ausfall an Bruttowertschöpfung im Jahr 2005 bereits auf 66 Mrd. Euro. Dies entspricht 3% des Bruttonationaleinkommens. Damit wird offensichtlich, dass schon allein aufgrund der zunehmenden Krankenstände und der damit einhergehenden volkswirtschaftlichen Effekte akuter Handlungsbedarf besteht. Hinzu kommen möglicherweise noch Produktivitätsausfälle durch eine in Teilbereichen altersbedingt abnehmende Leistungsfähigkeit. Nur begrenzt Abhilfe verspricht hierbei die in den letzten Jahren weit verbreitete Frühpensionierungspolitik, denn sie wird sich langfristig nicht in der bisherigen Form fortsetzen lassen: Erstens entfällt mit dem Auslaufen des Altersteilzeitgesetzes eine zentrale rechtliche Grundlage, zweitens scheinen Frühpensionierungen bei einer steigenden Anzahl älterer Arbeitnehmer immer schwerer finanzierbar und drittens wird der Arbeitsmarkt zukünftig nicht genügend jüngere Fachkräfte bereithalten, um die Frühpensionisten vollständig zu ersetzen. Zudem würde man damit ein ohnehin drohendes Problem noch verstärken – nämlich den massiven Verlust an Erfahrungswissen bei Verrentung der heute stark vertretenen „Middle Agers". Wir werden daher zukünftig mehr denn je auf ältere Arbeitnehmer angewiesen sein und müssen deshalb alles tun, um ihre Leistungsfähigkeit und Motivation zu stärken.

Die Gothaer hat die Notwendigkeit betrieblicher Gesundheitsvorsorge frühzeitig erkannt und stellt ihren Mitarbeitern bereits seit mehreren Jahren mit dem *GoFit-Programm* ein umfassendes Maßnahmenpaket zur Förderung der individuellen Gesundheit zur Verfügung.

---

10. Vgl. DAK Gesundheitsreport 2007, www.dak.de
11. Vgl. www.baua.de

Das *Angebotsspektrum* umfasst

- Gesundheitsscreenings,
- ein Kursangebot mit den Schwerpunkten „Rückenprävention" (Rückenschule, Schulter-Nacken-Gymnastik) und „Entspannung" (Yoga, Pilates, Tai-Chi),
- Massagen und Physiotherapie,
- Ergo-Coaching (Beratung zur ergonomischen Gestaltung des Arbeitsplatzes) sowie
- Führungskräftetrainings.

Die *Ergebnisse* können sich sehen lassen: So gaben die Kursteilnehmer in einer Befragung durchwegs positive Urteile ab:

- 95% bewerten die GoFit-Qualität mit „sehr gut/gut".
- 75% ziehen aus den Kursinhalten direkten Nutzen zur Bewältigung ihres Berufsalltags.
- 69% spüren eine Verbesserung ihrer Rückenbeschwerden.
- 68% spüren eine Verbesserung ihres Entspannungszustandes.

Bei den Kursteilnehmern der Pilotgruppe aus den Jahren 2004/2005 konnte zudem eine Verbesserung der Anwesenheitsquote verzeichnet werden: Die Abnahme der Fehlzeiten gegenüber der Ausgangssituation betrug im 1. Jahr 10% und im 2. Jahr immerhin 22,5%.

Darüber hinaus bietet die neu gegründete „MediExpert Gesellschaft für betriebliches Gesundheitsmanagement mbH" seit März 2007 auch extern ein umfassendes Spektrum an Gesundheitsdienstleistungen an. Das betriebliche Gesundheitsmanagement stellt dabei einen Baustein des Gothaer Firmenservice für mehr Gesundheit im Betrieb dar, einem Rundum-Versorgungspaket für Unternehmen, deren Mitarbeiter sowie Familienangehörige.

Exkurs: Ältere Mitarbeiter – Vorurteile und Realität

Vor der Vorstellung des fünften und letzten hier dargestellten Lösungsansatzes im Gothaer Konzern soll in einem kurzen Exkurs auf den Realitätsgehalt gängiger Vorurteile gegenüber älteren Arbeitnehmern eingegangen werden. Hierüber geben einschlägige Forschungsergebnisse Aufschluss.

In einer Studie der Personalberatung Adecco mit der International University Bremen wurden u. a. Image, Leistung, Motivation, Arbeitszufriedenheit und Verbundenheit mit dem Unternehmen jüngerer und älterer Mitarbeiter untersucht.[12]

Demnach gibt es eine Tendenz zur Altersdiskriminierung: Ältere Mitarbeiter wurden in den untersuchten Unternehmen tendenziell schlechter eingeschätzt als ihre jüngeren Kollegen – z. B. hinsichtlich Aufgeschlossenheit, Flexibilität und Motivation. Diese Einschätzung wäre angesichts des allgemeinen „Jugendkultes" nicht weiter erstaunlich, würde sie nicht gleichzeitig durch folgende Ergebnisse widerlegt:

- Bezüglich Arbeitsleistung und Motivation wurden keine signifikanten Unterschiede zwischen jüngeren und älteren Mitarbeitern festgestellt.

- Arbeitszufriedenheit und Verbundenheit mit dem Unternehmen steigen sogar mit zunehmendem Alter.

Gleichwohl beeinflussen derartige Vorurteile heute vielfach die Erwerbsbiografien, und zwar zum Nachteil von Mitarbeitern, Unternehmen und Wirtschaft.

Aus den diversen wissenschaftlichen Befunden zur Entwicklung der Leistungsfähigkeit im Zeitverlauf lässt sich folgende Aussage ableiten: Das Alter hat – insbesondere bei Bürotätigkeiten, wie sie in der Versicherungswirtschaft die Regel sind – weniger Einfluss auf die Leistungsfähigkeit als gemeinhin angenommen. Dazu einige wesentliche Erkenntnisse in Kürze:

- Die Entwicklung der Leistungsfähigkeit im Lebenslauf wird stark beeinflusst durch Anlagen, Lebensumstände und Arbeitsbedingungen. Mit zunehmendem Alter treten individuelle Unterschiede stärker zutage.[13]

- Die allgemeine Leistungsfähigkeit älterer Mitarbeiter reduziert sich nicht kontinuierlich, da sich einzelne Kompetenzen unterschiedlich entwickeln: Zunehmend sind z. B. strategisches Denken und Handeln, Markt-/Kundenorientierung, Fachkenntnisse, Erfahrung/Routine, Qualitätsbewusstsein und Kommunikationsfähigkeit. Abnehmend sind dagegen u. a. Hör-/Sehfähigkeit, Muskelkraft, Reaktionsgeschwindigkeit, Lerngeschwindigkeit und Risikobereitschaft.[14]

---

12. Vgl. Adecco (2005): Demographische Fitness. (K)ein Thema für Unternehmen in Deutschland?; (vgl. auch Völpel, S., Leibold, M., Früchtenicht, J. (2007): Herausforderung 50 plus, Publicis Corporate Publishing, Erlangen)

13. Vgl. Fraunhofer IAO, IAT Stuttgart; Hacker, W. (o. J.): Leistungsfähigkeit und Alter, in: doku.iab.de/grauepap/2003/lauf_hacker_vortrag.pdf

14. Vgl. www.inqa.de; Eckardstein, D. v. (2004): Demographische Verschiebungen und ihre Bedeutung für das Personalmanagement, in: zfo, Heft 3, S. 128-135

- Die geistige Leistungsfähigkeit nimmt bis zum 50. Lebensjahr zu. Kognitives und logisches Denkvermögen bleiben bis zum 60. Lebensjahr unverändert.[15]
- Lernen erhält und erweitert das Leistungsvermögen älterer Mitarbeiter. Hierbei ist zu beachten: Ältere lernen anders als Jüngere. Der Lernerfolg ist neben der Motivation auch von der Lernmethode – Training „on the Job" anstatt theoretischer Wissensvermittlung – abhängig.[16]

Lösungsansatz 5: Das Senior-Expert-Modell

Wie dargestellt, sind ältere Mitarbeiter keineswegs generell und rundum leistungsschwächer als ihre jüngeren Kollegen. Sie haben vielmehr spezifische Stärken, deren gezielte Nutzung und Förderung besondere Chancen beinhaltet.

Dennoch stehen mit einer deutlich steigenden Zahl älterer Mitarbeiter diesen Chancen auch gewisse Risiken gegenüber:

- Mit steigendem Renteneintrittsalter droht ein Anstieg der Verweildauer in Führungspositionen („Sektkorken-Syndrom").
- Aufgrund des Trends zu schlanken Strukturen und flachen Hierarchien stehen weniger Führungsfunktionen zur Verfügung. Zugleich wächst der Bedarf, junge Leistungsträger durch attraktive Arbeitsangebote an das Unternehmen zu binden.
- Einkommenszuwächse bei einem steigenden Anteil älterer, vergleichsweise gut bezahlter Mitarbeiter scheinen kaum noch finanzierbar.
- Nicht alle Führungskräfte können bzw. wollen sich den Belastungen einer Führungsfunktion bis zum Berufsende aussetzen.

Einen Beitrag zur Lösung dieser Problematik sehen wir in der Schaffung neuer attraktiver Aufgabenfelder für ältere Führungskräfte, im Rahmen derer sie ihre Stärken zum Einsatz bringen können, ohne weiterhin dem Stress einer Führungsfunktion zu unterliegen.

Unter dieser Maxime wurde das Gothaer *Senior-Expert-Modell* entwickelt und bereits mehrfach mit Erfolg – d. h. zum Wohle von Mitarbeitern und Unternehmen – umgesetzt. Hierbei übernehmen Top-Manager Funktionen wie „Senior Consultant" oder „Senior Project Manager", die sich wie folgt charakterisieren lassen:

---

15. Vgl. Klaus Lurse Personal + Management AG (2005): Trendletter 2. November 2005
16. Vgl. ebenda

- Es handelt sich um anspruchsvolle Stabsfunktionen, die in der Regel direkt unterhalb des Vorstands oder in der darunter liegenden Ebene angesiedelt sind.

- Die Funktionen umfassen typischerweise Aufgabenfelder, die Unternehmenskenntnis, Erfahrung und Einbindung in Netzwerke erfordern. Dazu zählen insbesondere komplexe, bereichsübergreifende Projekte oder strategische Themen, teilweise auch Interimsmanagement.

- Die Ausgestaltung der Rahmenbedingungen (z. B. Arbeitszeit, Vergütung) erfolgt gemäß individueller Absprache.

Tabelle 3 Nutzenpotenziale des Senior-Expert-Modells

Nutzenpotenziale für das Unternehmen	Nutzenpotenziale für den Mitarbeiter
• Erhalt, Nutzung und Weitergabe von Erfahrungswissen • Nutzung, Pflege und Weiterentwicklung von Netzwerken • Schaffung von Karriereperspektiven für jüngere Potenzialträger	• Neue Herausforderung durch anspruchsvolle und angesehene Tätigkeit • Entlastung von Linienaufgaben und Führungsverantwortung • Verbesserung der Work-Life-Balance • Gleitender Ausstieg aus dem Arbeitsleben

Dieser Ansatz erscheint vielversprechend, denn er beinhaltet sowohl aus Unternehmens- als auch aus Mitarbeiterperspektive große Nutzenpotenziale (vgl. Tabelle 3).

Ausblick: Ein visionärer Ansatz

Abschließend wollen wir einige bewusst visionäre Überlegungen zu neuen Erwerbsbiografien und deren Ausgestaltung im Rahmen eines integrierten personalwirtschaftlichen Ansatzes vorstellen.

Unsere Ausgangsthese lautet: Bei vielen Arbeitnehmern divergieren persönliche Leistungsfähigkeit, Kapitalbedarf und Einkommen in den verschiedenen Phasen des Erwerbslebens (siehe Bild 3).

In der „Aufbau- und Investitionsphase" (Hausbau, Familiengründung etc.) unterschreitet das Einkommen meist den Kapitalbedarf und die persönliche Leistungsfähigkeit. Später steigt das Einkommen dagegen oft

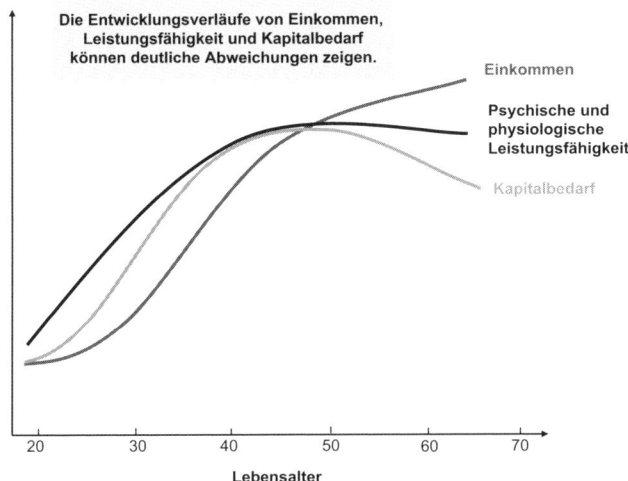

Bild 3 Einkommen, Leistungsfähigkeit und Kapitalbedarf im Erwerbsverlauf – Prinzipdarstellung

auch dann weiter, wenn der Kapitalbedarf sinkt (beispielsweise weil die
Hypotheken getilgt sind und die Ausbildung der Kinder finanziert ist)
und die Leistungsfähigkeit stagniert oder sogar sinkt.

Neue Erwerbsbiografien

Durch eine Annäherung dieser drei Parameter im Laufe eines Erwerbslebens ließe sich eine „Win-win-Situation" für Mitarbeiter und Unternehmen schaffen.

Junge, leistungsstarke Arbeitnehmer könnten ihre Einkommen steigern,
eine Altersversorgung oder Zeitwertkonten aufbauen. Die Unternehmen
würden von einer optimierten Ausschöpfung der sich demografisch ver-
ringernden Leistungspotenziale der jüngeren Generation profitieren. Der
demografisch verstärkte „War for Talents" ließe sich so mildern, z. B.
durch längere, flexiblere Arbeitszeiten.

Ältere Mitarbeiter mit niedrigerem Kapitalbedarf erhielten die Möglichkeit, gegen eine entsprechende Einkommensreduktion beruflich „kürzer-
zutreten", wobei das Erfahrungswissen in den Unternehmen bliebe. Oder
sie könnten bei entsprechenden Zeitwertguthaben vorzeitig aus dem Berufsleben ausscheiden. Die dadurch frei werdenden Mittel könnten Unternehmen in junge Leistungs- und Potenzialträger investieren. Eine entsprechende „Umverteilung" könnte sich schließlich auch positiv auf die

Kostenentwicklung auswirken. Denn wenn es – wie prognostiziert – zukünftig mehr 50- als 30-Jährige gibt und erstere erfahrungsgemäß besser verdienen als ihre jüngeren Kollegen, könnten Einkommenserhöhungen bei den jüngeren durch entsprechende Einkommensreduktionen bei älteren Mitarbeitern zumindest kompensiert, wenn nicht sogar überkompensiert werden.

Ansatzpunkte zur Realisierung dieser Zielvorstellungen zeigt der nachfolgend dargestellte personalwirtschaftliche Konzeptentwurf, der Aspekte aus vier verschiedenen Feldern betrieblicher Personalarbeit in sich vereinigt.

Ein integrierter personalwirtschaftlicher Ansatz

Kernelemente dieses Ansatzes sind

- eine Flexibilisierung der Regelarbeitszeit,

- eine Veränderung des Karriereverständnisses,

- neue Laufbahnmuster sowie

- neue Vergütungskonzepte.

Flexibilisierung der Regelarbeitszeit

Um Leistungsfähigkeit, Kapitalbedarf, Einkommen sowie unternehmerische Interessen während des Erwerbsverlaufs in besseren Einklang zu bringen, bedarf es veränderter Lebensarbeitszeitbiografien.

Fundamental scheint hierbei eine Liberalisierung bzw. Flexibilisierung der Regelarbeitszeit, damit Mitarbeiter in Zeiten hoher Leistungsfähigkeit auch tatsächlich mehr arbeiten und verdienen bzw. „erwirtschaften" können. Hier sind auch die Tarifvertragsparteien gefordert, günstige Voraussetzungen zu schaffen – z. B. durch entsprechende Öffnungsklauseln in Tarifverträgen.

Wie die lebensphasenorientierte Ausgestaltung eines Erwerbsverlaufes aussehen könnte, ist beispielhaft in Bild 4 dargestellt.

Betrachtet wird hier ein Zeitraum von 42 Jahren – also das gesamte Arbeitsleben eines Mitarbeiters: Zunächst arbeitet dieser Mitarbeiter deutlich über 100 % der regulären Arbeitszeit. Seine individuelle Arbeitszeit liegt 15 Jahre lang 20 % und zehn Jahre lang 10 % über der 100-%-Marke (Erwirtschaftungsphase). Ab Alter 50 beginnt er dann diese hohe Arbeitszeit sukzessive zu reduzieren – für fünf Jahre auf 100 %, für weitere fünf Jahre auf 90 % und für die restlichen sieben Jahre schließlich auf 50 % der regulären Arbeitszeit (Kompensationsphase).

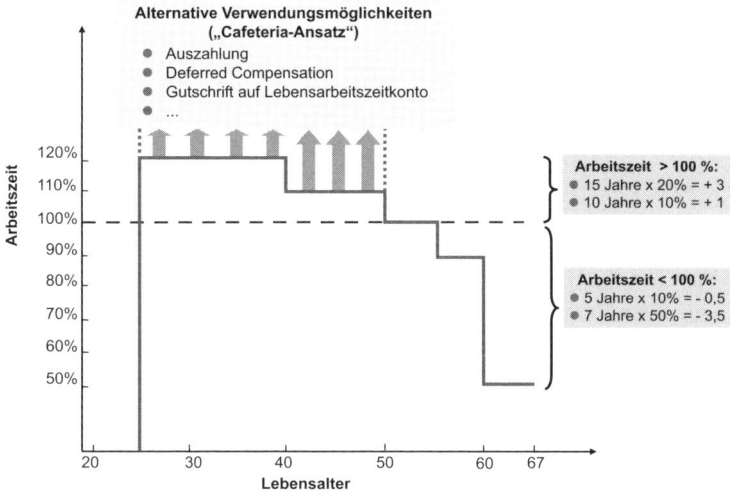

Bild 4 Flexible Regelarbeitszeit – ein Gestaltungsbeispiel

Der Ertrag aus der „Erwirtschaftungsphase" könnte nach einem Cafeteria-Ansatz unterschiedlich verwendet werden: Der Mitarbeiter kann sich die Mehrarbeit in jüngeren Jahren in bar vergüten lassen, sie zum Aufbau einer Deferred Compensation (aufgeschobene Vergütung, z.b. in Form einer betrieblichen Altersversorgung) verwenden oder auf einem Lebensarbeitszeitkonto gutschreiben lassen, um später in Teilzeit arbeiten zu können. Auch kombinierte Lösungen – ein Teil wird sofort ausbezahlt, ein Teil obligatorisch für zukünftige Verwendungszwecke angespart – sind denkbar. Aufgrund des besonderen Charakters dieses Modells entfallen Mehrarbeitsvergütungen in der „Erwirtschaftungsphase".

Karriereverständnis: Vom Hierarchie- zum Rollendenken

Unter „Karriere" versteht man heute in der Regel kontinuierlichen hierarchischen Aufstieg, verbunden mit steigendem Einkommen und Status. Zementiert wird dieses Verständnis durch die immer noch gängige betriebliche und tarifliche Praxis senioritätsorientierter Vergütungen sowie durch ein in Deutschland kulturell verankertes Wertesystem mit ausgeprägtem Besitzstandsdenken. Dieses Karriereverständnis wird vor dem Hintergrund drohender Entwicklungen – längere Verweildauern in weniger Führungsfunktionen, fehlende Entwicklungsperspektiven für junge Leistungsträger, Anstieg der Gehaltskosten – zunehmend problematisch.

Die Abkehr vom konventionellen Karriere-, Status- und Besitzstandsdenken ist deshalb dringend notwendig.

Karriere – so unsere Vision – muss in Zukunft definiert werden als die erfolgreiche Wahrnehmung verschiedener Funktionen und Rollen im Unternehmen – unabhängig von der hierarchischen Verankerung, z. B.

- Sachbearbeiter und Projektleiter,
- Führungskraft und Senior Berater oder auch
- von der Führungskraft zum Senior Berater.

Ein entsprechender Paradigmenwechsel erfordert die Verankerung eines veränderten Karriereverständnisses in der Kultur unserer Unternehmen (z. B. durch Aufnahme in Unternehmens- und Führungsgrundsätze, gezielte Kommunikation, Vorbildverhalten der Führungskräfte) und eine systematische Verknüpfung mit adäquaten Laufbahn- und Vergütungskonzepten.

Neue Laufbahnmuster

Die skizzierte Veränderung des Karriereverständnisses manifestiert sich in neuen – wie folgt charakterisierten – Laufbahnmustern:

- Der Wert einer Funktion resultiert nicht aus der Hierarchiezuordnung, sondern aus den funktionalen Anforderungen.
- Neben der vertraglichen Basisausstattung gibt es zeitlich befristete, qualifizierende und separat honorierte Zusatzaufgaben.
- Die Zusatzaufgaben sind zentrale Elemente der Karriereentwicklung („Karrierebausteine" oder auch „Job Nuggets").
- Horizontale und vertikale Rotationen gehören zum Alltag.

Mit einer zeitlich befristeten Vergabe von qualifizierenden Zusatzaufgaben wird „Personalentwicklung on the Job" zum integralen Bestandteil und zur zentralen Lernform im Rahmen neuer Laufbahnmuster. Eine solche Entwicklung könnte sich im Personalbereich beispielsweise folgendermaßen vollziehen (siehe Bild 5): Ausgangspunkt ist eine administrativ ausgerichtete Basisfunktion „Personalsachbearbeiter". Durch sukzessive erfolgreiche Übernahme typischer Personalreferententätigkeiten, wie etwa Personalmarketing, Personalauswahl etc. bis hin zu kleineren Führungsaufgaben, wird im Laufe der Zeit die Qualifikation für eine anspruchsvollere Basisfunktion, wie z. B. Gruppenleiter, erworben. Nach Übernahme der neuen Basisfunktion kann die Entwicklung auf höherem Niveau fortgesetzt werden, z. B. in Richtung Abteilungsleitung oder Projektmanagement.

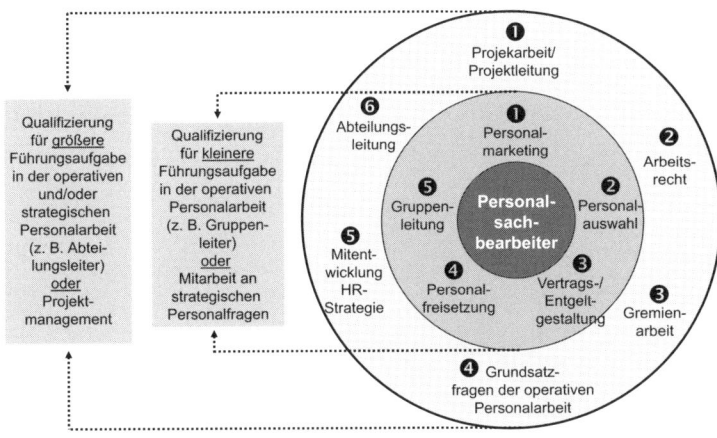

Bild 5 Karrierebausteine im Rahmen neuer Laufbahnmuster – Beispiel „Personal"

Eine solche Karriereentwicklung bietet mehrere Vorteile:

• Rollen und Funktionen können gezielter den altersgemäßen Kompetenzen angepasst und damit können attraktive Aufgaben für jüngere und ältere Leistungsträger zur Verfügung gestellt werden. Dies verspricht sowohl eine verbesserte Ausschöpfung vorhandener Potenziale als auch eine Erhöhung der Mitarbeiterbindung und -motivation in allen Altersgruppen.

• Es erfolgt mehr Zusammenarbeit und verstärkter Wissensaustausch zwischen den Generationen. Dadurch wird es möglich, Erfahrungswissen im Unternehmen zu halten und zugleich etablierte Vorgehensweisen zu hinterfragen, neue Impulse zu erlangen und die Innovationsfähigkeit des Unternehmens zu steigern.

• Einseitigen Spezialisierungen wird vorgebeugt, die Arbeitsmarktfähigkeit der Mitarbeiter wird erhöht.

• Da Job-Rotation und Befristung – auch im Management – zur Normalität werden, bewirkt ein Ausstieg aus einer Führungsfunktion keinen Einbruch im Ansehen eines Mitarbeiters.

Neue Vergütungskonzepte

Mit der Übernahme zeitlich befristeter Zusatzaufgaben erhalten die Mitarbeiter – neben Entwicklungsperspektiven – auch die Möglichkeit, ergänzend zu ihrer Basisvergütung, bestehend aus Fixgehalt und leistungs-/ergebnisorientierter variabler Vergütung, einen weiteren Gehaltsbaustein (z. B. eine Zulage) zu beziehen.

Mit Blick auf die eingangs aufgezeigte Zielsetzung – eine Anpassung der Einkommensentwicklung an Kapitalbedarf und Leistungsfähigkeit – können wir nun festhalten: Dreh- und Angelpunkt ist der flexible Einsatz von Zusatzaufgaben (Karrierebausteinen) im Rahmen liberalisierter Arbeitszeiten (siehe Bild 6).

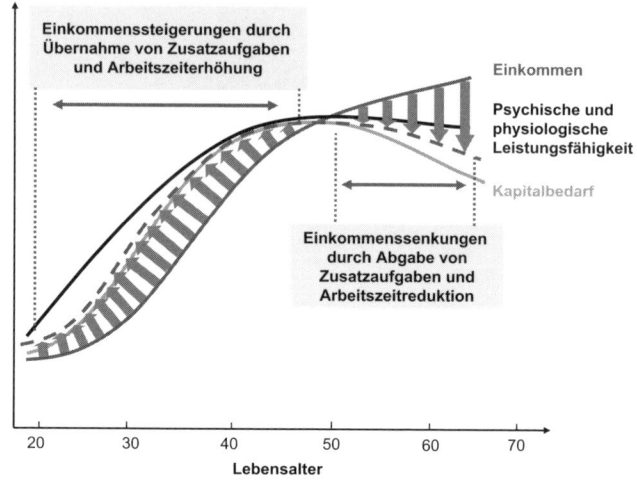

Bild 6 Einkommen, Leistungsfähigkeit und Kapitalbedarf im Erwerbsverlauf – Zielsituation

Eine weitere, wesentliche Voraussetzung für eine entsprechende Trendwende in der Vergütungspolitik ist eine Neugestaltung üblicher Gehaltstarife. Zentral ist hierbei eine Abkehr von den weit verbreiteten Berufsjahresstaffelungen. Beim Gehaltstarif für das private Versicherungsgewerbe halten wir beispielsweise folgende Veränderungen für denkbar:

- Pro Tarifgruppe gibt es nur noch ein Basisgehalt.

- An die Stelle der Staffelung der Berufsjahre tritt eine anforderungsorientierte Staffelung für Zusatzaufgaben.

- Der Begriff „Verantwortungszulage" wird neu definiert: Zum einen bleibt er nicht auf Führungsaufgaben beschränkt, sondern wird so erweitert, dass sich darunter alle Zusatzaufgaben subsumieren lassen. Zum zweiten wird er nicht an die Tarifgruppe, sondern an die Anforderungsstufe der Zusatzaufgabe gebunden.

Bild 7 zeigt einen Vorschlag zur Ausgestaltung.

Nur <u>ein</u> Basisgehalt pro Tarifgruppe (keine Berufsjahresstaffel)

Staffelung für Karrierebausteine („Job Nuggets")

Anforderungsstufe des Karrierebausteins	Verantwortungszulage
Anforderungsstufe 1: niedrig	150 € Zulage
Anforderungsstufe 2: mittel	250 € Zulage
Anforderungsstufe 3: hoch	500 € Zulage
Anforderungsstufe 4: sehr hoch	750 € Zulage

Neudefinition der Verantwortungszulage
- Erweiterung (nicht auf Führungsaufgaben beschränkt)
- Bindung an Anforderungsstufe des Karrierebausteins, nicht an Tarifgruppe
- Regelung über Beispielkatalog oder Funktionsbewertung auf betrieblicher Ebene

Bild 7 Vorschlag zur Veränderung der Gehaltstarife

Fazit

Zusammenfassend lässt sich festhalten: Die Kernelemente unseres visionären Ansatzes eröffnen eine Reihe von Chancen:

- Sie ermöglichen lebenszyklusorientierte Karrieren.

- Sie bieten kontinuierliche Weiterbildung „on the Job" – verknüpft mit einer Verbesserung der Einkommenschancen.

- Sie erhöhen die Karrierechancen im Unternehmen und die Employability am Arbeitsmarkt.

- Sie unterstützen Rückzüge aus Führungsfunktionen ohne Imageverlust.

- Sie erschließen neue Handlungsfelder für ältere Mitarbeiter.

- Sie erleichtern einen gleitenden Ausstieg aus dem Berufsleben.

- Sie erleichtern Arbeitgebern in erheblichem Maße das Management der demografischen Herausforderungen.

Uns ist bewusst, dass die Realisierung eines derartigen Konzeptes nicht einfach ist. Hierzu bedarf es nicht nur vieler weiterführender Überlegungen zur konkreten Ausgestaltung, sondern vor allem auch tiefgreifender kultureller und struktureller Veränderungen, die nur von Personalmanagern, Unternehmensleitungen, Gewerkschaften und Gesetzgebern gemeinsam getragen werden können. Gleichwohl halten wir es für lohnenswert, im Kontext der demografischen Herausforderungen mit visionären Überlegungen wie dem vorgestellten Ansatz gezielt neue Impulse zu setzen.

Mitarbeiter-Kommunikation im Baukastensystem – Beispiel Hotel Schindlerhof

Nicole Kobjoll

Das Tagungshotel Schindlerhof in Nürnberg mit seinen 95 Zimmern und zirka 70 Mitarbeiterinnen und Mitarbeitern ist eines der ganz wenigen kleineren Privathotels in Deutschland, in dem die Inhaber die Übergabe an die nächste Generation im Interesse des Unternehmens und aller Beteiligten frühzeitig initiiert haben; bis 2009 wird sie in allen Details konsequent durchgeführt.

Das Unternehmen hat in den unterschiedlichsten Kategorien Auszeichnungen erhalten. Im Zusammenhang mit dem hier dargestellten Thema Qualitätsmanagement und Mitarbeitermotivation sind dies im Einzelnen:

- 1998: „European Quality Award for Independent Small and Medium Size Companies" der European Foundation for Quality Management (EFQM), Brüssel
- 1998 und 2003: Ludwig-Erhard-Preis der Deutschen Gesellschaft für Qualität, Frankfurt
- 2004: „Special Prize des European Quality Award (EQA) for Outstanding People Development and Involvement" (Herausragende Mitarbeiterorientierung), Brüssel 2003
- 2007: Europas beste Arbeitgeber – „Great Place to Work – Europe": Schindlerhof unter Europas Top 100

Kontinuierliche Weiterentwicklung unter Einbindung neuer und kreativer Systemkomponenten

Die folgenden Ausführungen zur Mitarbeiterkommunikation im Hotel Schindlerhof in Nürnberg sind nicht nach einem zeitlichen Raster aufgebaut, sondern vermitteln Erfahrungswerte, die im Laufe der vergangenen 22 Jahre immer weiter entwickelt und der Praxis entsprechend eingebunden wurden. Dies ist ein fließender Prozess, der in regelmäßigen Abständen überprüft und modifiziert wird. Er unterliegt somit keinem starren Muster und lässt entscheidenden Spielraum für eine kontinuierliche Weiterentwicklung unter Einbindung neuer kreativer und innovativer Systemkomponenten. Konsequente Basis ist dabei unser Total Quality Management. Dieser Beitrag ist daher als eine Art Baukastensystem zu betrachten, dessen Module im Rahmen des bewährten Schindlerhof-Systems auf unterschiedliche Weise immer wieder ineinandergreifen und sich sinnvoll ergänzen. Untrennbar miteinander verbunden sind dabei zu jeder Zeit zwei Komponenten: unsere gezielte und individuelle, auf unser Unternehmen ausgerichtete Mitarbeitermotivation und unsere sehr besondere, sich vom Wettbewerb erkennbar abhebende Kundenorientierung. Denn nur daraus lässt sich der langjährige Erfolg unseres Hotels mit seinen zahlreichen Auszeichnungen ableiten – und dies sowohl im Bereich der Mitarbeitermotivation als auch in dem des Kundenbeziehungsmanagements.

„Wer sich eine schwierige Aufgabe stellt, braucht keine
Angst zu haben, dass er viel Konkurrenz bekommt."

„Spielkultur" im Schindlerhof

Im Rahmen der Schindlerhof-Philosophie bringen zehn Kerngedanken – auf die hier nur in Teilbereichen eingegangen wird – zum Ausdruck, welche Prioritäten und Werte der Führung unseres Unternehmens zugrunde liegen. Daraus abgeleitet werden sechs „Spielregeln", die für alle Mitarbeiter – für uns „Mitunternehmer" – verbindliche Gültigkeit haben:

1. Der Gast steht im Mittelpunkt unseres Tuns.

2. Alle im Unternehmen orientieren sich in ihrem Tun und Handeln am Wohl des Gastes.

3. Der Erfolg unseres Unternehmens resultiert aus den Erfolgen unserer Mitunternehmer.

4. Alle Mitunternehmer setzen ihr Wissen und Können dafür ein, neue und bessere Lösungsmöglichkeiten zu finden.

5. Je mehr Nutzen wir unseren Gästen bieten, desto höher wird der Nutzen sein, den wir dafür ernten.

6. Alle Mitunternehmer haben die Chance, am Unternehmens-Credo mitzuwirken.

Die drei im Folgenden beschriebenen der zehn Kerngedanken unserer Philosophie richten sich vorrangig an die Führungskräfte unseres Unternehmens. Diese Kerngedanken sind gleichzeitig auch Kernprozesse, denn sie stehen beispielhaft für wichtige Managementinstrumente unseres Unternehmens.

Aktive Vorbildfunktion

Die aktive Vorbildfunktion wird im täglichen Handeln deutlich. So ist etwa jeder Abteilungsleiter zu jeder Zeit in der Lage, in jede Position seiner Abteilung zu schlüpfen. Darüber hinaus finden regelmäßig Qualitätszirkel auf Abteilungsleiterebene statt sowie mit abteilungsspezifischen Gruppen zur Planung von Veranstaltungen, zur Verbesserung von Problemzuständen oder zur Einführung neuer Dienstleistungen. Das heißt, im Schindlerhof wird wenig bis gar nichts dem Zufall überlassen, denn Kundenzufriedenheit ist oberstes Gebot.

Mitarbeiterbefragung und Beurteilungsgespräche

Unsere Führungskräfte bilden sich in ihrer Freizeit fachlich und persönlich weiter. So gewonnenes Wissen wird konsequent in internen Seminaren an die Mitarbeiter weitergegeben. Herrschaftswissen existiert im Schindlerhof nicht. Für den bei uns gelebten Führungsstil stehen im Wesentlichen zwei Informationsquellen zur Verfügung. Dies ist zum einen die Auswertung von jährlich stattfindenden Mitarbeiterbefragungen innerhalb der Abteilungen, zum anderen sind es ebenfalls jährlich durchgeführte Beurteilungsgespräche zwischen Unternehmensführung und Abteilungsleitern. Die Ergebnisse dieser Gespräche dienen als Grundlage zur allgemeinen und spezifischen Verbesserung von Leistungen im Sinne von Gästen und Mitarbeitern.

Gebündeltes Ideenpotenzial

Kontinuierliche und konsequente Verbesserungen im Unternehmen sind ganz wesentlicher Bestandteil unserer Unternehmenskultur. Motor für unser innerbetriebliches Verbesserungsvorschlagswesen sind die Abteilungsleiter. Es ist ihre Aufgabe, das Ideenpotenzial ihrer Mitarbeiter freizusetzen und zu nutzen.

„Einzigartig und nicht kopierbar sind die Beziehungen eines Unternehmens zu seinen Mitarbeitern und die Beziehungen der Mitarbeiter zu ihren Kunden."

Strategie und Planung im Schindlerhof

Der Bereich Strategie und Planung umfasst im Schindlerhof drei Ebenen:

- Die „Spielkultur" steht für langfristige, nicht quantifizierte Unternehmensziele.
- Der Periodenzielplan konkretisiert mittel- bis langfristige Unternehmensziele.
- Der Jahreszielplan konzentriert sich auf kurzfristige quantitative und qualitative Ziele.

Für diese strategischen und planerischen Maßnahmen haben sich gewisse Zeiträume bewährt, nach denen sie auf ihren Gehalt und ihre Realisierung hin überarbeitet bzw. kontrolliert werden:

- Periodenzielplan – alle sieben Jahre
- „Spielkultur" – alle vier Jahre
- Jahreszielplan – jährlich
- Monatsbericht – monatlich
- Soll-Ist-Vergleich – täglich

Einbindung aller Beteiligten

Der Jahreszielplan ist unser wichtigstes strategisches Instrument – eingeführt wurde er im Jahr 1988. Seitdem wird der Prozess seiner Erstellung ständig überprüft und verfeinert. Der Erstellung des Jahreszielplans wird jeweils ein Strategietag vorgeschaltet, der von einem externen Unternehmensberater begleitet wird. An diesem Tag werden – basierend auf den über ein Jahr gesammelten Unternehmens- und Marktinformationen – die aktuelle Marktsituation und Wettbewerbsstellung diskutiert.

Im Anschluss an diesen Strategietag planen alle Abteilungsleiter gemeinsam mit ihren Mitarbeitern den Umsatz ihrer Abteilung für das Folgejahr. Dies geschieht – auf den Monat heruntergebrochen – anhand der erreichten Umsätze des laufenden Jahres (November und Dezember werden sorgfältig geschätzt) plus Preiserhöhung plus echtem Zuwachs. Letzterer muss durch Aktionen, Maßnahmen und Marketinginstrumente begründet werden, die diesem Zuwachs dienen. Im Vorfeld befassen sich weitere Diskussionsrunden in den einzelnen Abteilungen mit Investitionswünschen und möglichen Verbesserungen.

Kommunikation der Inhalte nach innen und außen

Wir – die Inhaberfamilie – stellen den Jahreszielplan im Rahmen einer internen Veranstaltung allen Mitarbeitern persönlich vor, erläutern ihn im Detail und hinterfragen ihn, um sicherzustellen, dass die Inhalte von allen verstanden wurden.

Damit „alte" und neue Mitarbeiter jeweils auf dem gleichen aktuellen Informationsstand sind, beginnt die Kommunikation von Strategie und Planung im Schindlerhof bereits vor dem ersten Arbeitstag eines jeden Mitarbeiters. Denn im Rahmen des fortgeschrittenen Bewerbungsprozesses erhält er ein Exemplar unserer „Spielkultur", um sich im Vorfeld mit den langfristigen Unternehmenszielen vertraut zu machen. Im Unternehmen erhält er am ersten Arbeitstag ein aktuelles Exemplar des Jahreszielplans, aus dem alle Zielsetzungen für das laufende Jahr entnommen werden können.

Die Kommunikation von Strategie und Planung erfolgt aber nicht nur intern. Unsere „Spielkultur" liegt im gesamten Unternehmen aus und ist integrierter Bestandteil unserer Informationsmappe. Sie und den Jahreszielplan erhalten darüber hinaus alle Stammkunden, Stammlieferanten und die mit uns in einer Geschäftsverbindung stehenden Banken, externen Berater und Steuerberater.

Stringentes Kostenmanagement

Die im Jahreszielplan gesetzten quantitativen und qualitativen Ziele werden über Kennzahlen kontrolliert. Ein stringentes Kostenmanagement regelt umsatzbezogene Abweichungen. Abweichungen im Bereich der Teamkosten werden durch Nutzung der natürlichen Fluktuation aufgefangen, Abweichungen bei den Warenkosten durch straffere Preisverhandlungen oder durch eine Veränderung der Angebotsstruktur.

Bei strategischen Entscheidungen, die mit hohen Investitionen verknüpft sind, werden die Banken und der Steuerberater im Vorfeld mit einbezogen, um rechtzeitig alle Möglichkeiten von Maßnahmen und Terminen sinnvoll abzuklopfen.

Mitarbeiterorientierung – Führen mit Visionen

Fähigkeitsprofile unserer Mitarbeiter werden auf der Basis unseres Einstellungsfilters erstellt, der neun Phasen umfasst:

- Selbstdarstellung des Unternehmens

- Vorstellungsgespräch – gerne auch an Sonn- und Feiertagen
- Ausführliche Hausführung – auch an alle „Schandflecken" des Hotels
- Partneranalyse
- Weiteres persönliches Gespräch (Sympathie, leuchtende Augen, Konzernerfahrung?)
- Zweitägige Arbeitsprobe
- Graphologisches Gutachten (meist nur bei Führungskräften)
- Spielvertrag und Spielregeln
- Probezeit

Einstellungsprozess in neun Phasen

Potenzielle Bewerber erhalten als erstes ein Kurzportrait des Unternehmens, das Umsatzziele und betriebliche Kennzahlen enthält. Hinzu kommen ein persönlicher Einladungsbrief der zukünftigen Führungskraft, die Spielkultur, aktuelle Presseberichte, Kurzportraits der Inhaber, unser Hausprospekt, der Mitarbeiterprospekt und das Organigramm. Nimmt der Bewerber diese Einladung an, erhält er als Erstes eine umfassende Hausführung, die ihn vor allem auch hinter die Kulissen schauen lässt. Im Anschluss daran muss jeder Bewerber eine von uns entworfene Partneranalyse ausfüllen, die Fragen zu seinen Neigungen, seinen Kenntnissen und seinen Erwartungen stellt. Diese Partneranalyse dient bei späteren Orientierungsgesprächen als Grundlage für einen individuellen Weiterbildungsplan. Es folgt ein persönliches Vorstellungsgespräch mit der Unternehmensführung bzw. mit dem zukünftigen Abteilungsleiter. Besteht im Anschluss daran noch ein ernsthaftes Interesse an einer Zusammenarbeit, wird ein Termin für ein zweitägiges Probearbeiten vereinbart. Während dieser zwei Tage haben Mitarbeiter und Abteilungsleiter die Möglichkeit, den Bewerber kennen zu lernen und zu beurteilen. Gleichzeitig kann der Bewerber seine zukünftige Arbeitsstelle in Augenschein nehmen und sich mit den an ihn gestellten Anforderungen bekannt machen. Hat der Bewerber alle Phasen durchlaufen und besteht beiderseits weiterhin Einigkeit, erhält der Arbeitnehmer seinen „Spielvertrag" (Arbeitsvertrag).

Weiterentwicklung durch Weiterbildung

Die Effektivität dieses Prozesses spiegelt sich in unserer geringen Fluktuation während der Probezeit wider. Für die Besetzung von frei werdenden Stellen gilt jedoch stets, sie – wenn möglich – intern oder mit ehemaligen

Mitarbeitern zu besetzen, bevor wir uns auf die Suche nach externen Mitarbeitern machen.

Als Basis für die permanente Weiterentwicklung unserer Mitarbeiter dienen uns interne Weiterbildungspläne, die individuell im Rahmen unserer Schindlerhof-Akademie für jeden Mitarbeiter zusammengestellt werden. Jährliche Orientierungsgespräche bilden hierfür eine wesentliche Grundlage.

Unsere Schindlerhof-Akademie

Für uns ist die Stimmung im Unternehmen die alles entscheidende Kraft. Sie strahlt nach innen wie nach außen und ist wichtiger als jedes Wissen oder Kapital. Dennoch sind wir uns der Tatsache bewusst, dass Fachwissen als Basis gegeben sein muss.

Deshalb fordern und fördern wir unsere Teams und ihre Mitglieder in jeder Beziehung. Dabei setzt unser Unternehmen konsequent auf die Schindlerhof-Akademie, denn sie ist und bleibt mit ihren Weiterbildungsmaßnahmen ein wichtiger Baustein unseres Förderprogramms.

So werden die Mitarbeiter im Schindlerhof 2007 an mehr als 60 Terminen rund 40 unterschiedliche Seminare besuchen. Dabei ist hier nicht nur die Rede von reinen Fachseminaren wie Wein-, Whisky- oder Kaffeeschulung. Im Angebot sind vielmehr auch hochkarätige Managementseminare, die teilweise vier Tage dauern und einige tausend Euro kosten. Die Kosten übernimmt der Schindlerhof; der Mitarbeiter „opfert" im Gegenzug seine Freizeit.

Mit dieser Regelung möchten wir erreichen, dass die Mitarbeiter sich sehr intensiv Gedanken darüber machen, ob sie ein Seminar wirklich besuchen wollen oder nicht. Da aber Freizeit und/oder Urlaub geopfert werden muss, wägen die meisten genau ab, ob dieses spezielle Seminar für sie ganz persönlich sinnvoll ist oder nicht. Das erfreuliche Ergebnis: Die Mitarbeiter im Schindlerhof machen regen Gebrauch von der Akademie.

Es ist Teil unserer Unternehmensstrategie, jedem Mitarbeiter die „totale Verantwortung" – unter Beibehaltung der Rechenschaftspflicht – für seine Aufgaben zu übertragen. Denn unserer Meinung nach ist der Grad der Eigenverantwortung ausschlaggebend für den Grad der Identifikation. Ein Beispiel mag dies verdeutlichen: Eine Beschwerde geht an der Rezeption ein. Ohne Rücksprache zu nehmen, wird über die Art und Höhe der Wiedergutmachung entschieden. Fällt diese Entscheidung aus dem vorgegebenen Rahmen oder Budget, wird eine möglicherweise nötige Rechenschaft erst zu einem späteren Zeitpunkt gefordert – nie aber in Gegenwart des Gastes.

Kernprozesse als strategische Mittel

Ein weiterer Teil unserer Strategie ist, dem Mitarbeiter Anspruch auf die totale Transparenz der Ziele für alle Mitarbeiter zu gewähren. Ein eigendynamisches Frühwarnsystem zur Erreichung dieser Ziele lässt jede Diskrepanz sofort erkennen, um „just in time" zu reagieren. Darüber hinaus gibt es ein ausgefeiltes internes Kommunikationssystem.

Langweilig wird es also bei uns nie. Dafür sorgt unter anderem auch unser fest installiertes Vorschlagswesen, das als Bestandteil unseres Kernprozesses „Innovation" jeden Mitarbeiter auffordert, sich regelmäßig und konstruktiv mit seinem Arbeitsplatz auseinanderzusetzen. Dieser Einsatz wird mittels einer Prämienregelung konsequent honoriert.

„TUNE" – ein System zur Bewertung von Emotionen

Perfektionierte Prozesse als solide Grundlage für den Erfolg sind die eine Seite, die andere sind alle intern und extern beteiligten Personenkreise eines jeden Unternehmens. Denn ohne das menschliche Moment, positiver und negativer Art, bleibt alle Theorie eben nur bloße Theorie – ohne Emotionen. Jedes Geschäft aber, vor allem seine Erfolge, wird bzw. werden von Menschen für Menschen gemacht, es lebt von der Verbindung miteinander, dem Verständnis füreinander und der Rücksicht aufeinander.

Messbare Emotionen – Bewältigung kontinuierlicher Schnittstellenproblematik

Dieses Miteinander und Füreinander hat uns immer wieder darüber nachdenken lassen, wie Emotionen nicht nur von allen akzeptiert und in den Geschäftsablauf sinnvoll eingebunden, sondern vor allem auch messbar gemacht werden können. So hat jedes Team für seinen Arbeitsbereich – z. B. Küche, Rezeption, Restaurant, Tagungsbereich oder Housekeeping – im eigenen und im Interesse des Gastes emotionale Kriterien entwickelt, die an jedem Abend in einem Moment des gedanklichen Innehaltens zu Papier gebracht und positiv oder auch negativ bewertet werden. Mit anderen Worten: An jedem Tag wird die Stimmung in der Summe im gesamten Schindlerhof festgehalten und – falls erforderlich – konsequent gegengesteuert. Denn nur, wenn man das Ausmaß von Emotionen und ihre Wirkung auf das Zusammenspiel einzelner Abläufe abschätzen und kalkulieren kann, werden Planung, Durchführung und anschließender Erfolg justierbar. Als Konsequenz dieser Überlegungen haben wir TUNE entwickelt als ...

... Messinstrument für Klima und Stimmung

TUNE als Indikator für Klima und Stimmung im Unternehmen mit seiner kontinuierlichen Schnittstellenproblematik zwischen Führung, Mitarbeiterorientierung, Unternehmensprozessen und Kundenzufriedenheit sowie den daraus resultierenden Geschäftsergebnissen steht mit seinen Buchstaben für:

T   otal beGEISTert

U   nterstützt durch sichere, stabile Abläufe (Qualitätsmanagement)

N   atürlichkeit schafft Wohlbefinden

E   nergiereichtum

Dieses Messinstrument für emotionale Werte ist auf den Erfolgsfaktor Nummer 1 in unserem Dienstleistungszeitalter ausgerichtet, der unserer Auffassung nach lautet:

„Das Nadelöhr für Erfolg in den nächsten Jahren sind nicht Branche, Standort und Produkte, sondern Mitarbeiterinnen und Mitarbeiter des Unternehmens!"

Hier also gilt es, den Hebel für den Erfolg anzusetzen, denn Dienstleistung ist ein hochsensibles Business, in dem nicht nur das Was, sondern vor allem auch das Wer und Wie entscheiden. Herkömmliche Managementmethoden stoßen schnell an ihre Grenzen. Schließlich lassen sich Freundlichkeit und Hingabe nicht verordnen. Unabdingbar also ist es, in einem Unternehmen gute Momente für Mitarbeiter und Kunden/Gäste gleichermaßen zu schaffen, die sich wie Sternschnuppen durch die Abläufe ziehen. Denn die Stimmung ist Licht und gleichzeitig Sound entlang einer jeden Servicekette.

„Die Stimmung in einem Unternehmen ist wichtiger als jedes Wissen oder Kapital."

Während sich die Emotionen in erster Linie auf T, N und E konzentrieren, schafft U die sichere prozessorientierte Grundlage für ein durchgängiges TUNE. Erst wenn alle Serviceprozesse beschrieben und beherrscht werden, kann TUNE erfolgreich greifen. Wichtig ist daher ein stabiles und sicheres Fundament, doch sei gleichzeitig vor den Gefahren eines Zuviel gewarnt. Spontane Entscheidungen sollten immer möglich bleiben, um so durch die „TUNE-Brille" situativ unzählige Ablaufdetails aufeinander abstimmen und immer wieder verändern und verbessern zu können. Das setzt Energien frei, die sich übertragen und ansteckend wirken, um Begeisterung bei Mitarbeitern und Kunden hervorzurufen.

MAX MitarbeiterAktienindeX im Schindlerhof – innovatives Motivationsinstrument

Vor nunmehr rund fünf Jahren wurde im Hotel Schindlerhof in Nürnberg ein weiteres innovatives Instrument zur Mitarbeitermotivation eingeführt – der MAX MitarbeiterAktienindeX. Diese ursprüngliche Idee meines Vaters, Klaus Kobjoll, wurde damals im Rahmen einer Arbeitsgruppe der Fachhochschule Würzburg-Schweinfurt unter Leitung von Prof. Dr. Ulrich Scheiper weiterentwickelt und als Pilotprojekt bei uns im Schindlerhof implementiert. Eine einjährige Testphase und vier weitere Jahre praxiserprobter Umsetzung haben inzwischen für beeindruckende Ergebnisse gesorgt. Seitdem wurde MAX bereits branchenübergreifend in mehr als 80 Unternehmen und Organisationen in sieben Ländern mit großem Erfolg eingesetzt.

Der Begriff „Aktie" lässt – gewollt – Assoziationen zum Finanzmarkt zu. Ähnlich wie bei einer Aktienemission erhält jeder Mitarbeiter an seinem ersten Arbeitstag einen Aktien-Nennwert in Höhe von 1.000 Pixel. Ein späterer Kursverlauf wird monatlich neu errechnet und spiegelt dann den aktuellen Kurs des „Players" (Player = Mitarbeiter) wider. Wie an jeder Börse kann der Kurs steigen oder fallen. Dabei sind die möglichen Wertveränderungen bewusst sehr moderat gehalten, sodass im schlimmsten Fall ein Teammitglied von seinem Ausgabekurs in einem Jahr höchstens auf etwa 850 Pixel abfallen kann. Im besten Fall können etwas mehr als 1.200 Pixel erreicht werden. Denn die ausgegebene Parole heißt Motivation, keineswegs darf das Gegenteil davon bewirkt werden.

PIX – Der „Player Index"

Im Schindlerhof gelten folgende Faktoren für die Aktienwertermittlung bzw. -veränderung – die Gewichtung kann in jedem Unternehmen unterschiedlich sein:

1. Aktive Arbeit mit einem Zeitplansystem – manuell oder per Handheld

2. Mitarbeit am kontinuierlichen Verbesserungsprozess, dem Vorschlagswesen

3. Seminare/Weiterbildungsaktivitäten

4. Freiwillige Mitarbeit an Projekten – Projektarbeit findet grundsätzlich in der Freizeit statt

5. Abschreibung – jeder Player wird moderat wie ein Anlagegut „abgeschrieben"

6. Krankheitstage – Krankenhausaufenthalte und Betriebsunfälle sind ausgenommen

7. Verstoß gegen Spielregeln – hausinterne Regeln, die jedem Player bestens bekannt sind

8. Raucher/Nichtraucher

9. Körperliche Fitness – BMI (Body Mass Index)

10. Pünktlichkeit

11. Fehlerquote

12. Ergebnisse aus regelmäßigen Beurteilungsgesprächen – finden zweimal pro Jahr statt

13. Betriebsjubiläen – hier gibt es Extrapixel, denn Erfahrung ist wertvoll

14. Pixelprämie bei Erreichung gesondert vereinbarter Ziele

TIX – „Team Index" und CIX – „Community Index"

Die monatliche Selbstbewertung durch den Mitarbeiter zur Aktienwertermittlung ist per eigens entwickelter Software systematisiert und nimmt pro Player und Monat nur etwa fünf Minuten in Anspruch. Die Führungskräfte schauen die Selbstbewertungen der Mitarbeiter an und gehen im Fall von Differenzen zwischen ihrer und der Selbsteinschätzung des Mitarbeiters auf ihn zu, um Korrekturen zu besprechen. Mitarbeiter erhalten mit diesem Instrument individuell die Möglichkeit, ihren Kurswert zu erfahren und entsprechend zu beeinflussen. Die Daten des Einzelnen werden nicht veröffentlicht. Lediglich der jeweilige Team Leader hat Zugang zu den Kurswerten seiner Teammitglieder, um sie entsprechend in TIX, den „Team Index", einfließen zu lassen.

MAX und TIX werden schlussendlich dem Dachfonds CIX „Community Index" zugeführt. Dieser Index gilt für den gesamten Schindlerhof und dokumentiert seine von Individualisten geprägte Leistungsfähigkeit in ihrer ganzen Perfektion.

Auf diese Weise wird mit einem spielerischen Instrument eine Gruppendynamik entwickelt, die unseren hedonistischen Anspruch an unsere Arbeit – sie als Lust statt Last zu empfinden – konsequent unterstützt. Selbstvertrauen und Selbstbewusstsein werden durch diese Eigenanalyse aufgebaut und gepflegt. Unabhängig davon aber haben sich seit der Einführung dieses Aktien-Systems auch ganz konkret greifbare Resultate ergeben: reduzierte Fehlzeiten, kontinuierliche Steigerung von Verbesserungsvorschlägen, eine Verstärkung des Teambewusstseins oder deutlich mehr Interesse für Fortbildungsmaßnahmen. Außerdem hat sich gezeigt, dass die Bewertung auf der Basis von MAX eine exzellente Basis für Gehalts- und Karrieregespräche schafft.

Mitarbeiterzufriedenheit – Grundvoraussetzung für Erfolg

Mitarbeiterzufriedenheit auf der Basis von Mitarbeiterorientierung schließlich ist unabdingbar für die Identifikation und das im Schindlerhof gelebte Credo: „Begeisterung ist übertragbar." Denn Organisationen und Unternehmen werden immer nur dann erfolgreich sein, wenn sie über ein motiviertes und engagiertes Team verfügen. Wesentliche Messkriterien von Mitarbeiterzufriedenheit sind zum Beispiel Krankheitstage oder die Fluktuation im Team.

„Energie überträgt sich, ist ansteckend und weckt Begeisterung bei Mitarbeitern und Kunden."

Das Unternehmen als geistige Heimat

Ein Zitat unserer „Spielkultur" lautet daher auch nicht von ungefähr: „Das Unternehmen wird zur geistigen Heimat, in der alle MitunternehmerInnen ihre Persönlichkeit entfalten und persönliche Genugtuung gewinnen können." Um aber diese geistige Heimat zu schaffen, bedarf es seitens der Unternehmer einer Reihe von Maßnahmen. Im Schindlerhof ist in diesem Zusammenhang eine der wichtigsten eine jährlich durchgeführte Umfrage zur Mitarbeitermeinung. Sie beschäftigt sich mit folgenden Punkten:

- Persönliches Wohlbefinden
- Umgang miteinander
- Arbeitsplatzbedingungen
- Aus- und Weiterbildung
- Interne Kommunikation
- Offene Fragen

Auswertung von Mitarbeiterbefragungen

Die Auswertung erfolgt global für das gesamte Team und getrennt nach Abteilungen. Ziel ist natürlich immer, die besten Noten in allen Bereichen zu bekommen, doch liegt es in der Natur der Sache, dass dies kaum möglich ist. Dennoch wird jede Kritik ernst genommen und darüber gesprochen. Muss der kritisierte Zustand aus erklärbaren Gründen akzeptiert werden oder lässt er sich im Interesse des Einzelnen beheben? Bedarf an weiteren Umfragen innerhalb eines Jahres ergibt sich jeweils dann, wenn die Mitarbeiterzufriedenheit abzusacken droht und dies bei den täglichen Servicebesprechungen zum Ausdruck kommt. Bedarf ist immer aber auch dann gegeben, wenn es gilt, die Implementierung von Innovationen zu überprüfen.

Beteiligung am Vorschlagswesen als Kriterium

Ein weiterer Gradmesser der Mitarbeiterzufriedenheit ist die Beteiligung an unserem Verbesserungsvorschlagswesen. Denn nur Mitarbeiter, die sich mit „ihrem" Unternehmen identifizieren, haben Interesse an einer stetigen Verbesserung des Produktes und der Dienstleistung im Sinne der Gäste und damit des Erfolgs eines Unternehmens.

Im Rahmen des Total Quality Managements nicht als Messgrößen erfasst, im Schindlerhof jedoch allgemein anerkannte Indikatoren für Mitarbeiterzufriedenheit, sind folgende Punkte:

- Im Schindlerhof leisten alle Mitarbeiter eine Arbeitszeit von rund 50 Wochenstunden. Im Vergleich dazu liegt die Arbeitszeit in der Industrie bei durchschnittlich 35 Wochenstunden.

- Es werden immer wieder Aufgaben von Mitarbeitern in ihrer Freizeit erledigt. Dazu gehören die Erstellung von Weinkarten, Einkäufe, Messebesuche oder Workshops.

- Fachliche und persönliche Fortbildung werden grundsätzlich in die Freizeit verlegt. Der Schindlerhof fördert diese Maßnahmen jedoch auf unterschiedliche Weise.

Wir sind davon überzeugt, dass eine derartige Leistungsbereitschaft nur von hoch motivierten und zufriedenen Mitarbeitern kommen kann. Und das betrifft auch diejenigen MitarbeiterInnen, die sich noch in der Ausbildung befinden.

Ausbildung mit Pfiff

Die berufliche Ausbildung ist Jahr für Jahr ein beliebtes Thema, die breite Öffentlichkeit aufzurütteln. Denn unabhängig von der jeweils verfügbaren Menge der Ausbildungsplätze wird die bewährte Ausbildung in Betrieb und Berufsschule immer wieder in Frage gestellt und gelegentlich sogar als Auslaufmodell dargestellt. Konjunkturelle Schieflagen und ihre Auswirkungen lieferten und liefern die Begründungen für den lauter werdenden Schluss, das Ausbildungsmodell sei quantitativ und qualitativ am Ende.

Dass dem bei entsprechender Einstellung eines zukunftsorientierten Unternehmens keineswegs so sein und dies auch nicht der Praxis entsprechen muss, stellen zum Beispiel wir in unserem vergleichsweise kleinen Tagungshotel jedes Jahr aufs Neue unter Beweis. Denn bei uns wird mit durchschnittlich 17 Azubis – verteilt auf drei Ausbildungsjahrgänge – nicht nur das quantitative Soll übererfüllt, sondern auch ein qualitatives Ziel erreicht, das sich sehen lassen kann. Warum? Wir glauben ganz einfach an die junge Generation, die unsere zukünftigen Geschicke lenken wird. Und das heißt: Wir müssen ihr das entsprechende Rüstzeug mitgeben, sie fördern und vor allem auch fordern.

Jungen Menschen, die als zukünftige Auszubildende einmal unseren „Einstellungsfilter" erfolgreich bestanden haben, stehen bei uns alle Türen und Tore zu einer spannenden Hotelwelt offen. Azubis werden bei uns genauso „gepflegt" wie andere Mitglieder des Teams. Sie haben Zugang zu allen Informationen, Fortbildungsmaßnahmen, zum Verbesserungsvorschlagswesen und zum Management – und das zu jeder Zeit.

Azubi-1x1 im Schindlerhof

Neben motivierenden und zum Teil sehr ungewöhnlichen Ritualen am ersten Arbeitstag – dazu gehören neben einer herzlichen Begrüßung auch Visitenkarten, eine Schultüte, Berichtshefte und Bücher sowie vieles andere mehr – wird der „Neue" vor allem mit dem „Azubi-1x1 im Schindlerhof" vertraut gemacht. Darin enthalten ist alles Wissenswerte für die Ausbildungszeit im Schindlerhof, für die ich als Mitglied der Geschäftsleitung verantwortlich zeichne. Unterstützt werde ich dabei von einem gewählten Sprecher der Azubis, der gleichzeitig als ihr Ansprechpartner gilt sowie als Leiter des Arbeitskreises „Jugend im Unternehmen" fungiert.

Dieser Arbeitskreis trifft sich einmal im Quartal zu einem gemeinsamen Qualitätszirkel. Bei diesen Begegnungen werden Projekte koordiniert, aber auch Probleme besprochen und gelöst.

Weitere Themen, die in dem ausführlichen 1x1 erläutert und erklärt werden, sind:

• Vorstellung der Führungscrew

• Seminare innerhalb der Schindlerhof-Akademie

• Weiterbildungsfahrten für Azubis

- Das Informationssystem
- Langfristige Dienstplanung
- Urlaubsplanung
- Leistungs-Feedback durch sogenannte Orientierungsgespräche
- Sinn und Zweck der Azubi-Mappe, die den Azubi für die Dauer der Ausbildung begleitet und die kontinuierlich ergänzt und aktualisiert wird
- Spielregeln bei der Projektarbeit
- Organisationsstruktur im Schindlerhof
- Unternehmensleitbild/Spielkultur
- Jahreszielplan
- Transparenz im Schindlerhof
- Patenschaft für Azubis
- Ideenmanagement im Schindlerhof

Pate als Bezugsperson

Neben dem 1x1 bekommt jeder Azubi am ersten Tag einen Jahreszielplan, einen Periodenzielplan, unsere Spielkultur sowie seine persönliche Azubi-Mappe mit Nachweisheft und Einsicht in das Organisationshandbuch, das in jeder Abteilung bereitsteht.

Dieses Organisationshandbuch gibt einen Überblick über die Strukturen, Regeln und Arbeitsabläufe der einzelnen Abteilungen. Und außerdem soll es helfen, das Unternehmen und seine Philosophie zu verstehen. Dazu gehören unter anderem:

- Aufbauorganisation/Gastkontakt
- Kernprozesse
- Planung, Controlling, Revision
- Partner und Mitarbeiter
- Sauberkeit und Pflege
- Systemforderungen und -beschreibung (Qualitätsmanagement)
- Unternehmensrichtlinien

Für die Dauer der Ausbildung wird für jeden Auszubildenden ein Pate bestimmt, der als Bezugsperson und kontinuierlicher Ansprechpartner den „Neuen" unter seine Fittiche nimmt.

Kundenzufriedenheit – „Begeisterung ist übertragbar"

Unser Stammgastanteil liegt bei etwa 60 Prozent – eine hohe Zahl, die nur mit einem ganz stringenten Kundenbindungssystem zu halten und auszubauen ist. Dabei setzen wir in allererster Linie auf die natürliche Herzlichkeit unserer Mitarbeiter, auf die wir bereits bei ihrer Auswahl den allergrößten Wert legen. Denn unser Credo lautet: „Begeisterung ist übertragbar." Im Klartext heißt das, dass sich die Identifikation unserer Mitarbeiter mit unserem Produkt und ihrer Aufgabe als Begeisterung auf unsere Gäste überträgt. Diese Philosophie zieht sich wie ein roter Faden durch unser Tagesgeschehen und trägt in hohem Maße zu der Zufriedenheit unserer Gäste bei. Natürlich gibt es dennoch immer wieder Anlass zur Unzufriedenheit, die mit liebenswertem Entgegenkommen zwar häufig, aber nicht immer aufgefangen werden kann.

„Kundenzufriedenheit ist die Summe gut balancierter
Details im Ambiente und im Verhalten der Mitarbeiter."

Im Laufe der Zeit jedoch sind die Reklamationen stetig zurückgegangen, was wir eindeutig darauf zurückführen, dass wir im Rahmen unseres ausgefeilten Beschwerdemanagements immer detaillierter auf die Anmerkungen und Anregungen unserer Gäste eingehen.

Prozesse im Unternehmen –
Abläufe gestalten, dokumentieren und leben

Für die wesentlichen und immer wiederkehrenden Abläufe eines Unternehmens müssen zwingend Ablaufprozesse entwickelt werden, die für jeden Mitarbeiter verständlich sind. Sie sind regelmäßig zu überprüfen und bei Bedarf entsprechend zu verbessern. Für ISO-zertifizierte Betriebe, wie beispielsweise der Schindlerhof einer ist, ist ein großer Teil der Hausaufgaben dieser Thematik schon erledigt. Denn die Methode der Zertifizierung ist eine große Stütze bei der systematischen Erfassung aller betrieblichen Vorgänge und ihrer kontinuierlichen Verbesserungen.

Ständige Verfeinerung des Qualitätssystems

Basis für die grundsätzliche Richtung im Schindlerhof war ursprünglich das Unternehmermodell des Josef Schmidt Collegs. Inhalte unseres modifizierten Modells sind:

- Vision (Unternehmenskultur)
- Langfristige Unternehmensziele

- Mittelfristige Unternehmensziele
- Kurzfristige Unternehmensziele (Jahreszielplan)
- Organisationskonzept
- Finanzkonzept
- Marketingkonzept
- Mitarbeiterkonzept
- Soll-Ist-Vergleiche als Schlüsselfunktion

Alle betrieblichen Vorgänge sind erfasst und schriftlich festgehalten. Dabei steht die „Spielkultur" für die Qualitätspolitik, das Organisationshandbuch beinhaltet die Kernprozesse, Subprozesse und Verfahrensbeschreibungen.

Kernprozesse und Verantwortlichkeiten

Ausgehend von unseren Kernprodukten – Produkt und Service – definieren wir unsere Kernprozesse und ihre Verantwortlichkeiten unter folgenden Gesichtspunkten:

- Lang-, mittel- und kurzfristige Planung
- Gästeauftrag von Anfrage, Angebot über Besuch und Zahlungseingang
- Produktion (Küche)
- Team-Modell
- Innovation (Prozess des Projektmanagements)
- Instandhaltung
- Marketing
- Einkauf

Während die Aktualität von Ablaufprozessen durch regelmäßige interne Audits sichergestellt wird, erfolgt die Überprüfung der Kernprozesse einmal jährlich im Jahreszielplan.

> *„Wer die Kernkompetenz seines Unternehmens*
> *nicht liebt, blockiert dessen Herz."*

Bei dem Prozess der ständigen Verbesserung unterscheiden wir grundsätzlich zwischen auf den Gast ausgerichteten Verbesserungen (z. B. Angebotsgestaltung, Komfort, Standard) und nach innen ausgerichteten Verbesserungen (z. B. Effizienz, Kostenstruktur).

Eine Beurteilung der im Laufe eines Jahres eingeführten Verbesserungen erfolgt zum Jahresende.

Das Hotel als Vorbildfunktion im Arbeitsmarkt – Auswirkungen auf die Gesellschaft

Auch wenn dies heute erst wenige Betriebe berücksichtigen: Gesunde Ergebnisse lassen sich nur in einem gesunden Verhältnis zur engeren und weiteren Mitwelt erzielen. An dieser Stelle interessiert insbesondere, in welchem Maße ein Unternehmen seine gesellschaftliche Verantwortung wahrnimmt. Welchen Wert hat das Unternehmen in seinem Umfeld, welches Image genießt das Unternehmen im Ortsteil, in dem der Betrieb steht? Welches Ansehen genießen die Unternehmer in der jeweiligen Branche? Was tut ein Betrieb, um seiner gesellschaftlichen Verantwortung gerecht zu werden? Welche wirtschaftlichen, sozialen, geistigen und Umweltaspekte werden in den täglichen Arbeitsablauf integriert?

Gesellschaftliche und soziale Verpflichtung

In unserer „Spielkultur" heißt es dazu: „Wir erfüllen unsere gesellschaftliche und soziale Verpflichtung. Für die Umwelt, in der wir leben, stellen wir nicht nur einen wirtschaftlichen, sondern auch einen geistigen und sozialen Wert dar."

Hier geht es mit Rücksicht auf die Bürgergemeinschaft um eine Reihe von Voraussetzungen, die für ein verantwortliches Miteinander gelten, zum Beispiel um

- Vermeidung und Reduzierung von Lärm, Verschmutzung und Abwasser,
- Vermeidung und Reduzierung von Risiken für Gesundheit und Sicherheit,
- Reduzierung von Abfall sowie die Verwendung recycelter und recycelbarer Materialien,
- aktives Engagement in öffentlichen Einrichtungen sowie
- Erarbeitung von Informationen darüber, wie der Betrieb mit seiner Infrastruktur innerhalb des Umfelds gesehen wird.

Imagefindung und -pflege eines Unternehmens

Zu diesem Zweck wurde vor ein paar Jahren eine Meinungsumfrage im Umfeld des Schindlerhofs durchgeführt, die zeigte, dass 83 Prozent der Befragten das Unternehmen als Bereicherung für die Gegend empfinden. Stichprobenartig werden diese Befragungen konsequent wiederholt, um hier keinen Einbruch zu erleiden bzw. rechtzeitig entsprechend gegensteuern zu können.

Nicht zuletzt auf der Basis dieser Umfrageergebnisse haben wir in unserer Unternehmensphilosophie unseren Einfluss auf die Gesellschaft klar definiert, um entsprechende Aspekte in die Kommunikation mit unserem Umfeld einzubeziehen. Dazu gehören neben der Ökonomie Soziales, Popularität, unser Know-how und das Umweltanliegen.

Umweltbewusstsein als gesellschaftliche und soziale Verpflichtung

Von besonderer Bedeutung für unsere Gesellschaft sind die Auswirkungen im Bereich der Umwelt. Denn nicht nur in der Gegenwart, sondern vor allem auch in der Zukunft müssen nachfolgende Generationen mit den Voraussetzungen leben, die wir für sie schaffen. Das heißt im Klartext: Sorgsamer Umgang mit den bestehenden Ressourcen im Interesse unseres Umfeldes, unserer Gäste, unserer Mitarbeiter und darüber hinaus aller uns verbundener Partner.

Eine umweltbewusste Unternehmensführung war im Schindlerhof schon seit Langem ein Thema. Denn bereits in seiner „Spielkultur" hat der Schindlerhof seine Verantwortung gegenüber der Umwelt schriftlich festgehalten.

Im Schindlerhof wird das Verständnis für ökologische Zusammenhänge gefordert, um mit konkreten Maßnahmen zu einer lebenswerten Zukunft beizutragen. Und das bei allen unternehmerischen Entscheidungen, bei Investitionen aller Art und im täglichen Ablauf.

Zertifizierung nach ISO 14001 seit 2002

Bereits im Jahr 1990 wurde eine erste ökologische Bestandsaufnahme durchgeführt, die seither in jedem Jahr überprüft und ergänzt wird. Seit 1995 ist unser Umweltkonzept fester Bestandteil der ISO 9001. Der Arbeitskreis „Jugend im Unternehmen" trägt hotelintern die Verantwortung für eine kontinuierliche Aktualisierung. Das Ergebnis war die Zertifizierung nach ISO 14001 im Jahr 2002.

Zur besseren Umsetzbarkeit und Darstellung werden im Schindlerhof einzelne Maßnahmen ihren konkreten Leistungsbereichen zugeordnet:

- Küche, Bankett und Restaurant
- Tagungsbereich
- Housekeeping
- Rezeption

Leistungserbringer und -empfänger

Hier wiederum unterscheiden wir nach Umweltaspekten, die innerhalb und außerhalb des Hotels unterschiedliche Leistungserbringer beziehungsweise -empfänger betreffen:

1. Mitarbeiter

2. Gäste

3. Partner (z. B. Lieferanten) und Verbündete
   (z. B. einschlägige Verbände)

Dabei stehen natürlich an allererster Stelle die Mitarbeiter, denn nur sie als Leistungserbringer können gleichzeitig auch Vorbild für alle sich anschließenden Personenkreise sein. Das heißt, hier muss der Informationshebel mit zahlreichen Maßnahmen vorrangig eingesetzt werden.

Umweltziele als Bestandteil des Jahreszielplans

Es würde den Rahmen dieser Ausführungen sprengen, alle Details aufzulisten, dennoch wollen wir noch kurz auf unsere Partner und Verbündeten eingehen. So führen wir beispielsweise regelmäßig Lieferantengespräche, um das Umweltengagement beurteilen zu können, Informationen zu vermitteln und Anregungen zu geben, aber gleichermaßen auch zu erhalten. Darüber hinaus sind wir bestrebt, unsere Umweltziele und unser in Jahren erarbeitetes Wissen an alle weiteren Personen und Institutionen weiterzugeben, die an unseren Kernprozessen beteiligt sind.

Die Gesamtthematik Umweltschutz ist mit ihren konkreten Zielen in unseren Jahreszielplan integriert. Dieser wird regelmäßig unseren Partnern und Verbündeten zur Information zugeleitet.

Es sind unendlich viele, durchaus auch kostenintensive Themenbereiche – große und kleine –, die in unserem Haus den Umweltschutz begleiten. Für uns ist er inzwischen ein Dauerthema, das wir ständig aktualisieren und nach innen und außen kommunizieren.

Geschäftsergebnisse –
Prozesseinbindung aller Mitarbeiter

Wer mittel- bis langfristig keine Gewinne erzielt, macht grundsätzlich etwas falsch. Denn, ein wenig respektlos formuliert, der Gewinn ist doch nichts anderes als das Abfallprodukt unermüdlicher Qualitätsbemühungen. Wer bei allen anderen Qualitätskriterien des Total Quality Managements alles richtig macht, kann Kundennutzen mit entsprechend hohem Gewinnanteil schlechterdings nicht verhindern. Voraussetzung allerdings ist, dass ein gewisses Zahlenverständnis, kombiniert mit betriebswirtschaftlichen Kenntnissen im Detail, vorhanden ist. Kontinuierliches Controlling tut ein Übriges, um schnell auch in schwierigeren Zeiten gegensteuern zu können.

Abteilungsleiter sind verantwortlich für Umsätze und Kosten

Seit unserem ersten Jahreszielplan im Jahr 1988 erstellen wir einen jährlichen Soll-Ist-Vergleich – bezogen auf unseren Gesamtumsatz und heruntergebrochen auf folgende Umsatzschwerpunkte:

- Umsatz Hotel
- Umsatz Restaurant
- Umsatz Bankett
- Umsatz Tagung

Der Gesamtumsatz setzt sich aus den Planungen der einzelnen Abteilungen zusammen. Entsprechende Budgets werden erarbeitet und kontinuierlich den laufenden Entwicklungen angepasst. Wir überlassen weder die Umsätze noch die Kosten auch nur kurzfristig dem Zufall.

Das heißt im Klartext, dass unsere Abteilungsleiter zu jeder Zeit für ihre Umsätze und Kosten voll verantwortlich zeichnen. Die leisesten Schwankungen sind sofort durch entsprechende Gegensteuerung aufzufangen. Zu diesem Zweck stehen alle Zahlen täglich allen Abteilungsleitern und interessierten Mitarbeitern zur Verfügung. Denn totale Transparenz sorgt im Schindlerhof dafür, dass jeder zu jeder Zeit weiß, wo er laut Plan steht bzw. stehen sollte.

Ausgefeiltes System der Gewinnbeteiligung

Ein ausgefeiltes System der Gewinnbeteiligung sorgt darüber hinaus für die Motivation, sich mit betriebswirtschaftlichen Zusammenhängen konkret zu befassen und sie im Unternehmen umzusetzen. Auch unser Ideen- und Vorschlagssystem macht vor dieser Thematik nicht Halt. Jede gute Idee, Kosten zu senken, ohne dem Gast und damit der Qualität der Dienstleistung zu schaden, wird prämiert. 2006 wurden im Schindlerhof von den 70 Mitarbeitern 745 Verbesserungsvorschläge eingereicht. Davon wurden mit 617 Vorschlägen 83 % umgesetzt. Gezielte Umsatzstrategie und dezidiertes Kostenbewusstsein gehen also bei uns im Schindlerhof eine sehr enge Verbindung ein. Finanzielle Messlatten sind dabei:

1. Das Verhältnis von bereinigtem Gewinn zum Umsatz
2. Die Eigenkapitalrendite (bereinigter Gewinn im Verhältnis zum bereinigten Eigenkapital)
3. Die Gesamtrendite (bereinigter Gewinn plus langfristige Zinsen im Verhältnis zum Gesamtkapital)
4. Der errechnete Cashflow
5. Die Finanzkraft des Unternehmens

Benchmarks als Messlatte

Als zusätzliche Messwerte, die auch als Benchmarks eine hohe Bedeutung haben, gelten beispielsweise:

- Umsatz pro Mitarbeiter
- Durchschnittlich erzielter Zimmerpreis ohne Frühstück
- Preis pro verfügbarem Zimmer
- Jahresumsatz pro verfügbarem Zimmer

In langen Jahren haben wir uns stets an den Zahlen der Branche gemessen und hier insbesondere an den 250 umsatzstärksten Einzelbetrieben der deutschen Hotellerie.

„Erfolg ist 15% Fachwissen und 85% Persönlichkeit."
(Prof. Friedrich Pircher)

Sensationeller Pro-Kopf-Umsatz

In dieser Liga spielen wir regelmäßig mit, wenn auch aufgrund unserer Größe mit 95 Zimmern nicht an allervorderster Front. Doch bei aller Bescheidenheit ist es eine sensationelle Leistung unserer 50 Mitunternehmer plus 20 Auszubildender, dass wir bei einem Umsatz in Höhe von brutto 6,4 Mio. Euro im vergangenen Jahr einen Pro-Kopf-Umsatz (Azubis werden zur Hälfte einbezogen) in Höhe von 106.500 Euro erzielt haben – ein Ergebnis, das uns alle sehr stolz macht, denn damit liegen wir sehr weit über dem Durchschnitt unserer Branche.

Fazit

Unser Baukastensystem in der Mitarbeiterkommunikation bildet das Rückgrat unseres Unternehmenserfolgs. Es wird sich mit den Herausforderungen der Zukunft weiter entwickeln, sich verändern und ergänzt werden. Für uns stehen die Kommunikation mit unseren Mitarbeitern sowie alle uns dafür zur Verfügung stehenden – durchaus auch ungewöhnlichen – Instrumente im Mittelpunkt unserer unternehmerischen Tätigkeit. Das ist heute so und wird auch so bleiben. Denn unser Erfolg gibt uns Recht.

Alle im Text enthaltenen Zitate stammen von den Inhabern des Hotel Schindlerhof, sofern nicht eine andere Quelle angegeben ist.

Unternehmerischer Erfolg beginnt beim Menschen – Employer Branding bei Merck

Dr. Claus-Dieter Knöchel und Dr. Beatrix Wiesler

Merck? Merck!

Merck ist das älteste pharmazeutisch-chemische Unternehmen der Welt. Seine Geschichte beginnt 1668, vor über dreihundert Jahren, in Darmstadt. Seitdem befindet sich unser Unternehmen im Besitz der Gründerfamilie; seit dem Börsengang 1995 als Merck KGaA allerdings nicht mehr zu 100%, sondern derzeit zu etwa 70%.

Ein Teil dieser Geschichte ist auch die Abspaltung von Merck & Co., Whitehouse Station, New Jersey, USA, infolge des Ersten Weltkriegs. Immer wieder kommt es zu Verwechslungen mit der Merck KGaA, Darmstadt. Schon lange besteht jedoch keine direkte Beziehung mehr zwischen beiden Unternehmen. Außer in Nordamerika, wo wir unter der Dachmarke EMD auftreten, haben wir das weltweite Namensrecht an Merck.

Merck KGaA – Zahlen, Daten, Fakten

Zum Jahresende 2006 betrug der Umsatz 6,259 Mrd. € (+ 8,5% gegenüber Vorjahr). Dieser Umsatz wurde mit etwa 30.000 Mitarbeitern weltweit erreicht (+ 3,0% ggü. Vj.). Die Rendite des eingesetzten Kapitals betrug 21% (20,5% im Vj.). Anfang Januar 2007 wurde die Akquisition der Serono S. A., Genf, des drittgrößten Biotechnologie-Unternehmens der Welt, abgeschlossen. Seitdem umfasst die weltweite Merck-Gruppe ca. 35.000 Mitarbeiter. Das Budget für Forschung und Entwicklung beträgt 2007 etwa 1 Mrd. €. Seit Mitte 2007 wird die Merck KGaA im DAX 30 notiert.

Unsere Produkte

Wir sind eine weltweit tätige Unternehmensgruppe und konzentrieren uns auf Arzneimittel und Chemikalien. Innovationen in diesen Bereichen sind unser Ziel.

- *Unternehmensbereich Pharma*

  Merck entwickelt Pharmaka für neue Therapieansätze bei bisher oft als unheilbar bezeichneten Krankheiten. Daneben haben wir erfolgreich eingeführte Präparate im Angebot, die bei „Volkskrankheiten" wie Bluthochdruck, Diabetes oder Schilddrüsenerkrankungen verschrieben werden. Unsere innovativen Medikamente werden u. a. in der Krebstherapie und in der Behandlung von multipler Sklerose eingesetzt.

- *Unternehmensbereich Chemie*

  Merck entwickelt hochwertige chemische Produkte für technisch anspruchsvolle Anwendungen in Forschung und Industrie.

  Für die Herstellung moderner TV- und PC-Bildschirme oder anderer hochwertiger Displays, sogenannter LCDs, liefern wir als Weltmarktführer Flüssigkristalle. Für die Kosmetik-, Druck-, Lack- und Kunststoffindustrie stellen wir Farbpigmente bereit. In Labors werden unsere Reagenzien geschätzt. Für die pharmazeutische Industrie liefern wir Produkte für alle Phasen der Arzneimittelherstellung. Merck geht bewusst den Weg, innovative und anspruchsvolle Chemikalien, die keine Massenprodukte sind, für Spezialanwendungen anzubieten.

Sie können Merck noch besser kennenlernen, wenn Sie unsere Firmen-Website www.merck.de oder unsere Bewerberportale www.come2merck.de (national) und merck.jobs für die weltweite Merck-Gruppe besuchen.

Mitarbeiter sind der Schlüssel zum Erfolg

Als Schlüssel zum Erfolg betrachten wir unternehmerisch denkende und handelnde Mitarbeiter, eine anwendungsorientierte Forschung und Entwicklung sowie konsequente Kundenorientierung.

Innovationen auf wissenschaftlich und technisch anspruchsvollen Gebieten erfordern sehr gut ausgebildete, kreative und verantwortungsvoll agierende Mitarbeiter auf allen Ebenen. Deshalb investiert Merck weltweit viel in die Ausbildung und die permanente Weiterbildung aller Mitarbeiter.

Im Folgenden wollen wir uns jedoch auf Deutschland und hier auf unsere Mitarbeiter mit Hochschulabschluss konzentrieren, weil wir hier eine ganz besondere Arbeitsmarktsituation vorfinden.

Merck als Arbeitgeber in Deutschland

Bei Merck sind in Deutschland rund 10.000 Mitarbeiter (Stand: März 2007) beschäftigt, davon rund 8.500 in der Zentrale in Darmstadt. Knapp ¼ unserer Mitarbeiter in Deutschland hat einen Hochschulabschluss; dabei lassen sich vier Gruppen bei den Hochschulabschlüssen bilden:

- ca. die Hälfte hat einen naturwissenschaftlichen Abschluss;

- ca. ein Viertel weist einen technisch orientierten Abschluss auf;

- ca. ein Achtel hat ein Studium als Betriebs- oder Volkswirt absolviert;

- ca. ein Achtel verteilt sich auf andere Studiengänge.

Regional ist Merck als Arbeitgeber sehr gut bekannt und wegen seiner Tradition als sozial engagiertes, stabiles Familienunternehmen auch sehr geschätzt. Dies lässt sich auch an der Fluktuationsquote von 1,3 % im Jahr 2006 (bereinigt um Pensionierungen, Todesfälle, befristete Arbeitsverhältnisse und Wechsel innerhalb der Merck-Gruppe) oder umgekehrt an der hohen durchschnittlichen Betriebszugehörigkeit von 13,5 Jahren bei einem Durchschnittsalter von 39,6 Jahren (2006) ablesen.

Allerdings kann diese Betriebstreue den trügerischen Glauben wecken, Mitarbeiterbindung sei kein Thema. Denn möglicherweise verdecken diese statistischen Zahlen eine unerwünscht hohe Fluktuation bei besonders wichtigen Mitarbeitergruppen. Um diese Vermutung zu erhärten, untersuchen wir diesen Aspekt, einschließlich möglicher „Retention"-Maßnahmen, seit einiger Zeit intensiver. Außerdem nimmt in wirtschaftlich schwierigen Zeiten wie in den Jahren vor 2006 die Fluktuationsrate immer ab. Glücklicherweise hat auch die große Betriebstreue bei Merck seit Generationen weitgehend unabhängig von der jeweiligen Konjunktur Tradition.

Hohe Betriebstreue könnte auch negativ als mangelnde Flexibilität oder mangelnde Wechselalternativen gedeutet werden.

Vielmehr spiegeln diese Zahlen einen verantwortungsvollen Umgang mit der Belegschaft wider. Es gab auch in schwierigen Zeiten keine betriebsbedingten Kündigungen, sondern weiterhin gezielte Neueinstellungen zur Sicherung und Entwicklung unserer Geschäfte. Diese Vermutung wird durch Ergebnisse von Mitarbeiterbefragungen einerseits und unseren konstanten Geschäftserfolg andererseits bestätigt.

Bekanntheit von Merck als Arbeitgeber in Deutschland

Studenten der Naturwissenschaften kennen meist den Namen Merck, verbinden aber überwiegend ausschließlich Laborprodukte mit diesem

Namen. Außerhalb Südhessens nimmt der Bekanntheitsgrad von Merck sehr rasch ab. Das liegt unter anderem an zwei Punkten. Zum einen war unser Unternehmen bislang selten in den Schlagzeilen, vor allem selten negativ. Zum anderen werden unsere Produkte nicht vom Endverbraucher bewusst gekauft. Arzneien werden verschrieben; Selbstmedikationspräparate wie Nasivin oder Cebion werden wegen des Markennamens gewählt; Flüssigkristalle und Farbpigmente werden an Weiterverarbeiter geliefert. Auf Ihrem PC-Monitor klebt wahrscheinlich kein Sticker „Merck inside".

Insbesondere für Ingenieure und IT-Spezialisten, die einerseits im Laufe ihrer Ausbildung eher keine Kontakte zu unseren Produkten und andererseits ihre „eigene Industrie" haben, ist Merck als Arbeitgeber kaum ein Begriff.

Attraktivität der Region

Bei Hochschulabsolventen, die nicht in der Rhein-Main-Neckar-Region studiert haben, trifft man häufig auf die Meinung, unsere Region sei wenig attraktiv. Bei entsprechenden Befragungen rangieren München und Oberbayern immer auf Spitzenplätzen, die Rhein-Main-Region rangiert abgeschlagen weiter hinten. Darmstadt und das Umland ist die typische Region „auf den zweiten Blick", deren Reize und Vorzüge sich erst erschließen, wenn man hier wohnt.

Demografie, Skeptizismus und Studien-Reform

Dazu sind bereits seit einiger Zeit Auswirkungen der demografischen Entwicklung und eines wenig technik-affinen Klimas in Deutschland zu erkennen. Das Thema „Ingenieurmangel" ist schon eine Weile im öffentlichen Bewusstsein und wird entsprechend diskutiert. Hier wurde die Situation auch deshalb besonders früh spürbar, weil immer noch relativ wenige Frauen ein Ingenieurstudium ergreifen.

In den mathematisch-naturwissenschaftlichen Studiengängen sind erfreulicherweise mehr Frauen vertreten. Zum Beispiel ist etwa die Hälfte aller Studienanfänger im Fachbereich Chemie weiblich. Daher bleibt die Zahl der Studienabsolventen noch auf einem befriedigenden Niveau.

Trotzdem werden nach den Ingenieurstudiengängen weitere Hochschulausbildungen als Mangelberufe folgen, wenn die wirtschaftliche Entwicklung national und weltweit ihren gegenwärtigen Verlauf beibehält. Diese Mangelsituation ist Konsequenz der Bevölkerungsentwicklung in den industrialisierten Ländern.

Noch nicht absehbar sind die Folgen der Reform der Hochschulausbildung. Hier müssen die Studienabschlüsse „Bachelor" und „Master" ihre Qualitätsprüfung und Praxistauglichkeit noch bestehen.

So kurz diese Punkte hier angerissen sind, vermitteln sie trotzdem einen Eindruck, in welch herausforderndem Arbeitsmarkt-Umfeld sich ein Unternehmen wie Merck bewegt, das für innovative Produkte hochqualifizierte Mitarbeiter benötigt.

Viele Vakanzen und wenig geeignete Bewerber

Es gab schon immer Positionen, die schwer zu besetzen waren. Mal waren es Mediziner, als es sich noch lohnte, eine eigene Praxis zu gründen, mal waren es Toxikologen, die eine besonders aufwendige Ausbildung absolvieren müssen, mal waren es Betriebswirte, als vor 20 Jahren viele Unternehmen das Controlling ausbauten, heute sind es Onkologen.

In den Jahren 2000/2001/2002 hatten wir – wie andere Unternehmen – sehr viele Stellen für IT-Spezialisten zu besetzen. Eine Ursache war der zunehmende Einsatz von betriebswirtschaftlicher Standardsoftware in vielen Unternehmen. Der Arbeitsmarkt war jedoch leer, eigene Qualifizierungsprogramme hatten erst begonnen, und die damalige „Greencard"-Regelung brachte für Merck keine spürbare Erleichterung. Nach der Lektüre des 2002 erschienenen Buches von Meinhard Miegel „Die deformierte Gesellschaft" war klar, dass der Arbeitsmarkt für Spezialisten – unabhängig von den monatlichen Zahlen aus Nürnberg – auf Dauer angespannt bleiben würde.

Was tun?

Im Jahr 2002 haben wir eine Diplomarbeit zum Thema „Employer Branding"[1] ausgeschrieben, die 2003 erstellt wurde. Gleichzeitig wurde noch eine Master Thesis „Retention of Young Potentials"[2] angefertigt. Dies war der Einstieg in ein ebenso spannendes wie komplexes Thema. Ebenfalls im Jahr 2003 wurde dann im Personalbereich eine Abteilung für Personalmarketing gegründet. Seitdem arbeiten wir konsequent daran, Merck als attraktiven Arbeitgeber und positiv konnotierte Arbeitgebermarke zu positionieren, gute Mitarbeiter an Merck zu binden und gute Bewerber für Merck zu gewinnen.

---

1. Diplomarbeit Nicole Graf, Bamberg, 2003
2. Master Thesis Beatrix Wiesler, Pforzheim, 2003

Was verstehen wir unter Employer Branding?

Ziel: Wenn zwei Freunde in der Kneipe sitzen und der eine sagt, er habe morgen ein Bewerbungsgespräch bei Merck, soll der andere nicht sagen, „wo?", sondern „wow!"[3]

Eine ARBEITGEBERMARKE (Employer Brand) ist das in den Köpfen der potenziellen, aktuellen und ehemaligen Mitarbeiter fest verankerte, unverwechselbare Vorstellungsbild von einem Unternehmen als Arbeitgeber. Und EMPLOYER BRANDING ist die strategische und operative Führung der Arbeitgebermarke.[4]

Das Konzept Employer Branding setzt bei der Rekrutierung und Bindung neuer Mitarbeiter an. Es soll ein Employer Brand, d. h. eine Arbeitgeber-Marke, aufgebaut bzw. verstärkt werden, die mit positiven Werten besetzt ist und so die Attraktivität und die Differenzierung des Arbeitgebers auf dem Arbeitsmarkt verbessert. Employer Branding will sich dabei den Aspekt des veränderten heutigen Markenverständnisses zunutze machen, der dem Branding zugrunde liegt. Marken sind nicht nur Qualitätsgaranten, sondern heutzutage allgegenwärtig, und der Einzelne versucht, über den Gebrauch einer bestimmten Marke einer gewissen Gruppenzugehörigkeit Ausdruck zu verleihen sowie seine Persönlichkeit zu unterstreichen und zu bestätigen.

70% der Unternehmen attestieren Employer Branding laut einer Umfrage der Deutschen Employer Branding Akademie[5] einen hohen oder zunehmenden Stellenwert.

Die Wichtigkeit des Employer Brandings für Merck liegt unter anderem in der fortschreitenden Internationalisierung des Unternehmens begründet sowie in der Tatsache, dass Merck Hersteller qualitativ hochwertiger Produkte ist. Dies macht qualifizierte und mobile Mitarbeiter notwendig. Nur durch qualifizierte Mitarbeiter kann die langfristige Wettbewerbsfähigkeit gesichert werden. Einen weiteren Grund stellen die rückläufigen Absolventenquoten in den naturwissenschaftlichen Fächern dar. Der Rückgang und der Aspekt, dass gerade im Rhein-Main-Gebiet eine hohe Konzentration von Pharma- und Chemieunternehmen zu verzeichnen ist, werden zukünftig den Kampf auf dem Arbeitsmarkt um naturwissenschaftliche Absolventen wieder verschärfen. Zusätzlich kann durch Em-

---

3. Angepasstes Zitat aus: „Mitarbeiter verzweifelt gesucht!", R. Grauel in Brand Eins, Januar 2007

4. Employer Branding 2005 „Arbeitgebermarken aus der Sicht von High Potentials", Kooperationsprojekt von HHL, e-fellows.net, Die Zeit, TNS Infratest

5. http://www.foerderland.de/755+M5e10c3e948e.0.html und www.employerbranding.org

ployer Branding das Corporate Brand von Merck weiter gestärkt (siehe Bild 1) und der Versuch unternommen werden, das regional gute Arbeitgeber-Image auch auf die nationale Ebene zu übertragen.[6]

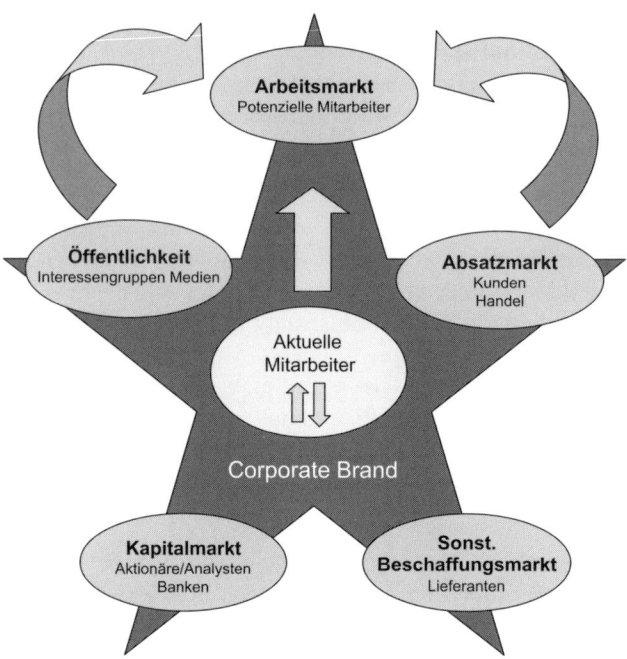

Bild 1 Employer Brand ist Teilaspekt des Corporate Brands

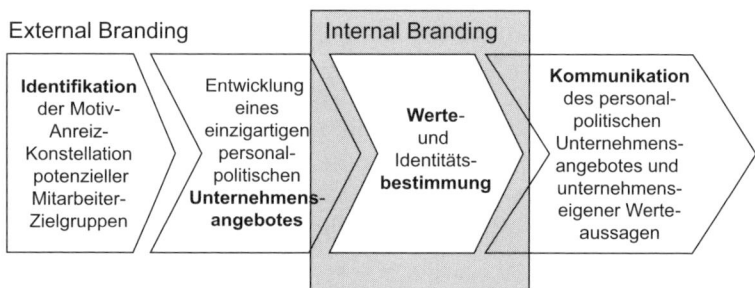

Bild 2 Der Prozess des Employer Brandings

---

6. Prof. Dr. M. Kirchgeorg, Lehrstuhl Marketingmanagement, HHL – Leipzig Graduate School of Managements (Frankfurt 22.2.2005)

Employer Branding ist mehr als Personalmarketing, es ist ein Prozess. Dabei ist es wichtig, dass sich das externe Employer Brand mit dem internen deckt (siehe Bild 2).[7]

„Es muss dem Fisch schmecken und nicht dem Angler."[8]

Um einen Employer-Branding-Prozess zu starten, ist es sehr wichtig, sich zunächst darüber klar zu werden, was das eigene Unternehmen zu bieten hat und für welche Zielgruppe es sich attraktiv machen möchte, d. h. wo und wie gefischt werden soll. Dabei hängt der Fang (in Quantität und Qualität) von der Methode, dem Ort und der Konkurrenz ab.

Sodann ist es wichtig zu wissen, was die „Fische" (Talente) gerne fressen, wie man sie am besten ködert. Ohne Zuchtbecken und das jeweils passende Fischfutter werden die Fische jedoch bald eingehen (Retention).

Am Anfang dieses Beitrags wurden bereits einige Daten und Fakten zu Merck vermittelt. Zu einer umfassenden Identitätsbestimmung gehört aber auch die Wahrnehmung der jetzigen und potenzieller Mitarbeiter. Eine empirische Untersuchung in Form einer Befragung der Zielgruppe(n) erscheint uns hier als Methode der Wahl. Unterscheiden sich die Zielgruppen – z. B. Naturwissenschaftler, Ingenieure oder Wirtschaftswissenschaftler – in ihren Ansprüchen und Vorlieben? Wenn ja, bedeutet dies, dass ein differenziertes Leistungsangebot oder eine differenzierte Kommunikation nach Studiengängen notwendig ist.

Schließlich kommt es darauf an, dass sich nicht die Besten bewerben, sondern die Richtigen! „Richtig" im Sinne von Qualifikation, Potenzial, Motivation und Markenfit. Hier lohnt es sich auch betriebswirtschaftlich, den richtigen Köder zu verwenden.

Wir beobachten auch, dass der Berufseinstieg immer öfter über ein Praktikum erfolgt. Wir wollen hier nicht in die teilweise überzogene Diskussion, die mit dem Stichwort „Generation Praktikum" charakterisiert sei, eintreten. Ein Aspekt wird unserer Meinung nach jedoch nicht genügend gewürdigt: Ein Praktikum bietet nicht nur eine sehr gute Möglichkeit, einen eigenen, unmittelbaren Einblick in die Berufswelt zu bekommen – ein Defizit, das viele Studenten unverschuldet aufweisen (und damit auch ein wichtiges Lernziel). Ein Praktikum ist auch eine hervorragende Gelegenheit für beide Parteien, sich gut kennenzulernen. Anschließend fällt eine fundierte Entscheidung leichter. Außerdem sind Praktikanten, die

---

7. Graf (2003)
8. Altes Zitat aus dem Marketing, siehe auch http://www.europefashion.de/europefashion/
    news.php?SessID=561f1b1821f12e19719e340e1a61ad4c&artikel=40

mit ihrem Einsatz zufrieden sind, glaubwürdige Botschafter an ihren Hochschulen.

Was wünschen sich Talente?

Eine wichtige Lehre, die Unternehmen aus dem ersten „War for talents"[9] lernten, war, dass es Unternehmen mit dem Image, Mitarbeiter fair zu behandeln, interessante Aufgaben, Sicherheit und Entwicklungsmöglichkeiten zu bieten, viel leichter haben, gute Bewerber zu rekrutieren und zu halten.[10]

Es gibt zahlreiche Studien zum Thema „Was wünschen sich Talente?"[11] Meist decken sich die Ergebnisse; die fünf wichtigsten Kriterien für einen guten Job sind danach:

1. Gutes Arbeitsklima

2. (Internationale) Aufstiegs- und Entwicklungsmöglichkeiten

3. Interessante Aufgaben

4. Weiterbildungsmöglichkeiten

5. Leistungsorientierte Vergütung

Während sich das Ranking dieser Top-Fünf-Anforderungen an einen „guten Arbeitgeber" je nach Zielgruppe – z. B. Naturwissenschaftler, Ingenieure, Betriebswirte; Länge der Berufserfahrung – unterscheidet, ist doch allen der Wunsch nach einem Gleichgewicht von Privatleben und Beruf gemeinsam. Dieser Trend hat sich erst über die letzten Jahre entwickelt.

Gute Bewerber sind selbstbewusster geworden. Wegen der konjunkturellen und demografischen Entwicklung verschieben sich die Machtverhältnisse zwischen gut ausgebildeten Bewerbern und der Wirtschaft.

Faktoren für erfolgreiches Recruiting sind ein klar positioniertes Arbeitgeberprofil (Employer Brand) und eine individuell angepasste Recruitingstrategie.

9. „The War for Talent," by Elizabeth G. Chambers, et al. (The McKinsey Quarterly, No. 3, 1998)

10. B. Kaye, S. Jordan-Evans & Career Systems International: „Talent Management in a Rapidly Changing Economy", Retention Convention Report, February 2001 http://www.employerbrand.com/points_detail.asp?id=4

11. „Employer Branding 2005", HHL; „Karriere nicht um jeden Preis", FAZ, 15. Juli 2006

Ergebnisse der internen und externen Befragungen: Was sind die UEPs[12] von Merck?

Sowohl 2003 als auch 2006 wurden bei Merck im Rahmen von Diplomarbeiten Mitarbeiterbefragungen zum Themenfeld „Image von Merck" und „Rekrutierung und Bindung" durchgeführt.[13] Befragt wurden Hochschulabsolventen und Nachwuchsführungskräfte, die eine für Merck strategisch wichtige Mitarbeitergruppe darstellen und deshalb Ziel von Bindungsbemühungen sind sowie von künftigen Rekrutierungsmaßnahmen sein werden. Das Ergebnis ist in Bild 3 dargestellt.

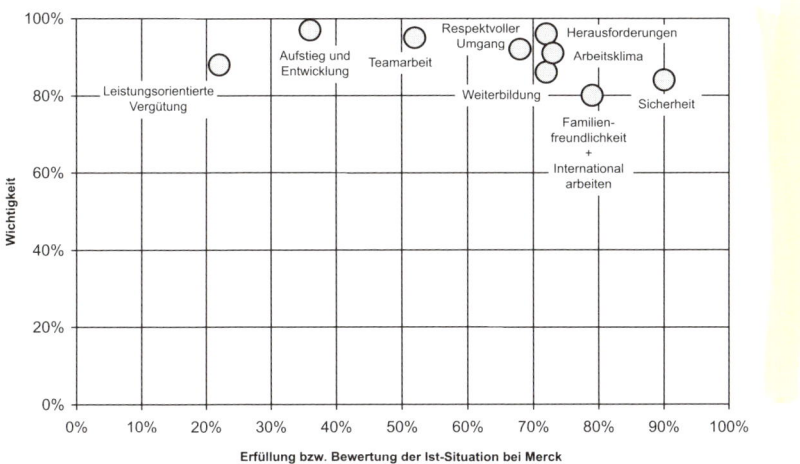

Bild 3 Darstellung der Faktoren, die einen Arbeitgeber attraktiv machen, Wichtigkeit und aktueller Erfüllungsgrad

Wichtige Faktoren der Arbeitgeberattraktivität, wie „gutes Arbeitsklima", „interessante Aufgaben", „gute Weiterbildungsmöglichkeiten", „Arbeitsplatzsicherheit" und „gute Sozialleistungen/Familienfreundlichkeit/Balance zwischen Berufs- und Privatleben", bieten wir unseren Mitarbeitern bei Merck.

Allerdings geben die Befragten an, dass bei den Themen „Entwicklungsmöglichkeiten" und „leistungsgerechte Bezahlung" Optimierungsbedarf besteht. Dies zeigt sich auch bei der Beurteilung von Merck im Vergleich

---

12. UEP = „Unique employment proposition" (Alleinstellungsmerkmal)
13. Graf (2003), Wiesler (2003), Carolin Russ (Giessen-Friedberg, 2006), Fritz (2007), Dennis Irmer (Hagen, 2007)

mit Konkurrenzunternehmen, wo Merck insbesondere durch seine als sehr positiv wahrgenommene Unternehmenskultur punkten kann.[14]

Wichtig ist hier, dass nun keinesfalls nach außen „falsche Versprechungen" gemacht werden. Potenziale sind mobil! Und sie registrieren schnell, ob es schmerzliche Diskrepanzen zwischen Erwartungen und Realität gibt. Die Entscheidung, ein Unternehmen wieder zu verlassen, fällt dann rasch, oft in den ersten beiden Jahren.[15]

Eine spannende Kontrollfrage, wie zufrieden Mitarbeiter mit ihrer Arbeitssituation im Unternehmen sind und ob ihre Erwartungen an Merck erfüllt worden sind, ist die Frage „Würden Sie Merck als attraktiven Arbeitgeber im Freundeskreis aktiv weiter empfehlen?" (siehe Bild 4).[16]

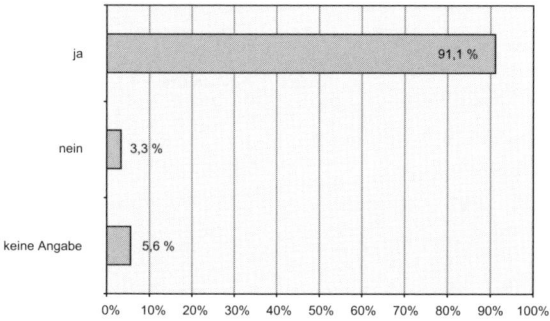

Bild 4 Würden Sie Merck als attraktiven Arbeitgeber im Freundeskreis empfehlen? (Antworten von 180 Merck-Mitarbeitern mit Hochschulabschluss und mehrjähriger Berufserfahrung)

Interessant ist bei einer aktuellen Erhebung der Vergleich der Wahrnehmung von Merck durch Interne und extern Befragte, denn hier zeigt sich ggf. Handlungsbedarf beim Employer Branding.[17] Idealerweise sollte interne und externe Kommunikation ein einheitliches Bild von Merck zeigen und das Merck Brand unterstützen.

Beispielsweise haben bei der für Merck besonders wichtigen Kenngröße „Forschungs- und Entwicklungsexpertise" die extern Befragten Merck deutlich positiver beurteilt als die intern Befragten. Hieraus lässt sich

---

14. Graf (2003), Wiesler (2003)
15. „Employer Branding 2005",HH1
16. Fritz (2007)
17. Irmer (2007)

Handlungsbedarf in der internen Kommunikation ableiten, da das F&E-Potenzial durch die Mitarbeiter unterschätzt wird.

Je mehr Kontakt zu und Wissen über Merck die Befragten haben (durch Homepage, Besichtigung, Praktika etc.), desto attraktiver wird Merck als Arbeitgeber empfunden. Als Maßnahme sollte hier an der Bekanntheit des Unternehmens gearbeitet werden.

Aus einer solchen Bestimmung der internen und externen Wahrnehmung können das aktuelle Employer Brand (IST) formuliert und Optimierungsmöglichkeiten ausgemacht werden. Der nächste Schritt ist dann die Erarbeitung von Kernbotschaften als Teil eines Kommunikationskonzepts.

Wie hat sich unsere externe Kommunikation verändert?

Es ist einleuchtend, dass nach all diesen Erkenntnissen und Ergebnissen die Kommunikation – intern und extern – angepasst werden musste. Intern wurde z. B. der Auftritt des Personalbereiches im Intranet inhaltlich, strukturell und im Layout völlig neu gestaltet. Hier ist für den Leser vielleicht interessanter, zumindest jedoch leichter überprüfbar, was wir extern getan haben. Deshalb stellen wir diesen Teil ausführlicher dar.

Zur gleichen Zeit, als wir erkannten, dass wir unsere externe Kommunikation grundlegend umstellen müssen, wurde auch das Corporate Design von Merck umgestellt. Dies war eine günstige Gelegenheit für unsere Vorhaben im Personalmarketing.

Generell haben wir uns von der klassischen Sichtweise „Bewerber" gelöst und den Blick auf mögliche Mitarbeiter als „Umworbene" geändert, auch wenn wir dem allgemeinen Sprachgebrauch folgend weiterhin den gewohnten Ausdruck „Bewerber" verwenden. Der Perspektivwechsel vom Bewerber zum Umworbenen ist schon heute wegen der erfreulichen Wirtschaftslage für ein zielführendes Personalmarketing und ein erfolgreiches Recruiting entscheidend und wird dies zukünftig wegen der demografischen Entwicklung auch weiterhin sein.

Umfragen in der Vergangenheit[18, 19] hatten bereits gezeigt, dass Online- und Printauftritte die wichtigsten Informationsquellen für Absolventen und „Young Professionals", nach unserem Verständnis Hochschulabsolventen mit bis zu fünf Jahren Berufserfahrung, sind.

---

18. Diplomarbeit Stefanie Rill (Lüneburg, 2004)
19. Diplomarbeit Daniel Seidler (Würzburg-Schweinfurt, 2004)

Eine aktuelle Umfrage hat unsere Vermutungen bestätigt. Diese Quellen sind auch für ältere Hochschulabsolventen mit mehr als fünf Jahren Berufserfahrung die wichtigsten Informationsmöglichkeiten über Arbeitgeber (Bild 5).[20]

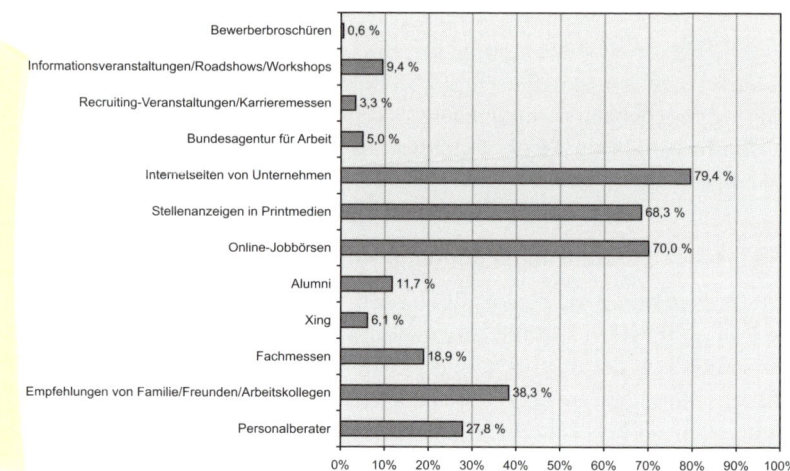

Bild 5 Informationskanäle von Mitarbeitern mit Hochschulabschluss und mehrjähriger Berufserfahrung (Antworten von 180 Merck-Mitarbeitern)

Die Frage „Welchen Stellenwert haben folgende Medien bei der Informationsbeschaffung über Arbeitgeber?" ergab vergleichbare Ergebnisse (Bild 6).[21]

Internetseiten der Unternehmen, Online-Jobbörsen und Printmedien sind die weitaus wichtigsten Kanäle. Auf Inhalte in den Jobbörsen haben wir nur geringen Einfluss. Deshalb haben wir uns mit unseren Kommunikationsmaßnahmen auf unser Bewerberportal come2merck.de und Printmedien konzentriert.

Zusätzlich haben wir berücksichtigt, dass auch Empfehlungen von Freunden und Arbeitskollegen große Bedeutung haben. Dies war für uns ein Grund, durch vermehrte Vergabe von Examensarbeiten und Praktika das Hochschulmarketing auszubauen.

Als weiteren Schritt haben wir unsere Öffentlichkeitsarbeit intensiviert.

---

20. Fritz (2007)
21. Fritz (2007)

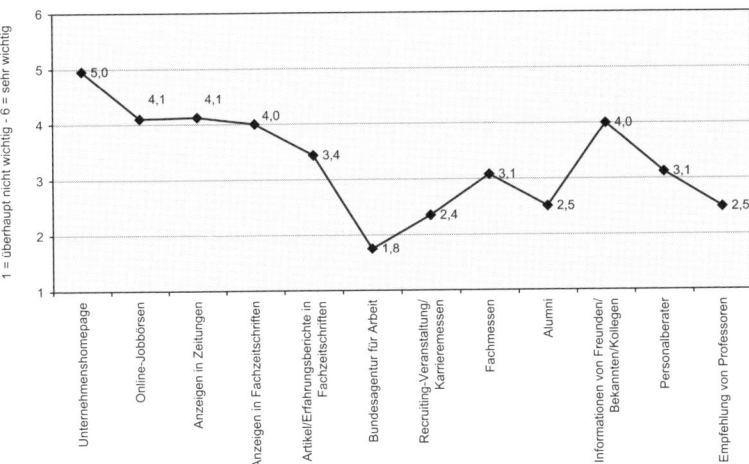

Bild 6 Stellenwert der Medien bei der Informationsbeschaffung durch
Mitarbeiter mit Hochschulabschluss und mehrjähriger Berufserfahrung
(Antworten von 180 Merck-Mitarbeitern)

Internet

Unser nationales Bewerberportal come2merck.de wurde schrittweise um-
gebaut. Das neue Corporate Design gab ein anderes Erscheinungsbild vor.
Diese notwendigen Anpassungen haben wir auch zum inhaltlichen Umbau genutzt. Die Optik wurde schlanker. Inhalte wurden besser strukturiert und über klare Gliederungen für den Nutzer leichter auffindbar. Für
jedes Thema ist ein Ansprechpartner mit Bild genannt. Umfangreiche Informationen rund um „Arbeiten bei Merck" wurden entwickelt und um
Stimmungsbilder zu den Werten und zur Kultur von Merck ergänzt.
Ebenso haben wir ganz bewusst versucht, den Standort unserer Zentrale,
die Rhein-Main-Neckar-Region, eine der wirtschaftlich stärksten Regionen in Europa, positiv und realistisch darzustellen. Hier haben wir auch
im Hinblick auf zukünftige Bewerber mit mehrjähriger Berufserfahrung
Informationen aufgenommen, die für Familien bedeutend sein können,
zum Beispiel Schulen, Wohnmöglichkeiten und Arbeitsmöglichkeiten für
den Partner.

Seit 2006 betreiben wir mit www.merck.jobs zusätzlich ein Bewerberportal für die weltweite Merck-Gruppe. Dieses Portal beschränkt sich derzeit
weitgehend auf eine Funktion als Dach über die Karriere-Portale der einzelnen Merck-Gesellschaften.

Den Erfolg unserer Portale können wir auch unmittelbar am Bewerbungs-eingang und der Quote der erfolgreichen Bewerbungen – das sind Bewer-bungen, die zu Vorstellungsgesprächen, Vertragsverhandlungen oder Ein-tritten führen – ablesen. Beide Kennzahlen, die wir seit längerer Zeit ver-folgen, sind bis zu ca. vierfach höher als bei jeder einzelnen Jobbörse, mit der wir kooperieren. Kritisch könnte man anmerken, dass Bewerber sich eher über ein Firmenportal bewerben, weil das „besser ankommt", als über eine Jobbörse und deshalb die Zahlen nicht überinterpretiert werden sollten. Allerdings ist der numerische Unterschied so beachtlich, dass mehr als nur eine Vermutung, insbesondere mit come2merck.de die Rich-tigen für Merck zu interessieren, für den Erfolg unserer Portale spricht.

Neues Anzeigenkonzept

Gleichzeitig mit dem Umbau unseres Bewerberportals wurde ein neues Anzeigenkonzept für Stellenausschreibungen und Imagemaßnahmen entwickelt. Auch hier nimmt der Bildteil, auf dem Merck-Mitarbeiter an ihrem Arbeitsplatz abgebildet sind, einen großen Raum ein. Insbesondere wurde auch eine neue Bilderwelt entwickelt. Diese neue Bildersprache zeigt Merck-Mitarbeiter verschiedener typischer Berufe in Arbeitssituatio-nen, den Blick offen in die Kamera gerichtet, um eine Verbindung von Mensch zu Mensch herzustellen.

Weiteres wesentliches Merkmal ist die besondere Sprache. Es wird die direkte „Sie"-Ansprache gewählt. Ein Beispiel: „Sie entwickeln und opti-mieren im Bereich Zentrale Forschungsanalytik spektroskopische Metho-den ..." Diese direkte Anrede wird einheitlich in Print- und Online-Anzei-gen durchgehalten. Gedruckte Anzeigen werden von einer Agentur getex-tet und geschaltet; deshalb war die konsequente Umsetzung leicht zu erreichen. Etwas schwieriger war es, die Einheitlichkeit bei den Online-Anzeigen zu gewährleisten, weil hier die einzelnen Personalbetreuer mit ihren betreuten Fachbereichen individuell ausschreiben können. Aus Gewohnheit wurde hier sprachlich vereinzelt noch das alte Konzept angewendet. Unterstützende Beharrlichkeit, indem wir seitens des Perso-nalmarketings beispielsweise Anzeigen neu formuliert und dann mit den beteiligten Stellen besprochen haben, hat dann letztlich auch hier den Erfolg gebracht.

Neben den durch das Corporate Design vorgegebenen Elementen wie Logo, Weißraum, Bildkurve, Schriftart, Farben usw. weisen alle Stellenan-zeigen sowie alle Imageanzeigen mit Personalbezug unten rechts groß den auffordernden Schriftzug come2merck mit akzentuierendem Maus-pfeil auf – die Aufforderung, zu Merck zu kommen und diesen Wunsch online zu äußern.

Bild 7 Personal-Imageanzeige im neuen Auftritt

Ausbau des Hochschulmarketings

Eine weitere Konsequenz aus den Ergebnissen unserer diversen Untersuchungen war die klare Strukturierung im Hochschulmarketing nach fachlichen Zielgruppen gemäß unserem Bedarf an Naturwissenschaftlern, Ingenieuren und Wirtschaftswissenschaftlern sowie nach Zieluniversitäten oder, genauer gesagt, nach Zielinstituten. Zur Identifikation der Zielinstitute greifen wir stark auf die Erfahrungen unserer Fachabteilungen zurück, die Kooperationen mit Instituten eingegangen sind oder gute Absolventen von bestimmten Instituten eingestellt haben. Dazu ziehen wir auch diverse Hochschul-Rankings heran, die in unterschiedlichen Medien veröffentlicht werden. Allerdings müssen diese Beurteilungen kritisch analysiert und sorgfältig ausgewertet werden; leider wird nicht immer wissenschaftlich sauber mit nachvollziehbaren oder relevanten Kriterien gearbeitet.

Als wichtigen Baustein für erfolgreiches Hochschulmarketing haben wir die Bereitstellung von Plätzen für Praktikanten, Diplomanden und Doktoranden kennengelernt. In den letzten Jahren hatten wir jährlich über 300 Praktikanten sowie ca. 50 Diplomanden und Doktoranden bei Merck.

Bild 8 Rekrutierungs-Anzeige im neuen Auftritt

Die Praktikanten, ca. zwei Drittel von ihnen sind Pflichtpraktikanten, sind im Mittel etwa 4 Monate bei Merck. Als Untergrenze für eine sinnvolle Praktikantentätigkeit haben wir wegen der Komplexität des Unternehmens und der anspruchsvollen Aufgaben, die übertragen werden, 2 Monate festgelegt. Obwohl wir wissen, dass dies länger ist, als nach mancher Studienordnung für einen Bachelor-Abschluss erforderlich ist, halten wir an dieser Mindestdauer fest.

Die Verweildauer der Diplomanden und Doktoranden beträgt mindestens 3 Monate, ist jedoch von Studiengang und Prüfungsordnung abhängig.

Diese Studenten tragen als Multiplikatoren ein glaubhaftes Bild in den Kreis ihrer Kommilitonen. Wir erkennen das daran, dass inzwischen auch viele Praktikanten von weiter entfernten Hochschulen, wo Merck nach unseren Erfahrungen eher weniger bekannt ist, auf Empfehlung von Professoren oder Kommilitonen zu uns kommen.

Zur Stützung der guten Beziehungen zwischen fachlich und persönlich ausgezeichneten Studenten und Merck haben wir vor einigen Jahren das Bindungsprogramm „STEP" („**St**udent **E**xcellence **P**rogram") eingeführt. Hier werden Studenten bis zum Abschluss ihrer Hochschulausbildung begleitet. Wichtig ist, dass ihnen ein Tutor von Merck zur Seite steht, der sich um „seine" Studenten fachlich und auch bei Weiterbildungsfragen kümmert. Jährlich nehmen wir weniger als 5 % unserer Studenten in STEP auf; dies zeigt die hohen Anforderungen, denen sich die Kandidaten in einem Auswahlprozedere stellen müssen. Am Ende der Ausbildung werden diese Studenten für aktuell zu besetzende Vakanzen empfohlen. Hier müssen sie sich dann – versehen mit einem Plus – der Konkurrenz der übrigen Bewerber stellen. Ca. 40 % der „Steps", die ihre Studien beendet haben und zu Merck wollen, sind in diesem Wettbewerb erfolgreich.

Ausbau der Öffentlichkeitsarbeit

Zur weiteren Steigerung des Bekanntheitsgrades von Merck und zur Vermittlung eines positiven Bildes unseres Unternehmens nutzen wir außerdem verstärkt die Möglichkeit, bei Kongressen als Referenten aufzutreten, bei Rundfunk- und Fernsehbeiträgen mitzuwirken oder in Zeitschriften oder Büchern Artikel über aktuelle Themen bei Merck und in der öffentlichen Diskussion zu publizieren. Beispielhaft sei das Thema „Beruf und Familie" mit einem Filmbeitrag aus unserer 1968 eingerichteten Kindertagesstätte genannt.

Familienfreundlichkeit rechnet sich!

Ein Alleinstellungsmerkmal von Merck ist die Wertschätzung unserer Mitarbeiter: Arbeitsvertraglich garantiert sind z. B. seit 1853 eine Lohnfortzahlung im Krankheitsfall und eine Firmenpension. Bereits 1968 gründete die Familie Merck den Merckschen Kindertagesstättenverein, der die betriebsnahe Kindertagesstätte führt. Hier werden derzeit 101 Kinder zwischen 12 Monaten und 12 Jahren betreut. Individuellere Betreuung wird den Mitarbeitern auf Wunsch durch die unternehmenseigene kostenlose Tageselternvermittlung (seit 1992) geboten. Dieses Engagement zeigt Merck aus der Überzeugung, dass ein Mitarbeiter sich dem Unternehmen verbunden fühlt, d. h. leistungsbereiter und motivierter ist, wenn es ihm und seiner Familie gut geht.

Merck bietet vielen Mitarbeitern interessante Aufgaben, so dass insbesondere höher qualifizierte Mitarbeiterinnen sich immer häufiger und immer früher dazu entschließen – eher aus Spaß an der Arbeit als aus finanzieller Not –, nach der Geburt eines Kindes an den Arbeitsplatz zurückzukehren. Dieser Trend ist seit 2000 auch mit Zahlen zu belegen.

Merck möchte den Eltern eine Vereinbarkeit von Berufs- und Privatleben nicht erst seit der öffentlichen Diskussion der letzten paar Jahre erleichtern. Merck tut dies alles auch, um das Potenzial der Mütter und Väter zu halten. Dabei stehen nicht nur das in einer Ausbildung wie einem Studium erlangte Wissen oder die Berufserfahrung im Fokus des Interesses, sondern auch die als Eltern erlangten weiteren Qualifikationen, wie beispielsweise Organisationsmanagement, Zeitmanagement, Umgang mit Konfliktsituationen, Wissensvermittlung und Führungsverantwortung.

Im Rahmen der verstärkten externen Kommunikation, der immer globaleren Rekrutierung und angesichts der aktuellen gesellschaftlichen Debatte durchlief Merck ein Audit durch die Hertie-Stiftung, wurde im Sommer 2005 als „Familienfreundliches Unternehmen" zertifiziert[22] und darf folgendes Logo für die interne und externe Kommunikation nutzen:

---

22. www.beruf-und-familie.de

2006 wurde die Merck KGaA zudem als „Familienfreundlichstes Unternehmen Südhessens" ausgezeichnet.[23]

Erfolge

Ein wichtiges Maß unserer Employer-Branding-Aktivitäten ist die externe Bewertung der Merck KGaA in Rankings.

Auf einer im Mai 2007 in der Wirtschaftswoche erschienenen Rangliste der beliebtesten Arbeitgeber findet sich die Merck KGaA bei den Jobfavoriten der Ingenieure, Naturwissenschaftler und Informatiker (Hochschulabsolventen) auf Platz 21 von 50 genannten Unternehmen.[24] Da es sich hierbei um unsere Zielgruppe handelt und Merck in den Vorjahren nicht gelistet war, ist dieses Ergebnis als sehr positiv zu bewerten und auf die Employer-Branding-Aktivitäten der letzten Jahre zurückzuführen.

Merck gehört – laut einer aktuellen Befragung des Verbands angestellter Akademiker und leitender Angestellter – zu den drei Top-Adressen bei den Führungskräften aus der Chemie.[25] Viele Mitarbeiter finden Merck empfehlenswert und arbeiten gerne bei Merck. Gerade im Hinblick auf die demografische Entwicklung ist dieses Ergebnis ein Pfund, mit dem man wuchern kann, an dem man allerdings stetig weiterarbeiten muss.

Bei der Studie „Employer Branding 2005",[26] einer breiten empirisch fundierten Analyse der Wahrnehmung ausgewählter Arbeitgebermarken durch High Potentials, findet sich Merck im oberen Mittelfeld. Allerdings zeigt sich bei der Analyse des Datenmaterials, dass Merck nur bei 72% der befragten Naturwissenschaftler bzw. nur bei 55% der befragten Ingenieurwissenschaftler bekannt ist und dass auch bei denjenigen, die Merck „kennen", die Schärfe des Unternehmensbildes nur gering ist. Als Ergebnis haben wir unsere Employer-Branding-Aktivitäten in den letzten beiden Jahren besonders auf diesen Aspekt fokussiert.

---

23. Auszeichnung der Wirtschaftsjunioren der IHK Darmstadt
24. „Lust und Leistung", Wirtschaftswoche Nr. 20, Mai 2007; siehe auch www.wiwo.de/arbeitgeber
25. „Befindlichkeitsumfrage 2007", VAA Magazin, Juni 2007
26. Kooperationsprojekt von Leipzig Graduate School of Management, Lehrstuhl Marketingmanagement, Prof. Dr. M. Kirchgeorg
e-fellows.net, München
Die Zeit, Hamburg, Chancen & Karriere, Premium Personalmarkt
TNS Infratest, Bielefeld, Abt. Stakeholder Management
http://apollo.zeit.de/chaka/pdf/Employer_Branding_2006_Summary.pdf

Was ändert sich seit 2007?

2007 ist für Merck ein „aufregendes" Jahr. Durch die bereits erwähnte Akquisition von Serono S. A. ist Merck auch für eine neue Zielgruppe von Bewerbern besonders interessant geworden: für Biotechnologen. Hier müssen wir die beruflichen und privaten Wünsche, Erwartungen und Bedürfnisse herausfinden und uns für diese begehrte Spezialistengruppe erfolgversprechend positionieren.

Die Integration von Serono bedeutet aber noch mehr: Es gilt, zwei unterschiedliche Firmenkulturen zu vereinen und sich gemeinsam als attraktiver Arbeitgeber zu präsentieren – intern und extern –, um sicherzustellen, dass es nicht zu einer Demotivation von Mitarbeitern und einer erhöhten Fluktuation kommt. Als eine Sofortmaßnahme ließ die Unternehmensleitung bereits im Februar 2007 eine Mitarbeiterbefragung zur Unternehmenskultur durchführen, aus der sich die unterschiedlichen Stärken der ehemaligen Unternehmen, zu überwindende Unterschiede, gemeinsame Stärken und gemeinsame Herausforderungen ergaben, die nun angegangen werden. Regelmäßig erscheinen „Integration Letters", in denen alle Mitarbeiter über Fortschritte informiert werden.

„Human Resources unterstützt die Wachstumsstrategie von Merck", so der Titel eines Artikels in der Mitarbeiterzeitschrift „pro" vom Juni 2007. Bei der zunehmend globalen Ausrichtung der Geschäftsbereiche muss HR, um die Geschäfte adäquat unterstützen zu können, Strategie und Struktur anpassen. So kann z. B. durch eine Bündelung der Recruiting-Aktivitäten das Arbeitgeberprofil von Merck (Employer Brand) geschärft und eine zielgruppenorientierte Recruitingstrategie verfolgt werden.

Fazit: Wie kann Merck im globalen Wettbewerb um Talente bestehen?

Die Fähigkeit eines Unternehmens, qualifizierte Mitarbeiter zu werben, zu entwickeln und schließlich zu halten, ist ein maßgeblicher zukünftiger Wettbewerbsvorteil. Dabei ist die Positionierung von Merck in den Köpfen hochqualifizierter Nachwuchskräfte (das Employer Brand) entscheidend. Somit wird die Art und Weise der Rekrutierung und Bindung neuer bzw. bereits Beschäftigter zum entscheidenden Erfolgsfaktor.

Um zu den attraktiven Arbeitgebern zu gehören, muss in klassischen Marken-Kategorien gedacht werden:[27]

---

27. Präsentation Netzwerktreffen UNICUM 27.02.2007 „Employer Branding bei E.ON", Christoph Dänzer-Vanotti, Personalvorstand E.ON AG, und Diplomarbeit Andrea Nold (Mannheim, 2006)

- Der Arbeitgeber muss zur Marke werden.
- Der Arbeitsplatz muss zum Produkt werden.
- Der Bewerber muss zum Kunden werden.
- Versprechen über Arbeitgeber müssen eingehalten werden.
  Denn: Die wichtigsten Markenbotschafter sind die Mitarbeiter!

Mit Employer Branding den War for Talents gewinnen – Entwicklung eines weltweiten Employer Brandings bei Philips

Wolfgang Brickwedde

Die Firma Philips ist eine etablierte Marke. Doch als Arbeitgeber fehlte es uns bis vor wenigen Jahren an Profil, denn ein einheitliches Personalmarketing gab es nicht. Jetzt haben wir ein einheitliches Employer Branding entwickelt – und das eigene Image geschärft.

Die Branche

Philips gehört mit seinen Unternehmensbereichen zur Metall- und Elektro-Industrie, einer der Schlüsselindustrien unseres Landes. In mehr als 22.000 Betrieben sind fast 3,5 Millionen Mitarbeiter beschäftigt. Ihr Schwerpunkt liegt mit 80 % in der Herstellung von Investitionsgütern. Nur 20 % entfallen auf Konsumgüter. Die Metall- und Elektro-Industrie ist mittelständisch geprägt: 70 % der Betriebe haben bis zu 99 Mitarbeiter, 28 % bis zu 999 und nur 2 % mehr als 1000. Philips gehört zu den größten Unternehmen der Branche.

Die fünf großen Branchen der Metall- und Elektro-Industrie sind: der Maschinenbau (909.000 Beschäftigte), die Automobilindustrie (800.000), die Elektrotechnik (617.000), die Metallverarbeitung (572.000) und die Branche Feinmechanik, Optik, Uhren (228.000). Philips gehört zur Branche Elektrotechnik.

Anforderungen an Mitarbeiter

Die ständig wachsende Bedeutung von Elektro- und Informationstechnik, Innovationsfeldern wie der Mikro- und Nanotechnik, die langfristige Sicherung der elektrischen Energieversorgung, die Globalisierung und Liberalisierung der Märkte sowie Veränderungen im Bildungssystem sind aktuelle Herausforderungen zur Erhaltung der Wettbewerbsfähigkeit Deutschlands und damit auch an aktuelle und potenzielle Mitarbeiter.

Die Tätigkeitsfelder und Anforderungen im Ingenieurberuf werden sich weiterhin verändern. Heute arbeiten Elektroingenieure in fast allen Industrie- und Dienstleistungszweigen, in der klassischen Elektrotechnik und Elektronik ebenso wie im Maschinen- und Automobilbau, in der Medizintechnik oder in der IT- und Telekommunikationsbranche.

Elektroingenieure sind also nicht nur Innovatoren in den klassischen Bereichen der Elektro- und Informationstechnik, sondern auch in anderen Schlüsselbranchen.

Die Arbeit des Ingenieurs hat sich von der Entwicklung neuer technischer Komponenten, Geräte und Anlagen hin zu Projektierung, Implementierung und Integration komplexer Systeme aus Hard- und Software verlagert.

Teams übernehmen einzelne Projekte und Prozesse von der Planung bis zur Fertigstellung. Nach aktuellen Einschätzungen entfällt heute nur ein Drittel der Arbeitsleistung auf klassische Ingenieuraufgaben wie Produktentwicklung und Konstruktion, ein weiteres Drittel auf planerische Aufgaben sowie Marketing und Vertrieb. Gefragt sind Prozessorientierung plus Verknüpfung fundierter fachlicher Kenntnisse mit nichttechnischen Kompetenzen, von Methoden- und Sprachkenntnissen bis zur Führungskompetenz bei Übernahme von Managementaufgaben.

Im Berufsbild des Ingenieurs der Elektro- und Informationstechnik hat sich etwa in den letzten fünf Jahren ein enormer Wandel vollzogen, der in der Öffentlichkeit kaum wahrgenommen wurde. Der Ingenieur ist kein einsamer Tüftler mehr, vielmehr ist die Teamarbeit – oder das, was man „soziale Kompetenz" nennt – unbedingt notwendig. Er muss sich schnell auf neue Technologien und Fragestellungen einstellen, wobei hier auch die Bedürfnisse der Kunden gemeint sind. Dabei geht es nicht um das technisch Machbare, sondern um die Suche nach einer optimalen Lösung mit begrenzten Mitteln. Der Ingenieur ist also kein Technokrat; für Möglichkeiten und Gefahren muss er ein Sensorium haben.

Vom modernen Ingenieur werden hohe Flexibilität, solides Fachwissen und eine Reihe von überfachlichen Qualifikationen gefordert. Bereits heute ist nur noch die Hälfte aller Ingenieure in den klassischen Tätigkeitsbereichen Konstruktion, Fertigung und Entwicklung, wobei hier die Softwareentwicklung einbezogen ist, beschäftigt. Marketing und Vertrieb, d. h. Beraten, Organisieren, Vermitteln, Analysieren und Verkaufen, werden zunehmend wichtiger. Die Dienstleistungsfunktionen nehmen also zu, ebenso das Projektmanagement als Verbindung technischer und dienstleistungsorientierter Kompetenzen. Bei der Projektarbeit steht das „Denken in Kosten, Zeit und Qualität" im Vordergrund. Die Fachleute arbeiten heute in interdisziplinären Teams, oft in internationaler Zusammensetzung und an verschiedenen Orten. Mitarbeiter der Marketingabteilung und Kunden werden häufig von Anfang an in die Entwicklung eines Systems einbezogen. Den Kunden werden auf sie zugeschnittene Problemlösungen und Dienstleistungen angeboten. Wir sprechen also nicht mehr von einzelnen Produkten und Geräten, sondern von Systemlösungen, wo alle Komponenten, Software-Produkte und Dienstleistungen aufeinander abgestimmt sind. Dieses „Systemwissen" zeichnet einen modernen Ingenieur heute aus; die Technik wird mit Software, Vertrieb, Service und Marketing verknüpft.

Arbeitsmarkt-Aussichten

Die Bedeutung der Elektroingenieure für den Arbeitsmarkt wächst. In den Anzeigen der Printmedien bildeten in 2005 Ingenieure neben Betriebswirten die größte Gruppe gesuchter Mitarbeiter. Knapp 25.000 Elektro- und Maschinenbauingenieure wurden hier über Stellenanzeigen gesucht. Dies entspricht einer Steigerung von 11 % gegenüber dem Vorjahr. Eine Untersuchung des Vereins deutscher Elektrotechniker (VDE) und worldwidejobs.de zählte im April 2005 7.400 online ausgeschriebene Stellen für Ingenieure der Elektro- und Informationstechnik. Nach dem VDE-Innovationsmonitor 2005 prognostizierten 45 % der VDE-Mitgliedsunternehmen einen steigenden Bedarf, 51 % einen gleichbleibenden Bedarf. Der Verein Deutscher Ingenieure (VDI) schätzt die Zahl der nicht besetzten Stellen im Ingenieurbereich auf über 45.000, wodurch der Wirtschaft Wertschöpfungsverluste in Höhe von 3,5 Mrd. € entstehen. Die Zahl erwerbsloser Elektroingenieure liegt derzeit auf vergleichsweise niedrigem Niveau, deutlich unterhalb des Werts Ende der 90er Jahre.

In 2007 werden die ca. 8.000 Elektrotechnik-Absolventen dieses Jahrgangs den Fachkräftebedarf der Wirtschaft kaum decken können. Der VDE prognostiziert bis 2008 einen Anstieg der Absolventen auf etwa 10.000 pro Jahr und anschließend eine leichte Abnahme. Die Zahl der aktuell berufstätigen Elektroingenieure schätzt der VDE auf rund 190.000. Der jährliche Bedarf dürfte nach vorsichtiger Schätzung deutlich über 10.000 Ingenieuren der Elektro- und Informationstechnik liegen. Der VDE erwartet überdies ein Anwachsen des Anteils der Ingenieure und Naturwissenschaftler auf bis zu ein Drittel aller Beschäftigten in den technisch orientierten Branchen.

Das Unternehmen Philips

Innerhalb der Branche der Metall- und Elektroindustrie nimmt Philips eine Sonderstellung ein. Wie viele andere große Unternehmen, wie Siemens oder Bosch, ist Philips auch seit fast 100 Jahren in Deutschland aktiv und viele seiner Geschäftsfelder überschneiden sich mit denen anderer Unternehmen; es hat sich jedoch seinen holländischen Ursprungsgeist bewahrt. Dies zeigt sich insbesondere in der Unternehmenskultur, die eher zielorientiert und von flachen Hierarchien gekennzeichnet ist. Anhand der Tatsache, dass die beste Idee über die „Schulterklappen" siegt und dass der Satz „Das haben wir immer schon so gemacht" bei Philips nicht gern gehört wird, zeigt sich der Unterschied im täglichen Leben.

Philips gehört zu den größten Elektronikkonzernen der Welt. Das Unternehmen mit Sitz in Amsterdam ist in mehr als 60 Ländern aktiv und beschäftigt weltweit rund 125.000 Mitarbeiter, darunter über 10.000 im deutschsprachigen Raum.

Die Zielgruppen der Personalkommunikation

Die Zielgruppen unserer Employer-Branding-Strategie sind alle externen potenziellen Mitarbeiter (z. B. Auszubildende, Praktikanten, Werkstudenten, Studierende, gewerbliche Mitarbeiter, Berufsanfänger und auch Berufserfahrene – wobei der Schwerpunkt auf potenziellen Mitarbeitern mit Hochschulabschluss und kaufmännischer Ausbildung liegt) sowie alle internen Mitarbeiter.

Die Strategie

Der Bekanntheitsgrad der Marke Philips ist hoch (> 95 %), dennoch erreichte das Image des Unternehmens in vielen Arbeitgeberrankings über Jahre hinweg keine zufriedenstellenden Positionen. Eine kritische Bestandsaufnahme des zentralen HR-Managements in Amsterdam kam zu dem Ergebnis, dass dem internationalen Konzern die einheitliche Linie im Personalmarketing fehlte.

Vor diesem Hintergrund startete Philips im Frühjahr 2002 das Projekt „Employer Branding". Ähnlich der Unternehmensmarke sollte der weltweit agierende Konzern ein einheitliches Employer Branding erhalten, das die Vorzüge des Arbeitgebers Philips sowohl extern als auch intern kommuniziert. Employer Branding wird dabei ganzheitlich als Kombination aus Arbeitgeberimage und Arbeitgeberqualität verstanden. Personalmarketing ist nur ein Teil davon, der aber vor allem in der Kommunikation nach außen eine wichtige Rolle spielt. Dabei bedient sich Philips der

Übertragung allgemeiner markenpolitischer Überlegungen auf den Bereich des Personalmanagements (Bilder 1 und 2), der Aspekt des Kaufens (Purchase) wird dabei übertragen auf den Bewerbungsprozess (Application).

Um das anstehende Projekt auf eine möglichst breite Basis zu stellen, beteiligte das Konzernpersonalmanagement unterschiedliche Funktionsbereiche – von der Unternehmenskommunikation über das Marketing bis hin zu Forschung und Entwicklung plus externen Beratern (Bild 3).

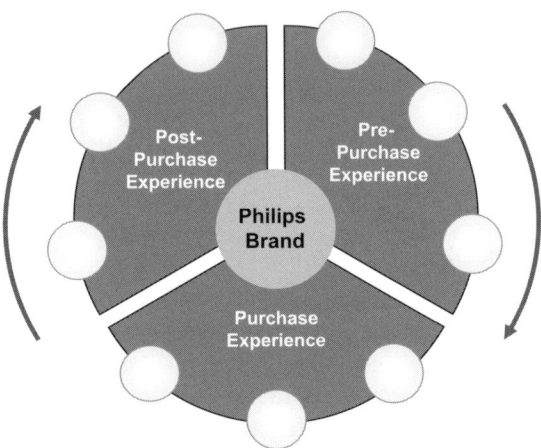

Bild 1 Markenmanagement bei Philips

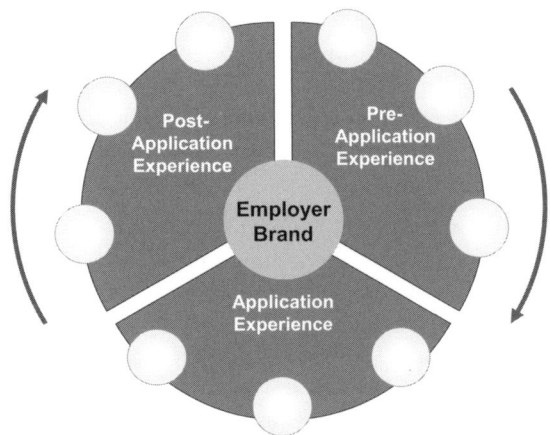

Bild 2 Übertragung des Markenmanagements auf Employer Branding

Bild 3 Stakeholder-Employer-Branding-Projekt

Im April 2002 traf sich die Projektgruppe zum Kick-off-Meeting. Hierbei wurde unter anderem die in Bild 2 dargestellte Übertragung des Markenmanagements auf das Employer Branding verfeinert und ein Employment Lifecycle Touchpoint Wheel (Bild 4) entwickelt, um zu zeigen, wann und in welchen Situationen die Zielgruppen mit Philips als Arbeitgeber in Kontakt kommen und beeinflusst werden können.

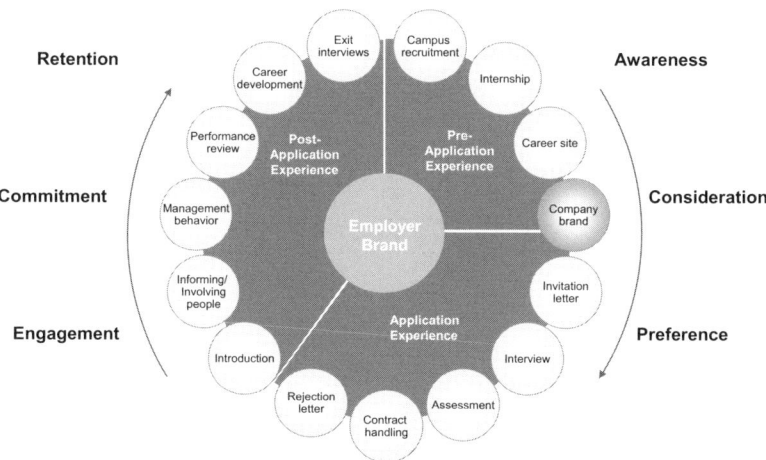

Bild 4 Employment Lifecycle Touchpoint Wheel

Dabei ging das Projektteam in folgenden Schritten vor:

1. Entwicklung einer differenzierenden Employment Value Proposition (EVP)

2. Management dieser Employment Value Proposition über verschiedene signifikante Zielgruppen

3. Sicherstellung der Glaubwürdigkeit der Employment Value Proposition im Arbeitsmarkt

Die Operationalisierung

Recherche und Benchmarking

Um die „Rädchen" zu finden, an denen es sich zu drehen lohnt, benötigt man Daten über die Faktoren, die dazu führen, dass potenzielle Bewerber sich für einen Arbeitgeber entscheiden (Attraktivitätsfaktoren), und die aktuelle Mitarbeiter dazu veranlassen, zu bleiben und produktiv in ihrer Aufgabe zu sein (Retention-Faktoren).

In einer ersten Recherche-Phase ermittelte die Projektgruppe daher den Status quo. Wie attraktiv ist das Unternehmen auf dem Bewerbermarkt? Wie stellt es sich auf dem Arbeitsmarkt eigentlich dar (vgl. Bild 5)?

Wo steht Philips im Vergleich zu anderen Unternehmen? Die Projektgruppe wertete Arbeitgeberrankings aus und analysierte internationale

Bild 5 Konfusion des Arbeitsmarktes durch unterschiedliche Auftritte

Arbeitgebermarken, die als Benchmark dienen konnten und einen ähnlichen Prozess gerade durchlaufen hatten, darunter das Employer Branding von Microsoft oder Unilever. Außerdem zog das Team externe Employer-Branding-Experten hinzu, die Hilfestellungen beim Markenaufbau geben konnten.

Um herauszufinden, was Arbeitnehmer mit dem Namen Philips verbinden, führte das Unternehmen zwischen April und Juli 2002 Online-Umfragen durch. 3.500 Mitarbeiter und 1.000 externe Arbeitnehmer beschrieben in den Fragebögen, wie sie Philips sehen und wie sich das Unternehmen in ihren Augen entwickeln sollte. Hinzu kamen Tiefeninterviews mit Arbeitnehmern aus Fokusgruppen, die für den Elektronikkonzern besonders interessant sind. Dazu zählen vor allem die Bereiche Forschung und Entwicklung sowie Verkauf und Marketing.

„Wer bin ich?" – Die Markenkompetenz

Die Leistungen des Unternehmens („Was biete ich?") sind ein wichtiger Teil der Arbeitgebermarke. Hinzu kommt die Markenkompetenz, also die Summe jener Eigenschaften, die den Arbeitgeber ausmachen („Wer bin ich?"). Die Identität des Arbeitgebers wird durch seine Unternehmensstrategie und seine Ziele geprägt. Daher diente sie als „Leitlinie" für die Definition der Markenkompetenz. Genauere Hinweise auf Eigenschaften und Charakteristika des Unternehmens gaben die Ergebnisse der Umfragen und Tiefeninterviews.

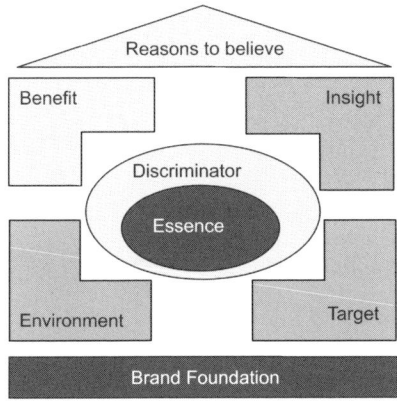

Bild 6 Value Proposition House

Auch hierbei machten wir Anleihen beim klassischen Marketing (Bild 6). Insbesondere die drei Faktoren in den hellen Bereichen nutzen wir bei den Befragungen. Hier sind die Ergebnisse:

A Reasons to believe

- Beweis dafür, dass unsere EVP besser ist als die der Konkurrenz.
- Unterstreicht die Vorteile, die es hat, bei Philips zu arbeiten.

Angaben von Mitarbeitern in Marketing und Sales:

1. Freedom
2. Responsibility
3. You can have impact
4. International
5. Knowledge network
6. Scope of Philips
7. Flexible work environment

Angaben von Mitarbeitern im Bereich Forschung und Entwicklung:

1. Recognition
2. Inspiring boss
3. Part of professional community
4. Knowledge network
5. Challenging work
6. Patent base
7. Broad range of opportunities

B Benefits, reasons to stay

- Beschreibt, warum es sich lohnt, bei Philips zu arbeiten.
- Und liefert Gründe dafür, bei Philips zu bleiben.

Angaben von Mitarbeitern in Marketing und Sales:

1. Contribute with your own talent to the development & building of a strong marketing organization
2. Inspiring learning environment to develop your competencies
3. Company image, products, company pride

4. Philips as sustainable employer

5. Diversity business

Angaben von Mitarbeitern im Bereich Forschung und Entwicklung:

1. Inspiring learning environment to develop your competencies

2. Philips as sustainable employer

3. Individual contribution key to company success

4. Optimal personal working condition

5. Company image, products, company pride

C Discriminators

- Der wichtigste Grund, warum jemand zu Philips kommt.
- Grund, ein Vertragsangebot von Philips anzunehmen.

Angaben von Hochschulabsolventen:

- Utilize learning from university
- Many opportunities
- Colleagues inspiring
- Flexibility (attitude of trust)
- Generous secondary package

Angaben von jungen Berufserfahrenen:

- Prestigious products/brand
- Transformation, make a difference
- Apply your experience
- Career opportunities (compared to local company)
- Broad opportunity to contribute and grow with the business
- Security, retirement benefits
- Challenge to apply their knowledge

Diese Angaben wurden aggregiert, zu den Fokusgruppen zurückgespielt, zum wiederholten Male reflektiert und dann in verschiedene mögliche Konzepte gegossen. Diese wurden wiederum in den Fokusgruppen getestet. Im Weiteren wird nur das Konzept betrachtet, das die höchste Zustimmung fand.

Die Employer Value Proposition

Die Projektgruppe definierte den Begriff Employer Branding als Ansammlung von Gefühlen und Assoziationen, die ein Mitarbeiter oder Bewerber mit einem Arbeitgeber verbindet. Die Arbeitgebermarke ist ein Teil der Unternehmensmarke und von dieser nicht zu trennen. Die Unternehmensmarke ist sozusagen das strategische Leitbild, aus dem die Arbeitgebermarke zu entwickeln ist. Daher ein Blick auf die Unternehmensmarke von Philips:

„In Philips we bring meaningful technologies to the market. Technology that touches people's lives. Technology that makes sense. Technology that is as simple as the box it comes in. Technology that's pure simplicity."

PHILIPS
sense and simplicity

„A brand promise to consumers and customers that clearly differentiates us from our competitors."

Als bekanntes Unternehmen musste Philips sein Employer Branding nicht komplett neu entwickeln, sondern konnte auf ein bestimmtes Image aufbauen, das es sich im Laufe der Jahre aufgebaut hatte. Ziel des Employer-Branding-Projekts war es, dieses Image gezielt zu schärfen und zu einer Arbeitgebermarke auszubauen, die den Mehrwert als Arbeitgeber – die Employer Value Proposition – deutlich herausstellt und Philips ein Alleinstellungsmerkmal auf dem Bewerbermarkt verschafft.

Daraus abgeleitet unser Versprechen an (potenzielle) Mitarbeiter:

„Philips berührt mit seinen Produkten den Alltag der Menschen."

Von diesem Nutzenversprechen an den Kunden, das auch in der Umfrage als „zentrale Leistung" des Unternehmens erkannt wurde, leitete die Projektgruppe ab, was der Arbeitgeber Philips seinen (potenziellen) Mitarbeitern bieten kann und will:

- Ein Arbeitsumfeld, in dem Mitarbeiter etwas bewegen können und die Möglichkeit haben, den Alltag anderer Menschen zu verändern, sowie
- Unterstützung durch sinnvolle Programme, Prozesse und Perspektiven.

touch lives every day

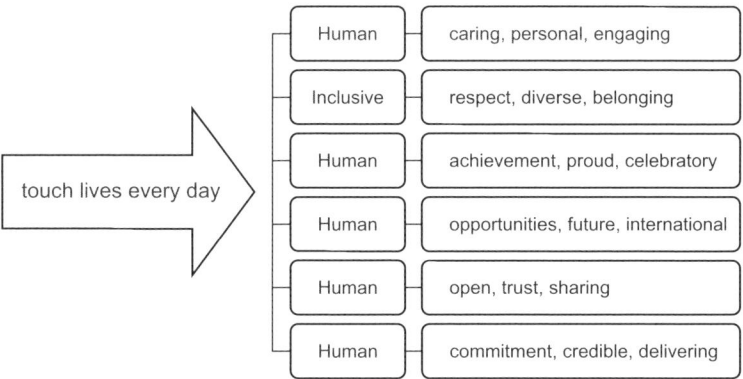

Human	caring, personal, engaging	
Inclusive	respect, diverse, belonging	
Human	achievement, proud, celebratory	
Human	opportunities, future, international	
Human	open, trust, sharing	
Human	commitment, credible, delivering	

touch lives every day

Bild 7 Eigenschaften der EVP

Von den oben angeführten Aussagen der internen und externen Befragten konnte die Projektgruppe sechs grundlegende Eigenschaften der Employer Value Proposition des Arbeitgebers Philips ableiten (Bild 7).

Das Wording

„Wie trete ich auf und wie bin ich?" – Markenbild und Markentonalität

Nachdem Eigenschaften und Leistungen des Arbeitgebers ausführlich beschrieben waren, galt es, das Markenbild und die Markentonalität zu entwickeln. Philips beauftragte eine Werbeagentur damit, die schriftlich fixierte Arbeitgebermarke in Bilderwelten zu übersetzen. Die Agentur entwickelte eine Kampagne, die den Menschen in den Vordergrund rückt.

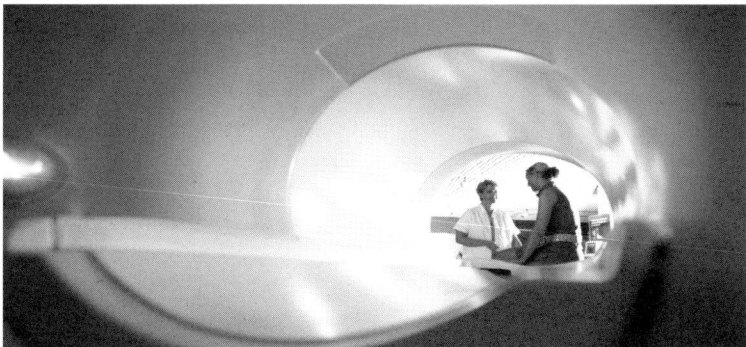

Bild 8 Beispiel eines Anzeigensujets

Die Sujets zeigen Menschen in Alltagssituationen – eine Joggerin mit Pulsmessgerät am Arm, eine Schwangere mit einem Ultraschallbild, Menschen durch einen Magnetresonanz-Tomographen betrachtet (Bild 8). Das Produkt rückt in den Hintergrund. Unter dem Bild jeder Anzeige erscheint ein Text, der die Tonalität des „touch lives every day"-Versprechens konkretisiert und erfahrbar macht:

„Tag für Tag verbessern Philips Produkte das Leben von Millionen Menschen in aller Welt. Ob es die Beleuchtung ist, die Menschen den Weg nach Hause weist, medizinisches Equipment, das einer Mutter den ersten Blick auf ihr ungeborenes Kind ermöglicht, oder ob es Systeme und Software sind, die in Krankenhäusern ständig über den Zustand von Patienten wachen – bei uns werden auch Ihre Gedanken und Ideen anderen Menschen Nutzen bringen. At Philips you'll touch lives every day."

Das Rollout

Ende 2002 startete Philips eine Imagekampagne in China, die den Arbeitgeber über Anzeigen, Broschüren, Poster und Online-Banner bewarb.

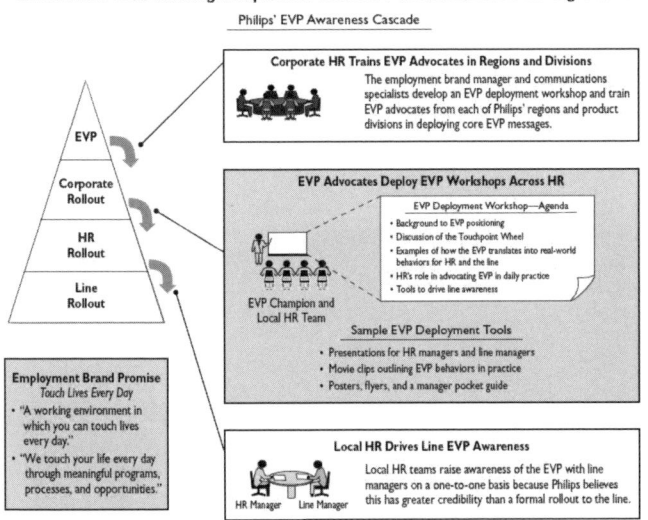

Bild 9 Schematische Darstellung der internen Kommunikation der EVP

Anschließend wurde die neue Arbeitgebermarke im gesamten Konzern implementiert. In den Jahren 2004 und 2005 entwickelte das Unternehmen gemeinsam mit der Werbeagentur detaillierte Guidelines für das Personalmarketing – mit konkreten Vorlagen für die Print- und Online-kommunikation. Hinzu kam eine zentrale Bilddatenbank für Imageanzeigen, auf die HR-Abteilungen und externe Agenturen weltweit zugreifen können. An die Stelle der reinen Stellenanzeigen sollen künftig Imageanzeigen treten, die nicht die gesuchte Funktion, sondern den Arbeitgeber Philips in den Vordergrund stellen. Das zentrale Personalmarketing organisierte Workshops für Agenturmitarbeiter und HR-Verantwortliche, die über die neuen Gestaltungsrichtlinien informierten. Bild 9 zeigt einen Überblick über die gesamten Aktivitäten zur Schulung der HR-Mitarbeiter.

Da sich das Employer Branding nicht nur auf das Arbeitgeberimage, sondern auch auf die Arbeitgeberqualität bezieht, gab es auch für die internen Mitarbeiter entsprechende Kommunikationstools (Bild 10).

Bild 10 Nutzung von Kommunikationstools für interne Mitarbeiter

Da bei der Einführung eines weltweiten Employer Brandings auch die Nachhaltigkeit sichergestellt werden sollte, wurden klare Design-Richtlinien festgelegt (Bild 11).

Unterstützt wird das Ganze durch die bereits erwähnte weltweite Bilderdatenbank.

Bild 11 Richtlinien und Beispiele für diverse Kommunikationsmöglichkeiten

Fazit

Der Aufbau eines weltweiten Employer Brandings hat sich für Philips ge-
lohnt, dies zeigen Umfragen des schwedischen Marktforschungsunter-
nehmens Universum Communications unter Hochschulabsolventen aus
Europa und Asien.

In China ergab sich eine deutliche Verbesserung in den Ranking-Plätzen

Engineering & Science Discipline	2003	2004	2005
Familiar with Philips	17	11	9
Considered employer	15	9	6
Ideal employer	14	8	4

Europa:

Business Discipline	2003	2004	2005
Familiar with Philips	26	17	11
Considered employer	23	11	8
Ideal employer	20	9	5

Philips hat sich jedoch nicht nur in den internationalen Rankings der attraktiven Arbeitgeber auf die vorderen Plätze bewegt; auch oder gerade in Deutschland erhielt Philips in den vergangenen Jahren wichtige Auszeichnungen, z. B. als einer von Deutschlands besten Arbeitgebern – ausgerichtet auf die interne Arbeitgeberqualität – von der Zeitschrift Capital (2007), und bezüglich des Arbeitgeber-Images als „Top-Arbeitgeber" 2006/2007 im Rahmen einer Erhebung von „trendance", der Wirtschaftswoche und dem Deutschen Absolventenbarometer.

Was haben wir gelernt?

Innovationen sind zentrale Voraussetzungen für den Erfolg eines Unternehmens, doch sie werden schnell kopiert. Daher wird die Marke als Unterscheidungskriterium immer wichtiger. Auf dem Weg zu einer weltweiten Arbeitgebermarke konnte Philips einige wertvolle Erfahrungen sammeln:

• Arbeitgebermarken wirken nach innen noch stärker als nach außen. Sie binden mehr Mitarbeiter, als sie anziehen.

• Wer eine Arbeitgebermarke aufbauen will, muss wissen, was Mitarbeiter anzieht und was sie hält. Diese Erkenntnisse lassen sich nur auf Basis von Fakten (wie Umfragen und Studien) gewinnen.

• Integriere so viele interne Stakeholder wie möglich in das Projekt.

• Eine Arbeitgebermarke sollte praktisch und greifbar sein – kein theoretisches Konzept.

Das E-Recruiting der Siemens AG oder: „Was passiert nach dem letzten Klick?"

Dr. Hans-Christoph Kürn,
Siemens Recruitingservices, im Gespräch mit Sabine Fleck

Herr Dr. Kürn, bevor wir über Ihr Fachgebiet – das E-Recruiting – sprechen, möchte ich Sie bitten, mir einen Überblick über die personelle Situation Ihres Unternehmens, vor allem im Hinblick auf das Thema „Recruiting", zu geben.

Sehr gern. Die Siemens AG ist ein weltweit operierender Konzern mit insgesamt 461.000 Mitarbeitern, von denen 151.000 für Siemens in Deutschland arbeiten. Siemens hat in Deutschland derzeit rund 3.000 offene Stellen zu besetzten, von denen über 2.000 extern ausgeschrieben sind. An der Besetzung dieser offenen Stellen arbeiten rund 330 Recruiter für Siemens in Deutschland.

Das Online-Recruiting bei Siemens ist zentral gesteuert, doch die operative Bearbeitung der eingehenden Bewerbungen erfolgt dezentral an den verschiedenen Standorten.

Das sind beeindruckende Zahlen. Sie zeigen uns allerdings erst einmal eine Seite dieses Geschäfts, nämlich die des Unternehmens. Können Sie mir auch etwas über die andere Seite, die Seite der Bewerber, sagen?

Natürlich. Wir erhalten pro Jahr 220.000 Bewerbungen. Und das sind einerseits zu viele und andererseits immer noch zu wenige. Auch wenn das jetzt paradox klingt.

Die große Zahl an Bewerbungen war einer der Gründe dafür, dass wir uns vor etwa zweieinhalb Jahren dafür entschieden haben, nur noch Onlinebewerbungen zu akzeptieren. Jetzt erreichen uns immerhin schon 87 % aller Bewerbungen über unser Onlineverfahren. 10 % der Bewerbungen kommen per Mail und nur noch 3 % in Papierform. Bis auf ganz wenige Ausnahmen senden wir Post- oder Mailbewerbungen mit einem – wie ich meine – wirklich netten Brief zurück, mit der Bitte, sich online zu bewerben. Wir haben da mal nachgezählt; nach zirka einem Monat haben sich rund 95 % der Bewerber, die ihre Mail- oder Postbewerbung zurückbekommen hatten, online beworben. Da kann man dann schon sicher sein, dass unser Weg der richtige ist.

Mit unserem Onlineverfahren haben wir bereits eine erste kleine Selektion eingeführt, denn ein Bewerber, der etwa 20 Minuten seiner Zeit investieren muss, um sich erstmalig bei Siemens zu bewerben, wird dies nur tun, wenn er wirklich an einer Tätigkeit bei uns interessiert ist. Um es ganz deutlich zu sagen: Ein Bewerber, der sich nicht online bewerben kann, der kann bei Siemens auch nicht arbeiten. Der Umgang mit Netz und PC gehört heutzutage zu den „Basics". Freilich gibt es auch hier Ausnahmen, die aber quantitativ nicht ins Gewicht fallen: an- und ungelernte Mitarbeiter, die bei uns temporär beschäftigt werden.

Sie haben damit etwas erreicht, was sich viele andere Unternehmen wünschen. Was muss ein Unternehmen aus Ihrer Sicht tun, um ein effizientes und zielgerichtetes Online-Recruiting betreiben zu können?

Wenn ein Unternehmen von seinen Bewerbern Onlinebewerbungen fordert, dann muss es vorher seine „Hausaufgaben" sehr gut gemacht haben, denn online ist nicht gleich online! Ein Unternehmen, das Bewerbern im Internet lediglich mit Anforderungen und Onlineformularen begegnet, wird auf wenig Gegenliebe stoßen. Diese Unternehmen erhalten dann „uniformierte Bewerber", da ein Bewerber sich nur in vordefinierten Kategorien darstellen kann. Seine Individualität bleibt dabei aber auf der Strecke. Doch genau diese Individualität eines Bewerbers ist für uns essenziell und deshalb arbeiten wir in ganz hohem Maße mit sogenannten Durchsuchfunktionen, das heißt, unsere Bewerber hinterlegen ihr selbst verfasstes Anschreiben, ihren Lebenslauf und noch bis zu vier weitere Dokumente in unserer Onlinebewerbung. Wenn Sie so wollen, haben wir bei unserer Onlinebewerbung damit das Gleiche wie in der postalischen Bewerbung – nur eben elektronisch.

Darüber hinaus ist es uns auch sehr wichtig, dass ein Bewerber sich bei uns mehrmals bewerben kann, ohne bei jeder weiteren Bewerbung wieder ganz von vorne anfangen zu müssen. Hat sich jemand einmal bei Siemens beworben, bekommt dieser Bewerber bei der nächsten Bewerbung (über ein selbst definiertes Passwort) seine jeweils letzte Bewerbung angezeigt; er kann darin aber wieder alles ändern.

Bringen wir es auf den Punkt: Wenn ein Unternehmen diese beiden Aspekte realisiert hat und darüber hinaus noch ein im 24-Stunden-Takt arbeitendes Support-Team anbietet, dann kann in der Tat gefordert werden: „Wir akzeptieren nur noch Onlinebewerbungen!"

Lassen Sie mich aber nochmals auf die Vielzahl der Bewerbungen eingehen. Gibt es bei den Bewerbern keine Befürchtungen, in der großen Masse der Bewerbungen unterzugehen? Ich habe schon Stimmen von Bewerbern gehört, die befürchten, keine Chance zu haben und die sich „wie ein grauer Fisch im bunten Teich" fühlen.

Diese Befürchtungen kann ich entkräften. Ich habe ja schon erwähnt, dass wir nun seit rund 2,5 Jahren das Prinzip haben, nur noch Onlinebewerbungen zu akzeptieren, und dass wir diesen Prozess sehr einfach und sehr leicht gemacht haben.

Doch ganz konkret zu dem Punkt, den Sie ansprechen: Was passiert nach dem Absenden der Onlinebewerbung? Für uns ist es sehr wichtig, dass es für jede ausgeschriebene Stelle einen verantwortlichen Recruiter gibt, und bei diesem verantwortlichen Recruiter poppt die Onlinebewerbung auf und wird innerhalb von 48 Stunden angesehen. Das heißt, es passiert ein so genanntes First Screening, und der Recruiter entscheidet dann, ob die Bewerbung an die zuständige Führungskraft weitergeleitet wird, ob es dann zu einem Gespräch kommt oder ob die Skills einfach nicht zusammenpassen. Wir antworten dann dem Bewerber in jedem Fall unmittelbar, so dass er nicht das Gefühl hat, „im bunten Teich" unterzugehen.

Was unternehmen Sie auf der anderen Seite Ihrer Problematik, dort, wo Ihnen geeignete Bewerber fehlen?

Dass wir trotz der großen Anzahl an Bewerbungen in bestimmten Bereichen im Unternehmen immer noch zu wenige qualifizierte Bewerber haben, mag zwar erstaunlich sein, lässt sich aber mit den hinlänglich bekannten Phänomenen erklären: Einerseits liegt es an der Bildungssituation in Deutschland, dass wir gerade im Nachwuchssektor zu wenig ausreichend qualifizierte Bewerber finden. Hinzu kommt der so genannte Schweinezyklus, der einmal alle Studierenden in die Informatik zieht und dann wieder in Richtung Maschinenbau und Elektrotechnik. Schließlich ist auch noch auf das so genannte generative Verhalten hinzuweisen: Die vor rund 25 Jahren nicht geborenen Kinder fehlen uns heute. Mit der Problematik stehen wir nicht allein da im Arbeitsmarkt, aber wie gehen wir damit um?

Einer unserer Pluspunkte ist die hervorragende Software, die wir für unsere Onlinebewerbungen einsetzen. Die Anwenderfreundlichkeit und die Nutzungsmöglichkeiten sprechen für sich. Außerdem „posten" wir immer lokal und gleichzeitig international. Unsere Software ist seit 2003 im

Einsatz – aktuell in 54 Ländern. Vielen Bewerbern kommt das heute entgegen, denn es gibt viele Absolventen, die nicht mehr an ein Land gebunden sind, sondern sich in größeren Räumen orientieren.

Ein ganz wichtiges Instrument ist unser „Pool for Talents". Dabei handelt es sich um ein Instrument für „Candidate Relationship Management", das uns hilft, qualifizierte Bewerber im Blick zu behalten, auch wenn wir ihnen heute nicht direkt etwas anbieten können. Außerdem setzen wir auf unseren „persönlichen Kontakt" mit unseren Bewerbern und nicht auf maschinell laufende Filter. Jede Bewerbung wird von einem unserer Spezialisten ausgewertet, denn wir wollen nicht riskieren, auf dem Weg einer maschinellen Selektion qualifizierte Bewerber zu verlieren.

Ja, und schließlich beschreiten wir im Recruiting wirklich neue Wege, die ganz im Zeichen von Web 2.0 stehen. So war Siemens in Deutschland das erste Unternehmen, das – übrigens mit sehr hoher Resonanz – die ersten Recruiting-Podcasts eingesetzt hat. Wir sind des Weiteren zurzeit dabei, uns intensiv mit dem Thema „Blog" und Recruiting auseinanderzusetzen, und werden demnächst die ersten Videoscreens für bestimmte Stellen im Netz hinterlegt haben.

Sie haben eben die Internationalität der Rekrutierung bei Siemens erwähnt. Wie genau darf ich mir das vorstellen?

Die von mir erwähnte Recruiting-Software wird bei Siemens weltweit eingesetzt und ist deshalb natürlich multilingual aufgebaut. Aber: Jedes Land hat seinen eigenen – auch nach kulturellen Gegebenheiten gestalteten – Auftritt. Wir treten in den einzelnen Ländern in internen und externen Jobboards auf, aber immer in der jeweiligen Landessprache. Freilich ist bei Siemens Englisch auch ein Muss – aber wenn Sie einige Jahre bei uns in einem anderen Land arbeiten möchten, kommen Sie nicht umhin, zumindest in groben Zügen auch die jeweilige Landessprache sprechen zu können. Sie müssen dort ja auch leben und wohnen. Das heißt, wenn ich beispielsweise in Portugal bei Siemens arbeiten möchte, muss ich in der Lage sein, die portugiesisch geschriebene Stellenausschreibung lesen zu können.

Das kann ich mir jetzt gut vorstellen. Dann lassen Sie uns doch noch einmal auf den „Pool for Talents" schauen. Was genau tun Sie beziehungsweise Ihre Recruiter, um gute Bewerber nicht aus den Augen zu verlieren?

Da sind wir bei dem Herzstück unseres Systems angelangt. Je besser es uns gelingt, die eingehenden Bewerbungen für den „Pool" zu selektieren und den Pool dann zu pflegen und zu nutzen, desto erfolgreicher werden wir unsere offenen Positionen auch zukünftig besetzen können. So hat jeder unserer Recruiter die Möglichkeit, in unserem Pool nach geeigneten Kandidaten zu suchen. Er kann hierbei in drei Schritten „matchen".

Im „First Matching" wird ein Standardprofil zugrunde gelegt, in dem es um eine erste grobe fachliche Eingrenzung geht. Im „Second Matching" können organisatorische Ein- bzw. Ausgrenzungen vorgenommen werden und im „Third Matching" findet eine komplette Volltextsuche statt.

Bei der Einrichtung des Pools war es für uns besonders wichtig, dass wir die damit zusammenhängenden Prozesse klar definiert haben. So wurde eindeutig geregelt, welche Bewerber in den Pool kommen und wie vorzugehen ist, wenn ein Recruiter einen passenden Kandidaten gefunden hat.

Damit unternehmen Sie eine ganze Menge, um die eingehenden Bewerbungen gut nutzen zu können. Unternehmen Sie darüber hinaus noch etwas, um einfach mehr Bewerber zu bekommen?

Ja, wir gehen von uns aus aktiv ins Internet und betreiben dort, was man zu Neudeutsch „zielgruppenspezifisches Posting" nennt. Man könnte unsere Philosophie hier so formulieren: Wir versuchen unsere Bewerber im Netz dort abzuholen, wo sie sich beruflich ohnehin aufhalten. Das können bestimmte Nischen-Jobboards oder Websites mit ganz speziellen zielgruppenspezifischen Inhalten sein.

Wir sind aber auch noch anders unterwegs: Sie müssen sich einfach in die Sie interessierende Zielgruppe hineinversetzen und sich die Frage stellen: „Wie komme ich zu Kandidatenkontakten, die nicht über klassische Jobboards laufen?" Wir fahren hier einen ganz anderen Ansatz: Bewerber, die sich in Jobboards umsehen, suchen einen neuen Job beziehungsweise haben ein allgemeines Informationsbedürfnis. Diesen Weg nutzen wir selbstverständlich auch und werden dies auch weiterhin tun.

Unser neuer Ansatz besteht darin, zu potenziellen Bewerbern Kontakt aufzunehmen, die sich primär gar nicht mit einem Jobwechsel befassen, aber eventuell dazu bereit sind, wenn sie denn nur angesprochen werden. Wir haben große Erfolge damit erzielt, dass wir Printanzeigen, die natürlich zur Bewerbung online aufgefordert haben, in ganz eng definierten Fachpublikationen geschaltet haben. Das Charakteristikum dieser Fachpublikationen war zum einen, dass diese nur im Abo bezogen werden können, zum anderen, dass sie in den Unternehmen und Institutionen im Umlauf sind, deren Mitarbeiter Ausbildungen und Erfahrungen haben, die uns interessieren.

In die exakt gleiche Richtung dieser Philosophie geht unser neuestes Projekt: Zurzeit sind wir dabei, mit „Google Ads" (bzw. AdWords) zu arbeiten. Auch hier geht es darum, potenziellen Kandidaten, die in Google nach bestimmten Stichworten suchen, bei Aufruf dieses Stichworts einen Link anzubieten, der auf unsere vakanten Stellen zu diesem Stichwort führt. Ein komplexer und aufwendiger Prozess, von dem wir uns aber einiges erwarten.

In dieser Hinsicht haben sich die Instrumente und Vorgehensweisen in den Unternehmen innerhalb der letzten Jahre dramatisch verändert.

Sie haben vorhin von dem Begriff „First Screening" gesprochen. Von außen betrachtet, ist dieser Prozess ja sehr standardisiert. Erklären Sie uns, wie kann ein Bewerber sich dennoch abheben? Wie kann er seiner Bewerbung, sagen wir, seinen persönlichen Touch geben?

Ich verstehe Ihre Befürchtungen, das ist gar keine Frage. Aber keine Bange! Genau diese Standardisierung wollen wir nicht. Was passiert bei der Onlinebewerbung? Als Bewerber haben Sie zwei vorgegebene Felder, die Sie ausfüllen müssen. Das sind zum einen die persönlichen Angaben, zum anderen stellen wir einige Fragen, die wir zum späteren Matchen benötigen. Alles andere sind die schon angesprochenen Durchsuchfunktionen. Das heißt, wir bitten die Bewerber, ihre persönlichen Dokumente hochzuladen und uns damit elektronisch zur Verfügung zu stellen. Und genau in diesen persönlich verfassten Dokumenten finden Sie den von Ihnen erwähnten „persönlichen Touch".

Das heißt, ich habe als Bewerber die Möglichkeit, bis zu vier Dokumente hinzuzufügen, zu meiner ganz normalen Bewerbung. Jetzt habe ich meine Bewerbung abgeschickt und merke, ich habe beispielsweise mein Zeugnis vergessen, kann ich das korrigieren? Kann ich meine Onlinebewerbung nochmals schicken?

Da muss ich Sie jetzt wirklich enttäuschen. Aber stellen Sie sich vor, wir nehmen das Beispiel „Gelbe Post". Schriftlich haben Sie auch alles zigmal durchgelesen, den Briefumschlag zugeklebt, Sie werfen ihn in den Postkasten, und dann ist er weg. Selbst die Post darf ihn nicht mehr, wegen des Postgeheimnisses, aushändigen. Genauso ist es auch online, und da bitte ich einfach um Verständnis. Wir haben im Jahr über 200.000 Bewerbungen und bei dem Prozess, den wir hinterher fahren, können wir das einfach nicht mehr machen.

Aber, zwei Anmerkungen hierzu: Ein Bewerber kann die gesamten Unterlagen, die er seiner Bewerbung beigefügt hat, einsehen und er wird über seinen Bewerbungsstand informiert. Zum anderen – und ich habe darauf ja schon hingewiesen –, wer sich einmal bei uns beworben hat und sich noch einmal auf eine andere Stelle bewerben möchte, muss nicht wieder von vorne anfangen, sondern er erhält die jeweils letzte Bewerbung angezeigt, mit der Möglichkeit, dort alles, z. B. das Anschreiben, zu ändern.

Das Beispiel der „Gelben Post" ist sehr einleuchtend. Natürlich verstehe ich, dass eine einmal abgeschickte Bewerbung nicht mehr zurückgeholt werden kann. Dann stellt sich mir allerdings noch eine andere Frage: Nach welchen Kriterien werden die Bewerber ausgewählt? Gibt es bei Siemens spezielle Auswahlkriterien?

Also vorab eines, was uns ganz wichtig ist: Wir arbeiten nicht mit Rastern. Wenn wir das Ganze elektronisch machen, heißt das nicht, dass wir Raster dahinter haben und die Bewerber aussieben, wie bei so einem Schüttelsieb, sondern bei uns sitzen Recruiter, die sich mit der Selektion der Bewerber für die einzelnen Stellen persönlich befassen. Sie nutzen dabei die Auswahlkriterien, die sich aus dem Stellenprofil ergeben.

Um das Ganze noch ein bisschen zu strukturieren – das finden Sie auch in dem Onlinebewerbungsbogen wieder –, arbeiten wir mit drei Begriffen. Der erste ist *Kenntnisse*, wir wollen gerne von Ihnen wissen, über welche Fachkenntnisse Sie verfügen, welche Methoden Sie können. Der zweite ist: Ihre *Erfahrungen*. Haben Sie schon Berufserfahrung, haben Sie Projekterfahrung, haben Sie Führungserfahrung? Und drittens, welche *Fähigkeiten* haben Sie? Über welche Fähigkeiten verfügen Sie, Kreativität, Teamfähigkeit etc. Das sind Dinge, die auch in unserer Onlinebewerbung stehen und Ihnen auch ein Stück weit helfen sollen, Ihre Onlinebewerbung einigermaßen zu strukturieren.

Das Thema Absage – ja nun wirklich kein schönes Thema –, darauf würde ich ganz gerne noch etwas näher eingehen. Wer entscheidet denn letztendlich bei Siemens, ob ein Bewerber oder eine Bewerberin zu einem Interview eingeladen wird oder wer eine Absage erhält?

Noch einmal ganz klar: Sie können ganz sicher sein, der Abgleich Profil, Stelle und Skills des Bewerbers, das machen bei uns definitiv Menschen, nämlich Recruitingprofis bei Siemens.

Und eine Absage zu erhalten, ist in der Regel kein Beinbruch, das ist etwas ganz Normales. Jetzt kommt aber noch etwas, das ist uns ganz, ganz wichtig: Gute Bewerber, bei denen ein anderer Kandidat halt noch mit einer Nuance mehr passte, werden von uns nur für die Stelle abgesagt, nicht aber für Siemens. Diese Bewerber bleiben für vier Monate weiterhin in unserem Kandidatenpool und unterliegen dem vorhin schon erwähnten permanenten Matchingprozess. Passt deren Profil auf eine neue offene Stelle, wird der Recruiter sich bei dem Bewerber melden. Das sind die angenehmen Anrufe: „Ich hätte eine Stelle für Sie." Dann liegt es am Bewerber, ja oder nein zu sagen. Bleibt hier noch zu erwähnen, dass wir selbstverständlich einen Kandidaten aus dem Pool nehmen, wenn der das wünscht. Aber dieser Fall liegt im 1-%-Bereich. Die meisten Bewerber äußern sich sehr positiv über unsere Vorgehensweise. Das ist eben eine klassische „Win-Win-Situation": für uns und für den Bewerber.

Ich denke, damit lassen sich auch wirklich skeptische Bewerber überzeugen, wenn sie es erfahren. Haben Sie entsprechende Medien für solche Bewerberfragen?

Ja, und jetzt kommen wir zu dem vorhin schon erwähnten Bereich des Web 2.0. Siemens war in Deutschland das erste Unternehmen, das sich im Frühjahr 2006 mit Podcasts im Recruiting befasst, sie produziert und ins Netz gestellt hat. Das Motto dieser Podcasts lautet: „Wer nicht lesen will, kann hören", und der Erfolg – ablesbar an den Klickraten – war wahrlich überwältigend.

Eines sei hier noch angemerkt: Wenn Sie in dem einen oder anderen Podcast ein Räuspern hören, so ist das ganz bewusst nicht herausgeschnitten worden. Uns geht es bei unseren Podcasts definitiv um Authentizität und Glaubwürdigkeit. Die Recruiting-Podcasts wenden sich an unsere Bewerber, und das sind unsere Kunden, die wir glaubwürdig und authentisch informieren möchten.

Sie erwähnten vorhin noch andere Instrumente im Recruiting aus dem Bereich Web 2.0?

Ja, ganz richtig. Hier ist der ganze Markt noch in den „Kinderschuhen", oder um es anders auszudrücken: Das Thema Web 2.0 hat sich so enorm rasch und schnell entwickelt, dass man viel Zeit aufwenden muss, um in dieser Thematik aktuell zu bleiben. Ich denke auch, dass zurzeit die Thematik „Web 2.0 und Recruiting" extrem überstrapaziert wird – nicht alle Probleme eines leergefegten Bewerbermarktes sind hierüber zu lösen.

Neben Podcasts sind für uns vor allem Blogs sehr interessant. Wir suchen in Blogs, die kompatibel zu bestimmten Keywords unserer sehr schlecht zu besetzenden Stellen sind. Wir versuchen dann – nach Rücksprache mit dem Blog Owner – einen Link zu hinterlegen, der auf die Onlinebewerbung unserer Stelle führt. Das Ganze ist ein extrem aufwendiger Prozess, der bei uns gerade in der Pilotierung steckt.

Die andere Thematik sind Videoscreens, die am Ende einer unserer Online-Stellenausschreibungen via Link liegen. In diesen schnell gemachten Videoscreens geben wir unseren Bewerbern die Möglichkeit, sich einen kurzen visuellen Eindruck zu verschaffen, wie ihr zukünftiger Arbeitsplatz, ihr Chef und das Team aussehen, aber auch, wo der dann eingestellte Bewerber zukünftig bei Siemens zu Mittag isst. Hier gilt das gleiche Prinzip wie bei den Podcasts: Das Video muss absolut glaubwürdig und authentisch rüberkommen. Aus diesem Grund ist auch der Aufwand relativ gering. Wir produzieren mit gängigen Kameras selbst – ohne Beleuchtung, Maske etc. Das Ganze macht übrigens auch noch wirklich total viel Spaß!

Allerdings muss hier aber auch ganz klar gesagt werden, dass Recruiting gegenüber früher unendlich arbeitsaufwendiger wird. Sie benötigen beispielsweise sehr viel Zeit, spezifische Keywords einer Vakanz in Blog-Suchmaschinen zu finden und dann weiter mit diesem Blog zu arbeiten.

Eine ganz spannende Frage ist für mich noch, wie diese Entwicklung weitergeht. Was denken Sie darüber?

Ich denke, die Dynamik, die wir heute im Arbeitsmarkt erleben, ist erst der Anfang. Wir wissen allerdings schon seit Jahren, dass bestimmte Spezialisten-Positionen immer schwerer zu besetzen sind und dass für bestimmte Positionen der Rekrutierungsaufwand immer höher wird. Das werden wir in den kommenden fünf bis zehn Jahren noch viel deutlicher spüren.

Wir müssen uns deshalb auf einen Paradigmenwechsel einlassen: Das Recruiting von morgen muss neue Wege suchen, testen und konsequent gehen!

Recruiting erfährt hier eine völlig neue Gestalt. Es reicht bei vielen Stellen nicht mehr aus, eine Stelle nur zu publizieren und dann schlicht zu warten, ob sich geeignete Bewerber finden. Recruiting heute heißt, ganz bewusst proaktiv zu werden und selbst – mit den unterschiedlichsten Methoden – auf einem leergefegten Bewerbermarkt nach guten Kandidaten zu suchen.

Das ist sicher leichter gesagt als getan. Wie könnten solche neuen Wege aussehen?

Wir müssen zum einen die heute schon eingeschlagenen Wege ausbauen. Unser „Candidate Relationship Management" eröffnet uns die Möglichkeit, den Schritt von der Stellenausschreibung zur Bewerbereinladung zu gehen. Und wir sollten den demografischen Wandel endlich ernst nehmen und uns einerseits konsequent ältere, erfahrene Mitarbeiter als Zielgruppe neu erschließen. Andererseits muss das Thema „Work-Life-Balance" auch als Recruitinginstrument gesehen werden. Wenn ich Arbeitsplätze anbiete, die expressis verbis familienfreundlich sind, kann ich mir weitere Arbeitspotenziale erschließen.

Was unser System der Onlinebewerbung betrifft, so werden wir daran arbeiten, die Volltextsuche weiter zu optimieren. Außerdem ist es sinnvoll, die immer vielfältigeren Möglichkeiten des Web 2.0 zu nutzen. Wir arbeiten dabei nach dem Motto: „Wir agieren im Recruiting – reagieren können die anderen."

Das Wichtigste von allem ist jedoch: Wir müssen noch konsequenter im Kopf haben, dass Bewerber unsere Kunden sind, und unser Handeln daran ausrichten. Denn wir arbeiten mit E-Recruiting und akzeptieren Bewerbungen nur noch online. Wir matchen auch elektronisch und haben uns von Papier komplett verabschiedet, aber wir setzen keine Filtersoftware ein, die aus „n" Kandidaten die vermeintlich fünf besten heraussucht. Bei „passenden" Kandidaten ist uns der „Face-to-Face"-Kontakt das Wichtigste. Es könnte wesentlich mehr elektronisch laufen, aber das ist bei uns nicht der Fall. Der Mensch steht definitiv im Vordergrund.

Interne Kommunikation als Mehrwert – das Beispiel Volkswagen

Birgit Ziesche

Was kann interne Kommunikation im Wettbewerb um die besten Mitarbeiter leisten? Betrachten wir das Beispiel Volkswagen.

Die deutsche Automobilbranche genießt seit Jahren einen exzellenten Ruf hinsichtlich der Ausbildung, Einstellung und Entwicklung von Talenten. Ob es um Gehaltsniveau, Entwicklungsmöglichkeiten, Förderprogramme oder Kompetenzen geht – die deutschen Hersteller sind gut gerüstet.

Im Rahmen innovativer Personalprojekte ist Kommunikation ein Aspekt im Wettstreit um die besten Mitarbeiter. Nicht mehr, aber auch nicht weniger.

Die Zielgruppen der internen Kommunikation sind im ersten Schritt alle Mitarbeiter eines Unternehmens. Ob als Manager oder Mitarbeiter, Ingenieur oder Forscher, am Unternehmenserfolg arbeiten alle. Dazu bedarf es neben profundem Wissen und Informationen auch der Leidenschaft und Motivation, um wettbewerbsdifferenzierende Vorteile erwirtschaften zu können. Mit einem breit angelegten Medienmix, zielgruppenadäquaten Informationsangeboten und hochwertig aufbereiteten Themen kann die interne Kommunikation ihren Beitrag dazu zu leisten, Mitarbeiter nicht nur zu informieren, sondern auch zu begeistern und zu motivieren.

Informationsmakler, Motivatoren, Tutoren und Visionäre

Führungskräfte spielen als Multiplikatoren, Motivatoren und Treiber von Veränderungen in Unternehmen eine entscheidende Rolle und verdienen somit besondere Betrachtung.

„Wirtschaftsführer" oder „Unternehmenslenker" – in Unternehmen funktioniert es nicht ohne Führung. Man unterscheidet hier zwischen der fachlichen und der disziplinarischen Führung. Letztere umfasst alle Aufgaben, die Themen wie Personalentwicklung, Motivation der Mitarbeiter oder auch konkrete Arbeitsanweisungen berühren. Führung heißt aber auch, Strategien zu entwickeln, den eigenen Verantwortungsbereich auf die Unternehmensziele auszurichten und diese Ziele auch umzusetzen. Um sie geht es hier jedoch nicht – sondern um die kommunikative Rolle der Führungskräfte im Unternehmen und die Unterstützung, die eine gezielte und kompetente Information für Führungskräfte dabei geben kann.

Die kommunikative Rolle gehört zu den fachlichen Führungsaufgaben. Neben der Steuerung von Prozessen und Abläufen müssen Führungskräfte auch Ziele und Maßnahmen kommunizieren, die von den Mitarbeitern verstanden, umgesetzt und im besten Falle auch positiv unterstützt werden. Damit die Führungskräfte diesen Aufgaben gerecht werden können, bedarf es einer sorgfältig aufgesetzten Informations- und Kommunikationskaskade – gerade in größeren wirtschaftlichen Einheiten. Führungskräfte müssen in die Lage versetzt werden, zu erklären, Richtungen aufzuzeigen und Fragen der Mitarbeiter zu beantworten.

Es sollte im vitalen Interesse eines Unternehmens liegen, die Manager in dieser Verantwortung nicht allein zu lassen. Keine oder falsche Information (im Sinne von nicht zielgruppengerechter Information) verunsichert die Führungskraft sowohl als Empfänger und – erst recht – als Treiber und Kommunikator von Unternehmensinformationen.

Wie können also Strategie, Ziele, aber auch Aktivitäten und Angebote des Unternehmens kommuniziert werden, wenn die Multiplikatoren diese nicht verstanden oder im schlimmsten Fall gar keine Information darüber erhalten haben? Und: Welche Aufgaben hat hier die interne Kommunikation?

Zu den wichtigsten Aufgaben von Führungskräften zählt, die Arbeit ihrer organisatorischen Einheit – und damit ihrer Mitarbeiter – an den Unternehmenszielen auszurichten. Aus kommunikativer Sicht sind dabei folgende Hauptaufgaben zu definieren:

1. Informationen müssen von den Vorgesetzten gezielt weitergegeben werden.

2. Strategien, Hintergründe und Zusammenhänge sollen verständlich gemacht werden.

3. Die Führungskraft soll eine Vorbildfunktion erfüllen.

4. Idealerweise informiert die Führungskraft nicht nur, sondern kommuniziert: Fragen werden aufgenommen und es wird nach Antworten gesucht.

5. Die Führungskraft fungiert als Informationsschnittstelle in zwei Richtungen: nicht nur top-down, sondern auch bottom-up, indem Vorschläge und wichtige Fragen nach oben weitergegeben werden.

Gerade in Zeiten von Veränderungen müssen Unsicherheiten aufgelöst, Richtungen aufgezeigt und immer wieder Statusberichte über neue Abläufe oder Strukturen gegeben werden. Hier kann für die Attraktivität als Arbeitgeber hinsichtlich Glaubwürdigkeit und Motivation von Mitarbeitern viel erreicht werden.

Wenn diese Punkte erfüllt sind, ist eine gute Grundlage geschaffen, dass Mitarbeiter sich wertgeschätzt und in ihrer Rolle ernst genommen fühlen. In einer solchen Kultur steigt auch die Wahrscheinlichkeit, dass potenzielle neue Mitarbeiter sich für das Unternehmen entscheiden.

HR und Kommunikation – Hand in Hand

Im Bestreben nach einer solchen Kommunikationskultur sollten die Personalabteilung, die für die Entwicklung und Unterstützung der Führungskompetenz verantwortlich zeichnet, und der Bereich Kommunikation, der Inhalte und Botschaften des Unternehmens verbreitet, Hand in Hand arbeiten. Nichts wäre fataler als eine diametral entgegengesetzte Informationspolitik.

Deshalb ist eine Abstimmung der Inhalte und Kommunikationsstrategien notwendig und empfehlenswert. Ob langfristige unternehmenskulturelle Aspekte wie Visionen oder Leitbilder oder aber auch operative Ziele und Maßnahmen: Eine frühe gegenseitige Einbeziehung in Themen/Maßnahmen ist angezeigt, um den bestmöglichen Effekt zu erzielen.

Mehr und mehr setzt sich die Einsicht durch, dass informierte Mitarbeiter einen höheren Wertschöpfungsbeitrag – und damit einen realen, finanziellen Beitrag – liefern als uninformierte. In der Literatur sind unterschiedliche Zahlen über die Effizienz von effektiver Mitarbeiterkommunikation zu finden. So kann diese den Marktwert eines Unternehmens um bis zu 15 Prozent steigern. Zudem werden rund 30 Prozent des Marktwertes eines Unternehmens durch Leistung und Wissen der Mitarbeiter bestimmt.

„one voice"

Und: Informierte Mitarbeiter vertrauen ihrem Unternehmen stärker als uninformierte. Das kann einen Wettbewerbsvorteil für das Unternehmen bedeuten. Dazu kommt, dass Mitarbeiter immer auch „ehrenamtliche Pressesprecher" in ihrem privaten Umfeld sind, wo sie wesentlich zum Image ihres Unternehmens beitragen können – negativ oder positiv. Im privaten Umfeld werden Empfehlungen für oder auch gegen einen Arbeitgeber ausgesprochen, weil Mitarbeiter aus eigenem Erleben berichten und daher als sehr authentisch gelten.

Umso wichtiger ist es, im gesamten Unternehmen mit einer Stimme zu sprechen und wichtige Botschaften an alle zu vermitteln. Kein Unternehmen möchte seinen CEO vor laufenden Kameras etwas sagen hören, was ein uninformierter Pressesprecher oder Manager kurze Zeit später negiert. Glaubwürdigkeit ist in diesem Zusammenhang als Attraktionsfaktor für ein Unternehmen essenziell. Es sollte das herrschen, was man als kontrollierte Offenheit bezeichnen könnte: ein freier, aber systematisierter und kontrollierter Informationsfluss, der sich abgestimmter Inhalte bedient.

Medien intelligent mixen

Wenn die interne Kommunikation in einem Unternehmen schlagkräftig sein will, muss sie verschiedenste Instrumente bedienen können – von schnellen für die aktuellen Informationen bis zu langsamen für die Hintergrundinformationen. Nicht „entweder – oder", sondern „sowohl – als auch" muss hier die Antwort lauten. Jede Medienart bringt ihre eigenen, ganz spezifischen Vorteile mit sich. Die verschiedenen Medien gilt es dann zu einem intelligenten Medienmix zu verbinden. Die interne Kommunikation bedient sich grundsätzlich dreier Medienarten, die miteinander verzahnt und aufeinander abgestimmt sein müssen: Print, elektronische Medien und persönliche Kommunikation.

Das geschriebene Wort wiegt noch immer schwer

Auch im Zeitalter der digitalen Medien ist die Printkommunikation aus der internen Medienlandschaft (noch) nicht wegzudenken. In punkto Glaubwürdigkeit und Ausführlichkeit besitzen Printmedien immer noch einen hohen Stellenwert.

Sie bieten den Raum, Hintergründe zu erläutern und Zusammenhänge ausführlicher zu erklären. Argumentationslinien können detailliert ausgeführt und ansprechend gestaltet werden. Außerdem können komplett vorbereitete Unterlagen (z. B. Charts) zur Informationsweitergabe beigelegt werden.

Zwei Ansprüchen können sie jedoch nicht gerecht werden:

- Erstens können sie nicht – aufgrund der längeren Produktionszeit (Recherchen, Layout, Druck, Distributionslogistik) – tagesaktuell sein. Nicht Ereignisse, sondern Themen müssen also im Fokus stehen (wie es zum Beispiel in der Mitarbeiterzeitschrift „Autogramm" von VW umgesetzt wird).
- Zweitens können Printmedien keinen wirklichen Dialog leisten. Rückmeldungen von Rezipienten sind in der Regel sehr selten.

Printformen, die schneller als Magazine sind und deshalb in keinem internen Portfolio fehlen dürfen, sind Aushänge und – kurze – Extrablätter. Sie haben eine kürzere Produktionszeit und dementsprechend eine höhere Aktualität. Zudem erreichen sie auch Zielgruppen, die z. B. in Produktionsbereichen arbeiten und keinen Zugang zum Computernetzwerk besitzen.

Elektronische Medien

Die zweite Säule der internen Kommunikation besteht aus digitalen Medien wie E-Mails, Business-TV, Newsletter, Intranets, Portalen, Web- und Podcasts, Wikis, Blogs usw.

Die hohe Geschwindigkeit, die multimedialen Möglichkeiten und auch die relativ einfache Distribution sind die Vorteile dieser Mediengattung. Weltweit können blitzschnell aktuelle Informationen auf Knopfdruck verteilt werden, in einer Form, die die meisten Menschen beherrschen, weil sie zuhause im Alltag bereits damit umgehen. Ob wichtige Personalien, Presseinformationen des Unternehmens, Berichte über Veranstaltungen wie Messen oder Managementtreffen, ob strukturelle Veränderungen oder Informationen des Vorstandes: Zeit- und ortsunabhängig können schnell große Gruppen von Menschen erreicht und informiert werden.

Und auch hier ist das Ende der Fahnenstange noch lange nicht erreicht: Durch die Weiterentwicklung der Technik besteht auch die Möglichkeit, Informationen direkt auf Handhelds oder andere Geräte zu überspielen und damit sogar für unterwegs eine Vielzahl von Inhalten anbieten zu können. Dabei können neben Texten auch Bilder oder Filme bzw. Hörfunkbeiträge versandt werden. Durch diesen crossmedialen Ansatz können komplizierte Sachverhalte einfach erklärt und durch unterstützende Medien anschaulich gemacht werden.

Eine gute PC-Verbreitung im Unternehmen vorausgesetzt (und hier gibt es je nach Art des Unternehmens enorme Unterschiede), ist das Intranet grundsätzlich ein wichtiger Informationskanal: Hier lassen sich aktuelle Inhalte schnell einstellen. Ein unschätzbarer Vorteil des Mediums liegt darin, dass viele Tausende Mitarbeiter gewohnheitsmäßig ihren Arbeitstag mit einem Blick auf die Startseite des Intranets beginnen, um die neuesten Informationen aus dem Unternehmen und über das Unternehmen zu erfahren.

Da das Intranet nur einem bestimmten Nutzerkreis zur Verfügung steht, können somit natürlich auch vertrauliche Daten sicher allen Nutzern bereitgestellt werden.

Zudem entstehen in vielen Unternehmen Portale, die einen personalisierten Zugang haben und es damit erlauben, auch für Manager spezifische Inhalte bereitzuhalten, die nur von diesen eingesehen und bearbeitet werden können. Freigabeprozesse finden sich ebenso in Portalen wie Daten zu Mitarbeitern, Qualifizierungsmaßnahmen, aber auch aktuelle Informationen zu Unternehmen und wirtschaftlichem Umfeld.

Wichtig hierbei sind der schnelle und unkomplizierte Zugang zu den Informationen und die Hierarchisierung der Inhalte, um die ohnehin knappen Zeitressourcen gezielt zu nutzen.

Neben den fachbezogenen Inhalten bieten Portale auch eine Plattform für vernetztes Arbeiten, die Speicherung von Wissen im Unternehmen oder für einen einfachen Austausch zwischen Mitarbeitern verschiedener Bereiche. Diese Technik ist eine Selbstverständlichkeit für Absolventen, die neu in Unternehmen einsteigen, für viele Unternehmen aber ein Schritt ins Neuland. Die multimedialen Funktionalitäten und Tools, die die technische Entwicklung hervorgebracht hat, müssen richtig eingesetzt werden. Die beste Technik nützt nichts, wenn diese nicht auch von den Mitarbeitern akzeptiert und genutzt wird. Portale können für Meinungsumfragen oder Chats, Foren für Experten oder unternehmensweite Aktionen genutzt werden, sie werden sich in Zukunft zu einem bedeutenden Instrument der Mitarbeiterbeteiligung und -motivation entwickeln.

Die Bilder haben laufen gelernt

Business-TV für Führungskräfte und Mitarbeiter ist nicht neu. Und es gibt unterschiedliche Erfahrungen mit diesem Medium in unterschiedlichen Unternehmen. Business-TV muss mehr sein als eine Videobotschaft des CEO, mehr als das Verlesen von Zahlen – es geht vielmehr um die emotionale Darstellung von komplexen Sachverhalten, die weltweit durch Bilder transportiert werden sollen. Das Medium Fernsehen ist zudem sehr einfach mit den anderen Medien zu kombinieren. Gerade in Veränderungsprozessen hat sich diese Art der Kommunikation bewährt, eben weil nicht nur der Kopf angesprochen wurde. In der Führungskräftekommunikation geht es vor allem um Emo-Trailer bei Management-Veranstaltungen, Filmberichte über erfolgreich abgeschlossene Projekte oder um Experteninterviews, mit denen schnell und kompakt aus der Helikopterperspektive berichtet werden soll.

Persönlicher Dialog

Die persönliche Kommunikation hat auch im Zeitalter digitaler Medien nichts an Bedeutung eingebüßt, eher ist das Gegenteil der Fall. Durch die starke Individualisierungsmöglichkeit und den dialogischen Charakter hat – abgesehen von Massenveranstaltungen wie z. B. Betriebsversammlungen – das persönliche Gespräch immer noch die größte kommunikative Wirkung.

Persönliche Kommunikation bedeutet direkte Interaktion. Fragen können gestellt und auch direkt beantwortet, Stimmungslagen erfasst und verarbeitet werden. Verschiedene Veranstaltungsformen, die von kleinen, stark informellen Kreisen bis zu großen Teilnehmerzahlen reichen können, sind sinnvoll. Generell gilt, je kleiner die Runde, desto individueller können Themen diskutiert werden. Weitere institutionalisierte Formen in Unternehmen sind Betriebsversammlungen (von Unternehmensseite und Betriebsrat ausgerufen), Mitarbeiterversammlungen (nur von Unternehmensseite ausgerufen), Bereichsversammlungen, Managementkonferenzen, aber auch Teamrunden und Workshops.

Die Förderung des Dialogs sollte in Unternehmen eigentlich selbstverständlich sein. In großen Organisationen scheint es jedoch oft schwierig, einen lebendigen Dialog zu initiieren. Doch jede Anstrengung in diese Richtung ist der Mühe wert. Die Möglichkeit, sich zu engagieren, seine Meinung und Vorstellungen zu äußern, bedingt nicht nur eine höhere Motivation bei den Managern, das Feedback ist gleichzeitig wichtiges Regulativ und Gradmesser für Unternehmenskonzepte.

Ziele und Zielgruppen der internen Kommunikation

Grundsätzlich hat die interne Kommunikation eines Unternehmens den generellen Auftrag, alle Mitarbeiter, nicht nur eine ausgewählte Gruppe von ihnen, zu informieren. Man könnte also – rein ökonomisch – gegen die Nutzung verschiedener Medien für verschiedene Zielgruppen argumentieren. Wieso sollte es nicht reichen, die Führungskräfte mit denselben Informationen zu versorgen, die die Mitarbeiter erhalten – nur vielleicht ein bisschen früher? Warum brauchen Trainees eine eigene Zeitung? Und ist es nötig, innerhalb der Forschung und Entwicklung einen eigenen Newsletter aufzulegen?

So schön und einfach das Prinzip „Eine Information für alle, alle Informationen für jeden" sein könnte – leider führt es in der Praxis eher zu Informationsüberflutung denn zu Informiertheit.

Gerade im Arbeitsalltag ist nicht der Mangel an Information das Problem, sondern im Gegenteil ihre Masse. Will das Unternehmen hier, in dem, was jemand einmal zutreffend das „Weiße Rauschen" der Reizüberflutung – einen gleichmäßigen Informationspegel aus allen Informationsbereichen – genannt hat, mit seinen Themen zu den Mitarbeitern durchdringen, so muss es erstens für einen sich eindeutig abhebenden Absender (= Signalwirkung für den Empfänger) und zweitens für maßgeschneiderte Inhalte sorgen. Nur dieser Mehrwert kann überzeugen.

Nicht nur die Güte und Schnelligkeit der Informationen, sondern auch ihre sinnvolle Selektion kann also zum Motivationsfaktor werden. Dabei kommt es nicht darauf an, alle Kanäle anzubieten, sondern Informationen mediengerecht auszuwählen und zu verarbeiten.

Beispiel Volkswagen

Interne Kommunikation versteht sich nicht als Selbstzweck, deshalb orientieren wir uns klar an den Zielen von Volkswagen. Auch wenn das nicht in allen Fällen gelingt: Wir wollen intern vor extern kommunizieren, um die Mitarbeiter zu informieren, aber auch, um sie in die Lage zu versetzen, in ihrem persönlichen Umfeld proaktiv zu wirken und auf Fragen zu antworten bzw. zumindest darauf vorbereitet zu sein.

Zudem streben wir an, die Themen geplant, nicht reaktiv, zu kommunizieren und den vorhandenen Medienmix effizient zu nutzen.

Zeitung für Mitarbeiter

Interne Kommunikation – wer dabei gähnt, weil er an muffige Mitarbeiterzeitschriften mit dem zweifelhaften Charme von Parteipostillen denkt, ist längst nicht mehr up-to-date. Zwar gibt es „autogramm" und zahlreiche Standortzeitungen bereits seit mehr als 30 Jahren, doch das Ziel, Unternehmensziele und -themen attraktiv und adäquat an den Mann – und die Frau – zu bringen, ist geblieben.

Format und Inhalt orientieren sich strikt an den Mitarbeitern des Unternehmens. Menschlich, klar und interessant sollen sie sein, die Artikel. Schließlich müssen sie dem direkten Vergleich mit Tageszeitungen und anderen Magazinen standhalten. Zahlreiche Auszeichnungen in den letzten Jahren haben unterstrichen, dass die Richtung stimmt. Und doch fällt es manchmal schwer, über Hierarchien hinweg Inhalte lebensnah zu präsentieren. Die Mitarbeiterzeitung muss immer wieder den Spagat zwischen Mitarbeiteransprüchen und Unternehmensinteressen schaffen.

In gedruckter Form wird „autogramm" an allen Standorten der Volkswagen AG in Deutschland verteilt. Für all diejenigen, die im Ausland arbeiten, sich aber über das Geschehen in der Heimat informieren wollen, gibt es die Ausgaben im Internet. Das angegliederte Archiv wird zudem gerne von Bewerbern und Studenten genutzt, um sich ein umfassendes Bild von Volkswagen zu machen.

Vom Intranet zum Portal

Mitte der neunziger Jahre entstand zudem ein Intranet, das ursprünglich stark von den Möglichkeiten der Informationstechnik getrieben wurde und als technische Plattform konzipiert war. Seit 2004 hat das Intranet einen neuen Charakter. Die Sammlung der Fachbereichsinformationen ist natürlich noch vorhanden, aber um eine wichtige Komponente ergänzt: täglich aktualisierte Informationen zum Geschehen bei Volkswagen. Seit dem letzten Jahr ist das Volkswagen-Portal mit personalisierten und unternehmensweiten Informationen online.

Dass die Nutzer sich an die neue Technologie gewöhnt und sie angenommen haben, zeigen die Ergebnisse eines jüngst durchgeführten Usability-Tests. Schnelle und intuitive Wege zu den relevanten Inhalten, das sind die Erwartungen der Nutzer. Wir werden hierzu Justierungen an der Navigation und Auffindbarkeit der Inhalte vornehmen.

Bei der inhaltlichen Gestaltung sind wir bereits einen wesentlichen Schritt auf die Mitarbeiter zugegangen. Die Aufbereitung der Inhalte nach medienspezifischen Erfordernissen und vor allem Gewohnheiten im privaten Mediennutzungsverhalten ist hier unser Anspruch. Kurze Texte, mehr Bilder, übersichtliche Grafiken, emotionale Elemente wie Filmbeiträge oder Mitmachaktionen sind nur erste Schritte.

Das Volkswagen-Portal will im Medienmix der internen Kommunikation Arbeitsplattform und Ort des Austausches sein, Informationen vor den externen Medien anbieten und einen Mehrwert durch interaktive Elemente erreichen.

Zugriffsmöglichkeit für die Mitarbeiter vom Home-PC

Da jedoch nicht alle Mitarbeiter von Volkswagen am Arbeitsplatz über einen PC-Zugang verfügen, bietet das Unternehmen seit 2001 einen Zugang zum Mitarbeiterportal von zu Hause aus an. Jeder Mitarbeiter hat dort seine eigene ID und kann neben den unternehmensrelevanten Themen auch persönliche Inhalte nutzen. Das sind zum Beispiel moderierte Foren, Tauschbörsen, Freizeitaktivitäten oder Sonderangebote ausgewählter Anbieter aus verschiedenen Wirtschaftszweigen. Die Angebote sind exklusiv für Volkswagen-Mitarbeiter ausgehandelt.

Leistungen des Unternehmens

Über alle Medien der internen Kommunikation werden besondere Leistungen für Mitarbeiter kommuniziert. Diese reichen von Gesundheits- und Fitnessangeboten über spezielle Finanzierungsangebote der Volkswagen Bank bis hin zu Fahrzeugbestellungen oder Restverkäufen aus dem Lager. Ein Blick auf die Klickraten im Volkswagen-Portal zeigt, dass diese Informationen bei den Nutzern hoch im Kurs stehen. Im personalisierten Bereich sind es die Aktienoptionspläne und Weiterbildungsangebote, die die größte Resonanz aufweisen.

Führungskräftekommunikation

Durch den Mix aller Mediengattungen erhalten die Manager nicht nur Informationsangebote, sondern auch Materialien für die Kommunikation mit den Mitarbeitern. Die Printkommunikation dient in erster Linie dazu, Hintergründe und Argumentationslinien sowie Zusammenhänge im Konzern und bei einzelnen Marken des Unternehmens darzustellen. Während in der Vergangenheit die Information zu übergreifenden Themen im Vordergrund stand, geht es heute vielmehr um Märkte, Menschen und natürlich Automobile und Technik. Auch hier haben wir den Schritt getan, „journalistischer" im besten Sinne des Wortes zu schreiben, mehr Stimmen von außen zuzulassen und die Menschen hinter den Prozessen und Projekten stärker zu betrachten.

Das Konzern-Manager-Magazin „Groupnews" erscheint viermal jährlich. Aktuelle Informationen wie personelle Veränderungen oder neue Strukturen sowie wichtige, übergreifende Pressemitteilungen werden sofort per

Mail an die Manager verschickt. Zudem finden aktuelle Marktbetrachtungen, Nachberichte zu Managementveranstaltungen oder Informationen aus den Fachbereichen ihren Weg zu den Zielgruppen via E-Mail.

Ein Manager-Portal, in dem nicht nur alle Informationen, sondern auch z. B. Freigabeprozesse und Führungstools abgebildet werden können, ist in Planung.

Kommunikation heißt vor allem auch Feedback, Interaktion und Dialog. Managementveranstaltungen sind hier die Plattform für Informationen und Austausch. Gemeinsam mit dem HR-Bereich organisiert, finden sie in regelmäßigen Abständen statt und sollen zielgerichtet Daten und Fakten zur aktuellen Unternehmenssituation liefern, sie entwickeln sich jedoch mehr und mehr zu motivatorischen Elementen. Egal ob es sich um neue (noch nicht veröffentlichte) Fahrzeuge, Studien oder Projekte handelt, die Führungskräfte sollen vorab involviert und begeistert werden. Die Inszenierung der Präsentation, Filme und interaktive Elemente zeugen von einer emotionaleren Ansprache der Manager.

Wirkungsmessung

Jede Aktion, jede Botschaft, jedes Medium ist nur so gut, wie es auch zielgerichtet eingesetzt wird. Und die Zielerreichung muss gemessen werden. Hilfreich ist, sich von den Unternehmenszielen abgeleitete Ziele zu stecken: langfristige, mittelfristige und kurzfristige – beispielsweise Kampagnenziele. Ein Kampagnenziel könnte z. B. sein, drei Kernbotschaften im Unternehmen bekannt zu machen. (Natürlich darf hier eines nicht vergessen werden: Gemessen werden muss auch vor einer Kampagne, damit der Fortschritt auch tatsächlich belegt werden kann!)

Hinter dem Prinzip des Messens verbirgt sich auch eine grundsätzliche und budgetrelevante Frage: Was bringt denn nun die interne Kommunikation? „Zufriedene, motivierte und dadurch Wert schöpfende Mitarbeiter", meinen die internen Kommunikatoren, auch wenn die Mitarbeiterzufriedenheit noch von vielen anderen Aspekten abhängt: Bezahlung, Rahmenbedingungen, Unternehmenskultur. Doch jeder Puzzlestein zählt, und die interne Kommunikation ist ein nicht unbedeutender. Volkswagen startet deshalb in diesem Jahr zum dritten Mal eine groß angelegte Studie „Benchmark interne Kommunikation", um a) die Zielerreichung der internen Medien zu messen und b) die Zufriedenheit und Erwartungen der Mitarbeiter zu erfragen. Die Ergebnisse aus den beiden vergangenen Erhebungen haben bereits zu Veränderungen im Medienmix geführt und vor allem dazu, dass die interne Kommunikation zielgerichteter und stärker auf die Bedürfnisse der Mitarbeiter zugeschnitten werden konnte.

Schlussbemerkung: Was leistet interne Kommunikation?

Interne Kommunikation allein kann kein Image eines Unternehmens als guter Arbeitgeber kreieren. Interne Kommunikation allein kann nicht zum differenzierenden Faktor im Wettbewerb um die größten Talente werden. Interne Kommunikation allein reicht nicht aus, um zufriedene, loyale Mitarbeiter zu bekommen. Aber interne Kommunikation kann einen maßgeblichen Beitrag dazu leisten.

Der Herausgeber und die Autoren

Bernhard Schelenz

Geschäftsführer Kommunikationsberatung Schelenz GmbH –
Agentur für Personal und Unternehmenskommunikation,
Jahrgang 1963, Sprachwissenschaftler und Politologe

1992-1996, meiré und meiré, Etat-Director; 1997-2001
Haas & Partner, Leiter Unit „Personalkommunikation".
Seit 2001 selbstständig als geschäftsführender Gesell-
schafter der Kommunikationsberatung Schelenz GmbH,
Mainz. Kommunikationsberater mit Beratungschwer-
punkten Employer Branding/Recruiting, Personalkommunikation und Interne Kommunikation. Mehrfach
ausgezeichnet für Personalimage-/Employer-Branding-
Kampagnen.

Thomas Barann

Leiter Personal Gothaer Versicherungen,
Jahrgang 1958, Jurist

1991-1994 Henkel KGaA, Vorstandsassistent/Personal-
leiter Führungskräfte; 1994-1996 Henkel Waschmittel
GmbH, Key Account Management; 1996-1997 Thera
Cosmetic, Henkel KGaA, kaufmännischer Leiter; 1997-
2001 HOCHTIEF AG, Leiter Zentralabteilung Führungskräfte; 2001-2002 Towers Perrin, Senior Consultant
Business Development. Seit 2002 bei der Gothaer Versicherung als Leiter Personal.

Dr. Manfred Böcker

Selbstständiger Journalist, Texter, Kommunikationsberater,
Personal & Text bzw. Personal & PR, Jahrgang 1967,
Studium und Promotion in Münster, Valencia und Madrid

Mehrjährige Tätigkeit für das Karrierenetzwerk e-fel-
lows.net als Redakteur und später als Leiter der Abteilung „Content und Projekte" (Redaktion und HR-Pro-
duktmarketing). Seit 2004 selbstständiger Journalist,
Texter und Kommunikationsberater, spezialisiert auf
Aufgaben der internen und externen Kommunikation
zu Personal- und Arbeitgeberfragen.

Wolfgang Brickwedde

Leiter Personalmarketing & Talentrecruitment, Philips GmbH,
Jahrgang 1966, Dipl.-Kaufmann

Banklehre und erste Tätigkeit als Devisenhändler vor dem Studium, 1996-1999 Geschäftsführer einer Sales Promotion Firma für Computer Soft- und Hardware. 1999-2007 Philips GmbH, als Leiter Personalmarketing & Talentrecruitment zuständig für Deutschland, Österreich und die Schweiz. Seit 9/2007 SAP, Director Recruitment für den Entwicklungsbereich.

Dr. Petra Dick

Referentin Strategische Instrumente im Bereich Personal
der Gothaer Versicherungen, Jahrgang 1961,
Dr. rer. pol., Dipl.-Ökonomin

Banklehre vor dem Studium, wissenschaftliche Mitarbeiterin am Institut für Führung und Personalmanagement der Universität St. Gallen. Seit 2001 im Personalbereich des Gothaer Konzerns in Köln.

Sabine Fleck

Beraterin für Personalmanagement und -kommunikation,
Fleck-Consult, Jahrgang 1963, Dipl.-Betriebswirtin

1986-2002 Commerzbank AG in Frankfurt: Mitarbeiterin Personalmarketing, Leiterin Personalmarketing und Kommunikation, Leiterin COMMIT Zentrale (Rekrutierung und Entwicklung von Nachwuchskräften), Betreuung von Nachwuchsführungskräften. Seit 2003 selbstständige Beraterin für Personalmanagement und Kommunikation sowie tätig als freie Journalistin und Fachbuchautorin.

Nicole Gilbert

Leiterin internes Talentmanagement/Recruiting, ABB,
Jahrgang 1975, Juristin

2001-2004 Commerzbank Frankfurt, Personalberaterin im Personalzentrum Zentrale; 2004-2006 MLP, Leiterin Personalmarketing/Recruiting. Seit Januar 2007 bei ABB Leiterin internes Talentmanagement/Recruiting.

Uwe Herz

Leiter Kommunikation Personal, Bereich Konzernmarketing
und Kommunikation, Deutsche Bahn AG, Jahrgang 1953,
Dipl.-Ing. Bau- und Verkehrswesen

Nach dem Studium unterschiedliche Tätigkeiten an verschiedenen Standorten in Technik und Produktion. Seit
1989 Deutsche Bahn AG: 1989-1991 Abteilungsleiter
Personenverkehr und Pressesprecher Berlin, 1991-1995
Generalvertreter – später Niederlassungsleiter – Personenverkehr Berlin, seit 1996 in der Konzernkommuni-
kation, davon drei Jahre Öffentlichkeitsarbeit und
Sponsoring, fünf Jahre als stellvertretender Konzern-
sprecher und seit 2004 Leiter Kommunikation Personal.

Joachim Kayser

Zentralbereichsleiter Konzernführungskräfte, Deutsche Post
World Net, Jahrgang 1953, Dipl. Wirtschaftspädagoge

Banklehre vor dem Studium. 1980-1984 Commerzbank
AG, Bereich Bildung; 1984-1991 Commerzbank AG, Leiter Aus- und Fortbildung. Seit Ende 1991 Deutsche Post
World Net (vormals Deutsche Post AG): 1991-1995 Leiter Bildungsbereich und Aufbau des Bereichs Personalentwicklung. Mit Gründung der AG 1996 Übernahme
der Leitung des Konzernbereichs Führungskräfte und
-organisation; seit 2000 Zentralbereichsleiter Führungskräfte.

Dr. Claus-Dieter Knöchel

Leiter Human Resources Marketing & Information
Technology (HR MIT), Merck KGaA, Jahrgang 1946,
Dipl.-Physiker/Promotion in Physik

Seit 1985 Merck KGaA: 1985-1990 Produktmanager für
optische Komponenten und Szintillatoren; 1990 Wechsel in den Personalbereich. Zunächst verantwortlich für
die Führungskräftebetreuung und -entwicklung, später
Referatsleiter in der Personalbetreuung und seit 2003
Leiter HR MIT.

Nicole Kobjoll

Mitinhaberin und Leiterin des Hotel Schindlerhof, Klaus Kobjoll GmbH, Jahrgang 1974, Bachelor of Science in International Hotel Management (Ecole Hoteliere de Lausanne)

Vor und während des Studiums: 10-12/1994 Hotel Gut Dürnhof, Spessart; 2-8/1997 Hotel Giardino, Ascona (CH); 2-8/1998 Signature Hotels Collection, Dublin (IR). Seit März 2000 Hotel Schindlerhof, Nürnberg.

Dr. Hans-Christoph Kürn

Leiter e-Recruiting, Siemens AG, Jahrgang 1952, Dipl.-Soziologe (Univ.), Dr. rer. pol

1982-1986 Ludwig Maximilians Universität, München, Akademischer Rat a. Z.; seit 1986 Siemens AG, verschiedene Funktionen im Bereich „Human Resources": Gesellschaftspolitische Grundsatz- und Bildungsarbeit, Aufbau der HR-Organisation in den neuen Bundesländern (Projekt), Personalentwicklung, HR-Weltberichterstattung (Projekt), Personalorganisation und aktuell Leitung e-Recruiting.

Erhard Pfeiffer

Director Human Resources Central & Eastern European, Dassault Systèmes AG, Jahrgang 1966, Dipl.-Betriebswirt (FH)

1992-1994 IT-Projektleiter einer Versicherungsgruppe; 1995-2000 Electronic Data Systems GmbH, Account Manager; 2000-2006 Electronic Data Systems GmbH, Human Resources Manager. Seit Mai 2006 Personaldirektor der Dassault Systèmes AG.

Sven Roth

Leiter Personalmarketing, Fraport AG, Jahrgang 1977, Dipl.-Betriebswirt (BA)

Seit 2001 bei Fraport: 2001-2002 Personalmarketing: Aufbau E-Recruiting und Ausbildungsmarketing, 2003-2005 Aufbau eines Bewerbermanagement-Systems. Seit Oktober 2005 Leiter des Bereichs Personalmarketing.

Stephanie Schütte

Referentin Personalkommunikation und Personalpolitik,
E.ON Energie AG, Jahrgang 1970, Dipl.-Kauffrau und Journalistin

1998-1999 Max Schimmel Verlag (heute: Haufe Verlag), Wirtschaftsjournalistisches Volontariat; 1999-2000 Max Schimmel Verlag (heute: Haufe Verlag), Redakteurin bei der Zeitschrift „wirtschaft & weiterbildung"; 2001-2002 Computerwoche Verlag GmbH, Stellenbörse jobuniverse.com, verantwortliche Redakteurin der Stellenbörse. Seit November 2002 Referentin für Personalkommunikation bei der E.ON Energie AG.

Thomas Teetz

Senior Experte Personalmarketing, Deutsche Postbank AG,
Jahrgang 1967, Dipl.-Ökonom

Banklehre vor dem Studium. Berufsstart als Consultant in verschiedenen Projekten bei Kreditinstituten. 2000-2007 Deutsche Postbank AG: Als Senior Experte Personalmarketing u. a. verantwortlich für den Finance Award; außerdem befasst mit Projekten der Personal- und Organisationsentwicklung. Seit August 2007 Leiter Personalmarketing und Recruiting bei der Pricewaterhouse Coopers AG.

Simon Wengert

Sprecher Human Resources, Commerzbank AG,
Jahrgang 1970, Dipl.-Betriebswirt

Banklehre vor dem Studium. Seit 1999 Commerzbank AG in Frankfurt: unterschiedliche Tätigkeiten im Bereich Personal, Personalmarketing, Personalkommunikation, Online-Kommunikation/Content Management. Seit 2007 Sprecher Human Resources.

Dr. Folke Werner

Leiter Personalpolitik und Personalmarketing, Commerzbank AG,
Jahrgang 1968, Dipl.-Theologe, Promotion in Theologie.

Ausbildung zum Bankkaufmann. Seit 2002 Commerzbank AG in Frankfurt, Zentraler Stab Personal: 2002-2005 Spezialist HR-Kommunikation. 2005-2006 Leiter Personal Business Management. Seit 2007 Leiter Personalpolitik und Personalmarketing.

Dr. Beatrix Wiesler

Senior Projekt Manager, HR Marketing und IT, Merck KGaA,
Jahrgang 1969, Dipl.-Chemikerin, MBA

Seit 1999 Merck KgaG: Projektmanagerin mit den
Schwerpunkten Marketing und IT-Projekte für den
HR-Bereich. Entwicklung und in 2001 Einführung der
eRecruitment-Lösung, 2005 verantwortlich für die Zertifizierung der Merck KGaA als familienfreundliches
Unternehmen, derzeit Projektleiterin bei der Umstel-
lung von Papier- auf digitale Personalakten.

Birgit Ziesche

Leiterin Interne Kommunikation, Volkswagen AG,
Jahrgang 1967, Dipl.-Kommunikationswirtin

Nach dem Studium erste Berufserfahrung in Agenturen
und im Bereich Marketing im Versicherungssektor.
2001-2003 Volkswagen Sound Foundation (Musik-
Sponsoring), Presse-Sprecherin. Seit Juli 2003 Leiterin
der internen Kommunikation im Bereich Unternehmenskommunikation bei der Volkswagen AG. Derzei-
tige Schwerpunkte: Entwicklung bzw. Neustrukturie-
rung des Medienmixes der internen Kommunikation
der Volkswagen AG.

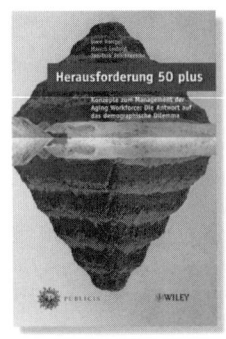

Sven Voelpel, Marius Leibold,
Jan-Dirk Früchtenicht

Herausforderung 50 plus

Konzepte zum Management der
Aging Workforce: Die Antwort auf
das demographische Dilemma

Mit einem Geleitwort von
Klaus J. Jacobs (Adecco)

2007, 292 Seiten, 23 Abbildungen,
13 Tabellen, gebunden
ISBN 978-3-89578-291-6
€ 32,90 / sFr 53,00

Klaus-Günter Struck

Der Coaching-Prozess

Der Weg zu Qualität:
Leitfragen und Methoden

2006, 249 Seiten, 30 Abbildungen, gebunden
ISBN 978-3-89578-265-7
€ 39,90 / sFr 64,00

Rory O'Flanagan, Ruth Irle

Wörterbuch Personal-
und Bildungswesen

Dictionary of Personnel and Educational Terms
Deutsch-Englisch, English-German

4., wesentlich überarbeitete und
erweiterte Auflage, 2006,
304 Seiten, 6 Abbildungen, kartoniert
ISBN 978-3-89578-271-8
€ 44,90 / sFr 72,00